云计算环境下服务等级协商与资源调度

王春枝　陈宏伟　徐　慧　著

中国水利水电出版社
www.waterpub.com.cn
·北京·

内容简介

本书主要内容包括：云计算相关理论与技术概述、基于有色 Petri 网的 SLA 信任协商、基于博弈论的 SLA 协商机制、基于排队论的 SLA 服务监视、基于蚁群算法和 DAG 工作流的任务调度、基于蚁群算法和演化博弈的资源调度。

本书可作为计算机科学与技术相关专业研究生及高年级本科生的教材，也可作为科研人员的参考书，同时可作为研究生、博士生及教师论文写作的参考书。

图书在版编目（CIP）数据

云计算环境下服务等级协商与资源调度/王春枝，陈宏伟，徐慧著. —北京：中国水利水电出版社，2019.12（2024.1重印）
ISBN 978-7-5170-8353-5

Ⅰ.①云… Ⅱ.①王… ②陈… ③徐… Ⅲ.①云计算—研究 Ⅳ.①TP393.027

中国版本图书馆 CIP 数据核字（2019）第 280382 号

书　　名	云计算环境下服务等级协商与资源调度 YUNJISUAN HUANJING XIA FUWU DENGJI XIESHANG YU ZIYUAN DIAODU
作　　者	王春枝　陈宏伟　徐慧　著
出版发行	中国水利水电出版社 （北京市海淀区玉渊潭南路 1 号 D 座　100038） 网址：www. waterpub. com. cn E-mail：sales@ waterpub. com. cn 电话：（010）68367658（营销中心）
经　　售	北京科水图书销售中心（零售） 电话：（010）88383994、63202643、68545874 全国各地新华书店和相关出版物销售网点
排　　版	京华图文制作有限公司
印　　刷	三河市元兴印务有限公司
规　　格	170mm×240mm　16 开本　13.5 印张　241 千字
版　　次	2020 年 6 月第 1 版　2024 年 1 月第 3 次印刷
印　　数	0001—2000 册
定　　价	59.00 元

前　　言

近年来，越来越多的云基础服务商开始开展云计算业务，由 Amazon、GoGrid、IBM 等企业所带来的新型云服务的使用需求也广泛发展。如今的企业都将云计算技术列为自身服务所需要的技术清单，多方需求促使构建一个鲁棒性强的、容错率高的、可扩展的服务云平台，能够推出种类多样的资源形式，同时满足用户基于不同业务的多元应用。我国商业界与学术界有越来越多的研究者投入了云计算及相关技术的研究。大规模的 IT 企业诸如京东、华为、阿里巴巴都积极地投入到云平台服务的开发和使用中。

随着云计算的兴起，云计算的服务质量（Quality of Service，QoS）问题也越来越受到人们的关注，服务等级协议（Service Level Agreement，SLA）是保证云计算服务质量的重要解决途径。在云计算环境中，资源分配是云计算的重要环节。云计算的物理资源错综复杂，这给云服务提供商的研究带来了极大的挑战，也促进了专家和学者对系统负载均衡、实时调度、任务快速响应等方面的云计算资源调度的研究。本书主要阐述云计算环境下的服务等级协商和资源调度等若干关键技术问题。

本书主要从以下方面展开论述：

第 1 章主要对云计算相关理论与技术进行概述，包括云计算特性、云计算体系架构、云计算若干关键技术，以及云计算环境下服务等级协商与资源调度整体概述。

第 2 章主要研究了云环境下基于有色 Petri 网的 SLA 信任协商，提出一个云环境下 SLA 的双方自动信任协商的整体框架，并对框架中的核心模块里的各个子流程进行了详细的介绍，结合实例采用析取范式去制定一系列的协商策略，进行有色 Petri 网建模，可达图分析后提出一种最小信任证集生成算法，得到最小信任证披露集。在此基础上，提出云环境下 SLA 多方信任协商的体系架构，结合体系架构采用 DARCL 策略建立分层的有色 Petri 网，模型能够对协商流程进行有效的描述和分析，并提出了一个 SLA 协商的多目标优化算法。该算法有助于用户选择服务 QoS 全局较优的云服务提供商的云服务资源。

第 3 章主要研究基于博弈论的 SLA 协商机制，提出基于动态博弈论云服务中介的双边 SLA 协商模型，针对设计的 SLA 协商流程，提出了纳什均衡点-满意度差算法。由于服务供应商和服务消费者二者的利益博弈具有一定的动态性，在基于动态博弈论云服务中介的体系架构的基础上又提出了一种基于演化博弈论的 SLA 协商的框架，构建了服务供应商和服务消费者之间的演化博弈论模型，并对服务供应商和服务消费者的行为进行了动态演化，以判断系统稳定点是否为演化稳定策略。

第 4 章主要研究基于排队论的 SLA 服务协商，提出云服务代理的体系结构，主要包括 SLA 协商和 SLA 监视。将排队论应用于云服务代理中，提出适合 SLA 监视的排队系统，进而研究用于云平台 SLA 监视的排队系统，当采用多个云服务代理并联类型和 FCFS 服务规则，并且当云用户的排队规则分别是等待制、损失制和混合制时，深入研究云用户排队和云服务代理处理，得到相关数量指标的统计规律，以实现云平台 SLA 性能指标监视。

第 5 章主要研究蚁群算法和 DAG 工作流的任务调度，提出了用蚁群算法来解决云计算环境中独立任务系统的调度，来对任务的分配进行全局优化。由于云计算环境中的任务都比较复杂，任务可以分割成一系列具有依赖关系的子任务处理，本章提出了一种优先级调度算法来解决 DAG 调度问题，并在此基础上提出了一种蚁群与优先级调度相结合的综合性蚁群算法来解决 DAG 任务调度，此算法综合考虑任务的长度、虚拟机的处理能力和状态，充分融合了优先级调度算法和蚁群算法在解决优化问题时的优势。最后，在 CloudSim 平台来构建 DAG 任务模型，并对这些任务调度的有效性进行了验证。

第 6 章主要研究基于蚁群算法和演化博弈的资源调度，提出了一种基于演化博弈方法的 ACO 作为云计算环境下的资源调度算法。针对在资源调度中数据资源本地性的原则，采用演化博弈的方法对蚁群算法进行参数的优化，使其可以在大数据环境下的资源调度中提高任务调度效率、减少资源浪费。在此基础上，提出一种基于奖励系数的资源调度算法，将虚拟机的硬件性能等动态影响因素融入资源调度模型中，在模型中考虑了由于每个虚拟机的不同负载导致的任务排序的变化。采用这种调度模型进行任务分配，可以有效提升资源利用率，解决云计算系统的负载均衡问题，以达到资源的高效管理和使用。

本书可作为计算机科学与技术相关专业研究生及高年级本科生的教材，也可作为科研人员的参考书，同时可作为研究生、博士生及教师论文写作的参考书。

参加本书相关专题研究和书稿撰写工作的有王春枝、陈宏伟、徐慧，以及研究生陈秋霞、刘晓娟、孙亮、熊磊、陈颖哲。

本书的写作得到了国家自然科学基金（61772180）、湖北省技术创新专项（2019AAA047）的资助。此外，在本书撰写过程中，参考了国内外相关研究成果，在此谨表示诚挚的谢意。衷心感谢湖北工业大学对作者的帮助和支持。

由于作者水平有限，书中的不妥之处在所难免，敬请读者批评指正。

作　者

2019 年 8 月

于武汉湖北工业大学计算机学院

目　　录

第1章 云计算相关理论与技术概述

1.1 云计算概述

1.1.1 云计算特性

近年来，云计算被广泛关注，一些国际化的IT企业，如亚马逊、谷歌、微软等都非常重视云计算技术的研究，这也推动了云计算技术的高速发展。云计算是在网格计算[1]、分布式计算[2]的基础上发展而来的，因此，云计算包含了网格计算和分布式计算的一些特征。

云计算可定义为是在网格计算的基础上发展而来，采用按资源、用时等策略付费的一种通过网络来向用户提供服务的系统。云计算系统由大量高速互联的计算机集群组成，并将这些集群抽象成能够自主管理和配置的虚拟资源池。采用数据冗余[3]和备份的方式来保障各类资源的高可靠性。

对国内外的研究成果进行分析，云计算具有以下特性：

（1）集群庞大。大规模的计算机服务器组成了云计算平台海量的虚拟资源，使用者按自身所需的计算或存储任务提交至云计算服务平台，通过平台后端的分配中心将云网络中的计算资源调配给不同的任务。这些虚拟机节点的数量是十分庞大的，就谷歌而言，其数据中心涵盖了数以万台的虚拟机节点。其他IT公司的节点集群也包含超过数万节点。

（2）通用性。基于多种算法的云计算平台并不受限于特殊的硬件与特殊的应用，可以接入各种环境的用户设备，具有很强的环境适用性。

（3）虚拟化。使用者可以通过自身的设备连接互联网，从而在任意时间、任意地点接入云计算服务平台。使用者可以凭借自身需求在云平台中实现各种类型的功能、申请平台所推出的虚拟资源，在使用的同时，使用者不需要了解相关虚拟技术的原理。

（4）按需服务。使用者可按需求租赁云计算平台中的大规模节点资源。

（5）高可靠性。平台中的服务器可以互换，并且在运行任务时有多副本容错，可以持续稳定地为使用者提供高质量的服务。

（6）高可扩展性。与亚马逊的EC2平台一样，它可以为用户提供定制可扩展的节点资源。

（7）价格低廉。用户不需要购买昂贵的设备，可以从云计算平台中租赁获得所需的资源，避免了高昂的维护成本。

1.1.2 云计算体系架构

近年来，越来越多的云基础服务商开始开展云计算业务，由亚马逊、GoGrid、IBM等企业所带来的新型云服务的使用者需求也广泛发展。如今的企业都将云计算技术列为自身服务所需要的技术清单，多方需求促使构建一个鲁棒的、容错的、可扩展的服务云平台，能够推出种类多样的资源形式，同时满足用户基于不同业务的多元应用。商业界与学术界有越来越多的研究者投入了云计算及相关技术的研究。大规模的IT企业诸如京东、华为、阿里巴巴都积极地投入到云平台服务的开发和使用中。尽管如此，云平台服务技术仍是一块亟待开采的璞玉。

随着虚拟技术的不断深入应用，云计算已经广泛应用于各行各业。云计算使用虚拟技术将丰富的IT资源（如应用程序、存储容量、计算能力、编程工具、协作和通信工具等）进行整合，汇集成庞大的虚拟服务集群，借助现代互联网给各类使用者提供服务。根据不同的服务层次来分，云计算提供给用户的Web服务有通信即服务（CaaS）、基础设施即服务（IaaS）、监测即服务（MaaS）、平台即服务（PaaS）和软件即服务（SaaS）五种形式[4]。图1.1给出按照不同服务层次划分的云计算平台架构。用户根据自身需要通过云平台申请调用不同类型的资源，同时按照实际的定制资源付费。这样用户就不需要关心所需资源的建设成本问题，直接使用丰富的资源满足自身需求，可以让用户直接享受高质量的便利服务，而不用关心这些资源的内部结构、实现原理等内部复杂的结构问题。

私有云是一种由企业和机构购买的云计算平台，专为满足特定业务需求而构建。企事业单位结合特定行业的需求，提交至云平台后由服务方答复基于用户业务的解决方案。但如今云计算技术的架构尚不成熟，未能形成一套通用的技术架构，在很长一段时间内拖后了学术研究对云计算技术的阐述。结合多个文档，云计算技术体系结构如图1.2所示。

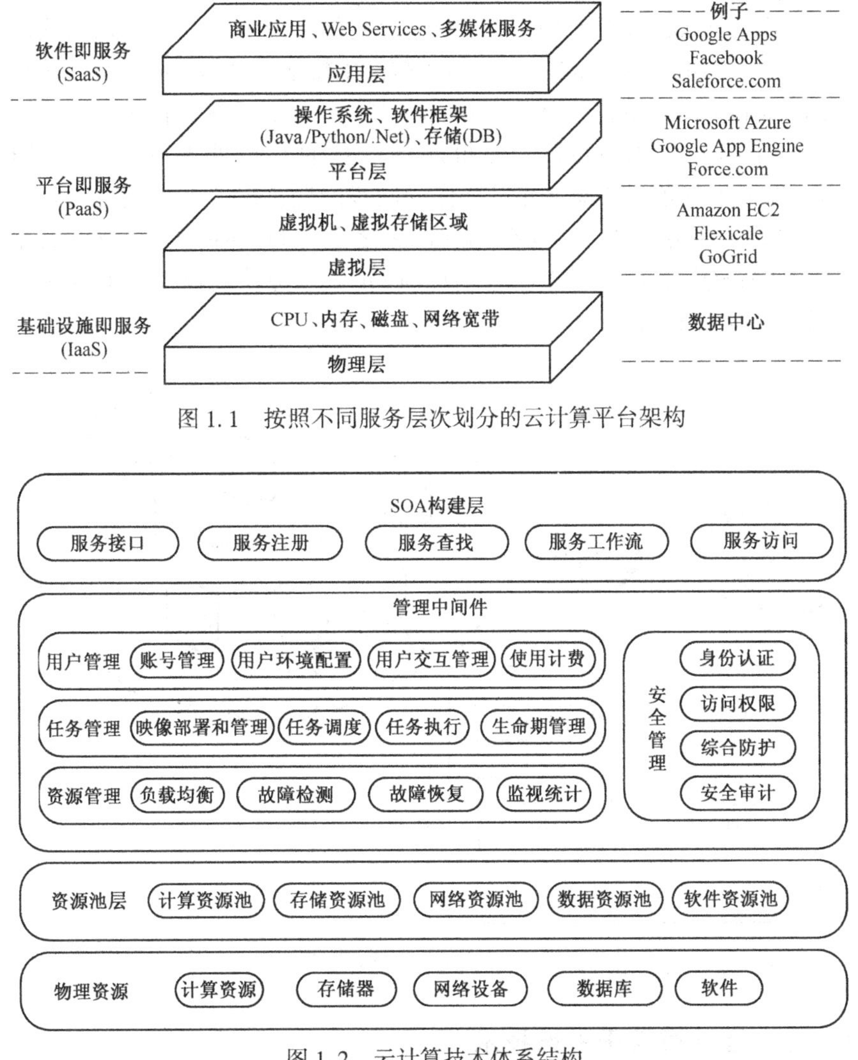

图 1.1　按照不同服务层次划分的云计算平台架构

图 1.2　云计算技术体系结构

从图 1.2 中可以看出，基于不同的用户需求，将服务体系分为构建层、中间件和资源池层。其中构建层是指用户可以直接接触到的各类服务的接口，包括注册、查找、访问等。管理中间件层包括用户管理、任务管理、资源管理和安全管理四类。用户管理是指用户对自己的隐私数据如账号、计费等信息进行维护。任务管理指中心对任务的统筹安排及分管。安全管理是对服务用户进行的身份认证、访问权限管理与安全审计。资源池层集成云计算集群中的资源，并根据分将它们分到不同的资源池中。

Google 是最早开发和使用云计算系统的公司之一，Google 云计算架构如图 1.3 所示。Google 的云计算架构中包含文件系统 GFS、分布式编程模型 MapReduce、分布式锁 Chubby、分布式结构化数据表 BigTables、分布式存储系统 Megastore 和分布式监控系统 Dapper 等。其中，GFS 提供了海量数据的存储和访问能力，MapReduce 使得海量信息的并行处理变得简单易行，Chubby 保证了分布式环境下并发操作的同步问题，BigTables 使得海量数据的管理和组织十分方便，构建在 BigTables 之上的 Megastore 则实现了关系型数据库和 NoSQL 之间的巧妙结合，Dapper 能够全方位地监控整个 Google 云计算平台的运行状况。

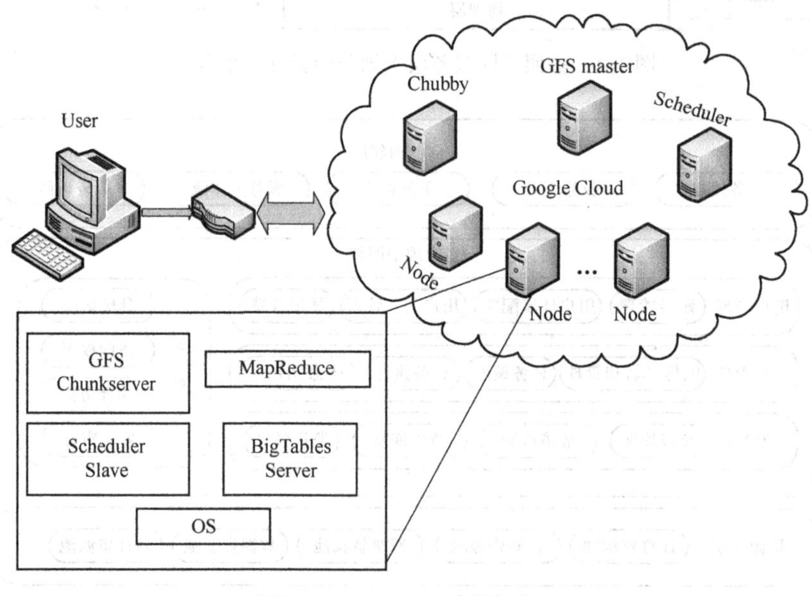

图 1.3 Google 云计算架构

1.1.3 云计算若干关键技术

随着云计算的兴起，云计算的服务质量 QoS 问题也越来越受到关注，服务等级协议（SLA）[5]是保证云计算服务质量的重要解决途径。SLA 服务等级协议是在一定的成本下为保障服务的性能和可靠性，服务提供商与用户之间定义的一种双方接受的协议。从内容上看，一个完整的 SLA 同时也是一个法律文件，包括所涉及的当事人、协定条款（包含应用程序和支持的服务）、违约的处罚、费用和仲裁机构、政策、修改的条款、报告形式和双方的义务等。同样的，服务提供商可以对用户在工作量和资源使用方面进行规定。目前，许多IT经理正在考虑把许多应用程序和服务迁移到云端。一部分人因为经济原因不得不考虑云计算，而另外一部分人考虑提供一些新的IT服务。总之，IT经理在不久的将来必须面对服务等级协议。对于许多IT经理来说，评估SLA是不容易的。毕竟大多数的SLA都是一些条款形式的内容，人们很难确定某个运营商实际能够提供什么服务。而且SLA的提出主要是为了保护运营商的利益，而不是针对客户，这样使整个事情就变得更加复杂。许多运营商提供SLA主要是为了避免一些不必要的纠纷和诉讼，同时向客户提供最低限度的保证。也就是说，当企业选择了一个云计算运营商并且对那些服务进行有效的安排之后，SLA同样可以成为IT经理的一种有效工具。

目前服务消费者可以使用不同的云服务供应商，其主要包括亚马逊的EC2、微软的Azure、Google Application Engine、GoGrid、CloudSigma等。这些供应商在特定类型的实例情况下执行不同的任务，并在特定的价格提供不同的实例来满足不同服务请求的服务消费者。服务消费者通常偏好高可靠性，而服务供应商可能只保证降低成本和实现利润最大化，而不是保证实现最高的可靠性。如果这样的冲突发生，没有通过协商的情况下SLA是不能达成的。因此，为了保证服务消费者的满意度和信誉度，有必要在服务供应商和服务消费者之间建立一个电子形式的合同，其中包含在法律上界定的每一方的责任和义务。当云服务中介代表服务供应商和服务消费者进行协商时，自动协商就会发生。其已经在电子商务和人工智能研究多年，被认为是促使产品和服务最灵活的方法[6-7]。

服务等级协议在服务合同中形成了一个重要的部分，并且在大多数情况下，服务等级协议是服务供应商和服务消费者之间的协商协议。SLA应该保证双方业务的成功和客户的满意度。从服务供应商的角度来看，SLA有助于实现企业的目标，通常是寻求增加利润，并尽可能减少由不可预知的网络或服务器中断造成的非性能责任。同样的，从服务消费者的角度来看，SLA试图保证可接受的服务性能，并最大限度地满足服务消费者的需求[7]。由于资源是异构的，并且依靠服务消费者个人的需求和偏好，以较低的价格选择特定的资源用于执行任务，使整个协商过程变得复杂和多变。服务等级协议的协商过程是必要的，因为每个服务消费者都是独立的个体，并且有着不同目标和资源需求。然而，这个服务等级协议协商过程应该是自动的，因为不能期望服务供应商和服务消费者他们自己有这个能力来进行协商过程，并达到一个共同的可接受的协议[8]。

由于许多领先的云计算供应商拥有更加庞大客户群的实体，SLA的处罚详情并不总是可以通过谈判解决的。通常情况下，SLA 只是在“要就拿走，不要拉倒”的基础上提出简单的形式。因此，服务消费者应该考虑的第一个问题是：是否愿意把自己的数据放入一个无法控制的环境中。如果服务消费者对此感到无所适从，通常建议服务消费者应该找一个供应商共同协商和制定 SLA，并一起来讨论服务条款等细节。在云计算环境下，服务供应商和服务消费者在协商 SLA 的时候，通常是基于传统博弈论[9]进行考虑并协商的。传统博弈理论通常假定参与人是完全理性的，且参与人是在完全信息条件下进行的。

尽管 SLA 在 Web 服务端已经非常成熟，然而由于云计算环境下服务的本质与传统互联网的本质是完全不同的，云用户对于服务的期望也是不同的，云服务需要一个不同于 Web 服务的 SLA 管理框架。在这个背景下，关于云平台的 SLA 管理也得到了研究人员的广泛关注。

在以往的研究中，有关于云平台上应用程序的 SLA 管理各个阶段的讨论[10]有很多。考虑到云计算已经不断成熟，众多 IT 厂商都承诺提供计算、存储和应用托管服务，并为他们的服务提供 SLA 支持的性能和正常运行时间的承诺，而这些云是传统数据中心的自然进化，基于标准的 Web 服务将资源（包括计算、数据存储和应用程序）区分，遵循“实用”（utility）的定价模式，客户根据他们的计算资源、存储利用率和数据传输付费，同时提供基于订阅的基础设施和接入平台，而这些新兴服务增加了互操作性和可用性，同时减少了计算成本、应用托管、大数量级的内容存储和传输，然而确保应用程序和服务可以根据需要实现一致的与可靠的在最大负载下运行则具有显著的复杂性。另外，目前已有一些基于云平台的 SLA 管理框架，提出了不少方法来解决这个问题。

作为一种很有前途的趋势，云计算利用其突出的规模和效率优势为未来的计算和数据存储服务。在这个背景下，云服务提供商应该为云用户提供稳定而可靠的资源服务，同时保持 SLA。因此，需要建立一个易于部署的和易于使用的云平台，并建立一个有效的监控工具，在应用层检测违反 SLA，这不仅对于云用户很重要，而且对于云服务提供商也是极其关键的。

云计算作为一种新兴的商业模式，自其降生之日就得到了业界的注意。虚拟机任务调度是云计算的核心组成部分，调度策略的优劣直接影响到云计算系统的性能，专家和学者提出了各类算法来优化云计算中的任务调度。在云计算环境中，资源分配是云计算的重要环节。云计算的物理资源错综复杂，这给云计算环境下的资源分配和任务调度带来了极大的挑战，也促进了专家和学者对云计算任务调度的广泛研究。专家和学者从系统负载均衡、实时调度、任务快速响应等多个方面对云计算的任务调度进行了研究。

在云计算环境中，虚拟化技术的广泛使用使得云计算中的资源呈现出动态多变、结构复杂等特点。云计算的用户群体也是多元化的，从个人用户到企业用户，他们对云计算的性能和安全提出了不同的要求。对于个人用户，他们可能更多的关注云计算资源的使用花费；对于企业用户，他们则更多的是考虑安全因素。如何有效地利用云计算中的资源，使用户的需求在最大限度得到满足的情况下，让系统的性能保持最佳成为一个亟待解决的关键技术问题。各种各样的调度算法相继被提出用于解决这个关键技术问题。

在云计算环境中，任务调度具有分布式与并行性的特点，并且云计算中的资源动态变化，现有的调度算法往往基于某个目标来进行任务调度，调度算法在某些方面的表现优异，但系统运行时的效率并不高。蚁群算法作为一种启发式的智能算法，具有先天的并行性和分布式特性，这很好地贴合了云计算环境的任务调度特性。蚁群作为一类群体智能生物，能够伴随着环境动态改变而表现出不同的行为，这也让蚁群算法在复杂多变的蚁群环境中进行任务调度表现出极大的优势。

1.2　云计算环境下服务等级协商与资源调度概述

服务等级协商与资源调度广泛应用到云计算相关理论与技术的研究中。本书主要阐述如何将服务等级协商与资源调度应用在云计算环境中。本节主要介绍基于有色 Petri 网的 SLA 信任协商研究、基于博弈论的 SLA 协商机制研究、基于排队论的 SLA 服务监视研究、基于蚁群算法和 DAG 工作流的任务调度研究、基于蚁群算法和演化博弈的资源调度研究。

1.2.1　基于有色 Petri 网的 SLA 信任协商研究

目前，在中小企业中，云计算被越来越多地使用，但是由于其开放性、动态性和复杂性，传统的 SLA 信任协商是对特定的两个协商实体已经规划好的协议进行，但是对于不同的协商类型或者有一方变化都必须重新修改协商规则。采用自动信任协商是通过逐步的向对方交换信任证以建立起信任关系，但是交换信任证时，复杂的协商过程使得经常重复交换或者交换一些不必要的信任证。为了使 SLA 信任协商顺利进行，本书第 2 章研究了云计算环境下 SLA 信任协商，在对 SLA 自动信任协商模式的基础上再对 SLA 多方信任协商模式进行进一步的研究。通过对这两种模式的体系架构以及流程的研究，分析访问控制规则协商策略，通过有色 Petri 网这一形式化工具进行建模，分析提高协商的效率以及可信度的方法。第 2 章的主要研究工作如下：

(1) 对云计算环境下 SLA 的协商流程进行了研究，在此基础上提出了一个 SLA 信任协商的 ATN 和 MTN 基本架构，并重点对实例进行设计与建模。详细分析和设计了云服务交付使用前 SLA 信任协商的访问控制规则，采用析取范式表示并采用有色 Petri 网的建模工具 CPN Tools 进行建模，再通过状态空间可达图分析。

(2) 引入有色 Petri 网形式化建模工具，选用适合的协商策略进行建模分析，采用灵活的策略语言。在只有双方协商时，采用析取范式就可以进行协商策略的描述；但是在多方协商 MTN 时，要区分参与协商的各方的协商策略，这就需要在协商策略中注明所要传递的信任证的拥有者，因此，采用适合 MTN 的分布式授权和释放控制语言 DARCL 语言，它根据所接收到的信息的内容或者信息发送方来决定是否认证通过，因此，DARCL 是灵活的适合 MTN 的策略语言。

(3) 分析了有色协商 Petri 网的信任节点之间的关系，提出信任区间的概念。每一个管理域有一个信任区间以区分不同的服务范围和信任值，信任区间可以由节点的整体的信任值计算得到。如果把网中的每个位置的信任证看作是具有 ID 和信任证属性值的信任节点，则每个信任证的信任值需要落在指定的信任区间才能享受相应等级的 SLA 服务。在所建立的模型基础上找到一条最短的信任证披露路径以提高协商的效率。

(4) 分析多方信任协商时，利用分层有色 Petri 网把复杂的模型分解成各个子模块，对顶层和子层进行分析，模拟多方信任协商过程，在身份认证子页面中，根据所需要披露的信任证数目以及一个评估函数计算得到云用户和云服务提供商的可信度；根据 QoS 协商的子页面，得到用户通常的偏好所得到的协商序列图。找到一个多目标优化算法，综合衡量 QoS 各项指标，得到具有最优的 QoS 的那个 CSP。

1.2.2 基于博弈论的 SLA 协商机制研究

随着云计算的发展，出现了越来越多的服务供应商，云计算市场也变得更加开放，服务消费者很难选择最适合的服务供应商，并且服务供应商协商的价格难以提供最好的服务。在云计算环境下，服务供应商和服务消费者通常是基于传统博弈论进行 SLA 协商的。但对现实的经济生活中的参与人来讲，满足传统博弈论的条件是很难实现的。在企业的合作竞争中，参与人之间是有差别的且存在有限理性问题，经济环境与博弈问题本身的复杂性也会导致信息不完全。第3章围绕上述问题逐步展开研究，主要研究工作包括以下3个方面：

（1）在云计算环境下，服务供应商和服务消费者本身并不能自动进行协商，为此提出了基于动态博弈论云服务中介的体系架构。由于服务供应商和服务消费者二者的利益博弈具有一定的动态性，在基于动态博弈论云服务中介的体系架构的基础上又提出了一种基于演化博弈论的SLA协商的框架。这种框架不仅使参与方之间能够协商成功，而且清晰地展示了参与方群体之间以及群体内部动态的演化博弈过程。

（2）基于动态博弈论云服务中介的双边SLA协商模型。首先，针对设计的SLA协商流程，提出了非线性模型、交易时间段模型和指数函数模型，并分别对这3个模型进行了比较分析。其次，针对该模型提出了纳什均衡点—满意度差算法，此算法不需要博弈矩阵中所有的变量值对都代入计算，因此大大缩减了计算步骤。最后由实验结果表明服务消费者和服务供应商都能够在价格和带宽达到同一个满意度。

（3）基于演化博弈论的多因素SLA协商模型。首先建立一个有两方参与人的非对称博弈模型，并推导出复制动态和演化稳定策略。然后构建了服务供应商和服务消费者之间的演化博弈论模型，并对服务供应商和服务消费者的行为进行了动态演化。由于雅克比矩阵反映了一个可微方程与给定点的最优线性逼近，通过分析系统的雅克比矩阵，可以判断系统稳定点是否为演化稳定策略。最后对演化博弈模型进行了仿真分析。

1.2.3　基于排队论的SLA服务监视研究

云平台的SLA管理体系结构具有比较重要的研究意义，可以通过代理的方式实现，并且涉及很多管理内容，SLA监视是其中一个重要功能，排队论已经应用于计算机网络这一资源共享的随机服务系统，可以用于研究解决云平台的SLA管理体系结构中的SLA监视问题。具体而言，第4章主要包括以下两部分的研究工作：

（1）在已有的云服务等级协议的基本框架图的基础上，提出面向SaaS的SLA模块框架图，然后提出SLA的XML本体模型，最后提出云服务代理的体系结构，分析云服务代理的角色和其关键功能，主要包括SLA协商和SLA监视，提出的体系结构使得云服务代理能够通过SLA参数的协商（价格和质量），帮助云用户找到最合适的云服务供应商。

（2）将排队论应用于云服务代理中，提出适合SLA监视的排队系统，进而研究用于云平台SLA监视的排队系统，当采用多个云服务代理并联类型和FCFS服务规则，并当云用户的排队规则分别是等待制、损失制和混合制时，深入研究云用户排队和云服务代理处理，得到相关数量指标的统计规律。实验验证分析结果表明，多个云服务代理并联排队系统比改为多个单云服务代理排队子系统组成模式具有比较明显的优势，而提出的适合SLA监视的排队系统，可以通过分析具体得到等待时间、响应时间和网络吞吐量等相关数量指标的统计规律，这将有利于描述云用户排队和云服务代理处理这一排队系统，最终实现云平台SLA性能指标监视。

1.2.4 基于蚁群算法和DAG工作流的任务调度研究

云计算任务调度是云计算技术研究中的关键技术，云计算调度算法的优劣直接影响云计算系统性能，优秀的调度算法能够使系统中的软硬件资源得以合理利用。在云计算环境中，云资源是由大量的物理资源通过虚拟技术产生的，云计算的大规模决定了这些云资源是复杂多样的，资源的异构化给云计算任务调度带来了极大的挑战，调度算法需要综合考虑系统的性能、吞吐量以及QoS。针对上述问题，第5章的主要研究工作如下：

(1) 通过对云计算任务调度算法的学习与研究，利用CloudSim仿真工具来模拟和构建云计算环境，对CloudSim中的任务调度算法进行了深层的剖析，并对其中的调度算法进行了扩展。

(2) 在独立任务系统中，任务高度独立，彼此单独地请求虚拟机资源。在独立任务调度系统中，调度算法首要考虑的是在最短的时间处理用户提交的各类任务，提高系统的吞吐率。传统的FCFS和贪心算法不能从全局的角度来考虑任务调度问题。贪心算法在求解此类问题时可能出现局部极优，但得出的解并不是全局最优的。为了构建一个全局的优化解，提出了蚁群算法来解决这个问题，蚁群算法基于一种正反馈机制不断进化来对任务的分配进行全局优化。

(3) 由于云计算环境中的任务都比较复杂，任务可以分割成一系列具有依赖关系的子任务处理。用DAG模型来描述这类任务，对DAG调度模型和各类动态调度算法进行了学习和研究，首先提出了一种优先级调度算法来解决DAG调度问题，该算法倾向于将任务分配给空闲虚拟机处理，充分利用系统中的虚拟机资源。针对该调度算法中存在的一些问题，提出了一种蚁群与优先级调度相结合的综合性蚁群算法来解决DAG任务调度，此算法综合考虑任务的长度、虚拟机的处理能力和状态，充分地融合了优先级调度算法和蚁群算法在解决优化问题时的优势。最后，在CloudSim平台构建DAG

任务模型，并对这些任务调度的有效性进行了验证。

1.2.5　基于蚁群算法和演化博弈的资源调度研究

随着各类算法的创新与技术的拓展，越来越多的算法应用于平台的调度系统中。云计算提供了一种创新的按需提供服务的业务流程。坐在家里的使用者无须考虑自身配置资源，只需在自身的客户端上通过网络接入服务商的应用平台上。这不仅可以满足自身所需要资源的计算能力与硬件条件，同时也可以满足自己减少成本消耗的要求。多样化服务的核心机制与服务质量是由集群的调度中心来决定的，拥有一个高效的分配算法可以大幅提升任务的处理效率。这不仅为用户的使用带来方便，同时与服务商的开支成本也是息息相关的。第 6 章针对此问题，对调度机制展开了深入的分析以及建模，主要工作内容如下：

（1）采用演化博弈（Evolutionary Game Theory，EGT）的方法对蚁群算法的参数及奖励系数的更新机制进行优化，使其可以运用到资源调度问题中。将基于演化博弈论的蚁群算法（Evolutionary Game Theory-Ant Colony Optimization，EGT-ACO）的参数优化方法用于资源调度，改善了任务的资源局部性，减少了作业调度过程中数据块传输造成的资源损失。这样在资源调度中，对每个用户都更为公平。

（2）针对 EGT-ACO 算法在实际任务调度环境下没有关注服务节点的实时性能的问题，引入了奖励系数的概念来调整资源调度模型中由于虚拟机处理能力、带宽等性能因素而带来的影响。研究了奖励系数的概念建模，提出按 3 种不同策略更新奖励系数的方法，最后采用 3 种策略作为种群进行演化博弈模型的运算。

第2章 基于有色 Petri 网的 SLA 信任协商

2.1 SLA 信任协商研究现状

2.1.1 云计算环境下自动信任协商处理流程

目前云计算环境下大都采用 SLA 来构建必要的性能保障并维护云服务方的基本权益，SLA 是服务提供商和用户双方经协商而确定的关于服务质量等级的协议或合同，它可以涵盖服务提供商和用户之间关系的很多方面，如服务性能、计费和服务提供等。一个 SLA 是服务提供商和用户之间经过正式或非正式协商而得到的一系列适当的程序和目标，其目的是为了达到和维持特定 QoS，并且在没有满足双方的业务标准或者服务承诺时提供补偿并建立新的商务关系。SLA 也是衡量云服务等级的一种主要手段，它帮助用户判断哪些供应商是可信任的，同时利于服务提供商监控跟踪、惩罚，避免资源浪费。

建立可信的 SLA 需要进行正式或者非正式的信任协商，信任协商需要用到访问控制技术建立信任关系。传统的访问控制技术在跨安全域进行访问控制时会暴露出很多缺点，它的信任协商机制只是对特定的两个协商实体且已经规划好的协议进行协商。但是对于不同的协商类型或者有一方发生变化都必须重新修改协商规则，这就带来了大量重复的工作，特别是在云计算环境中，由于环境的开放性、海量数据的流动性、运行环境的异构性等特点，传统的信任协商机制使得授权及访问控制难以进行。相比之下，自动信任协商（Automated Trust Negotiation，ATN）是通过逐渐请求和披露数字证书在两个陌生实体间建立相互信任的一种访问控制方法[11]，可以根据动态需求来灵活地制定访问控制策略。云计算环境下 SLA 的信任关系建立通过 ATN

来完成，它采用交换双方各自所拥有的信任证来确立信任关系，其访问控制的过程就是在分布式网络中查找一条从资源拥有者到请求者的授权信任证披露序列[12-14]。在云计算环境下 ATN 的处理流程如图 2.1 所示。

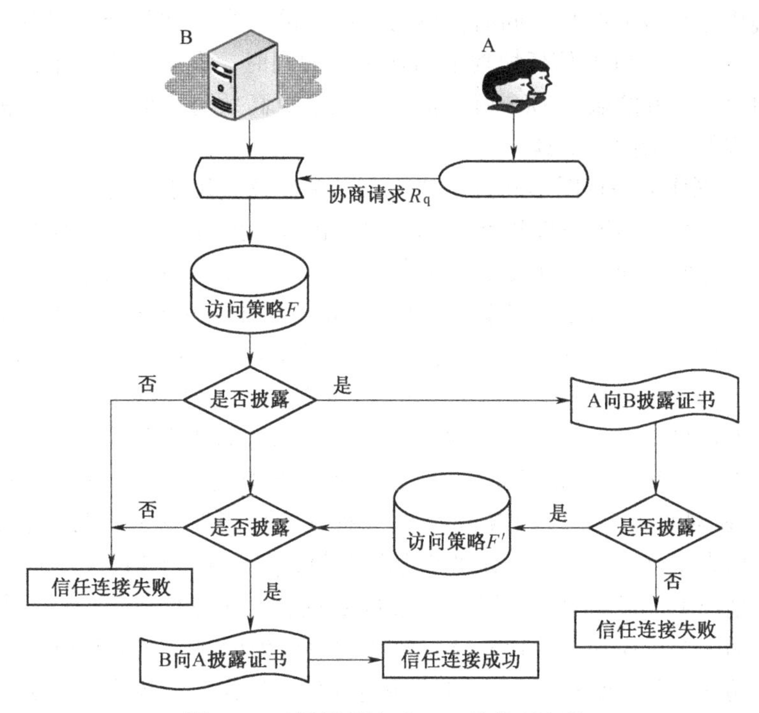

图 2.1　云计算环境下 ATN 的处理流程

协商访问控制策略在云计算中也规定了访问受保护资源所要提供的属性信任证集，SLA 自动信任协商由一方请求服务资源开始，在交互中逐渐地暴露其他信任证最终达到资源的解锁，否则，协商失败。

（1）建立信任协商的请求集合，记为 R_q，其中 $R_q = \{R_{q1}, R_{q2}, R_{q3}, \cdots, R_{qn}\}$，若云计算环境中 A 向 B 发出协商请求，也就是对云服务资源的各种属性的访问请求，例如资源的名称和费用、服务质量、操作权限和类型、访问者的身份验证等。

（2）访问控制策略是一个对具有各种约束属性的资源的访问控制集合，记为 F，其中 $F = \{F_1, F_2, F_3, \cdots, F_n\}$，此时，B 向 A 披露其访问控制策略 F。

（3）A 根据给出的 F 披露相关的证书 C_i，同时向 B 披露它的访问控制策略 F'，需要 B 披露它的相关证书给 A。

（4）B 根据给出的 F' 披露证书，A 验证成功后建立信任连接，否则不连接。

但是在信任证的披露过程中，为了获得较高的可信度而采用复杂的访问控制规则，这样增加了协商握手次数，使得协商的效率不高。而且，在云计算环境中存在多个参与者同时协商时，协商网络会更加复杂难以分析，因此，为了在建立 SLA 信任协商的信任关系的同时，提高协商效率，在多方协商时寻求更好的服务 QoS 就急需找到一个更高效可靠的、易于分析处理协商过程的复杂性的工具。

Petri 网作为一种图形和数学建模工具被广泛应用于软件工程、通信协议、制造系统、离散事件和指挥领域，它能够较好地描述系统的结构，表示系统中的并发、同步、冲突及顺序等关系[15]，并利用这些关系可以抽象出相应的模型结构。但是在建模过程中，不得不用独立的子网表示所有类型的过程，这导致整个 Petri 网变得很大。相比普通的 Petri 网，有色 Petri 网由于引入了颜色，使得同一库所可以表示多类信息，通过不同种类的颜色集对表示状态信息的托肯（token）进行分类，不同类的托肯值不同，一个库所中就可以包含几个不同颜色的托肯，因此可以增强普通 Petri 网的表达能力。有色 Petri 网的辅助工具 CPN Tools 是一种支持功能强大的元语言和可分层建模的仿真工具，通过该工具建模使模型清晰、直观易于理解。在信任协商复杂的情况下，可以引入分层的有色 Petri 网，利用分层思想，把复杂的问题抽象为多个子模块，使得复杂系统的建模成为可能。本章利用 SLA 信任协商的访问控制策略对有色 Petri 网进行建模，使得协商模型得到了极大的简化，同时利用 CPN Tools 分析解决本章提出的问题。

2.1.2 云计算环境下 SLA 信任协商

1. 国外研究现状

国外学者已经对 SLA 的相关理论和应用方面展开了大量的研究，如文献[16]对于 SLA 的相关研究做了总体的分类，介绍了在云计算环境下 SLA 是如何建立、管理和使用的，并且探讨了在网格计算和云计算中已存在的实例来确立 SLA 等级的实现以及 SLA 在最新的技术中出现的挑战。一份服务等级协议作为一份正式的合同来确保服务提供者和消费者的服务质量，不同服务质量的参数必须要保持在用户可以接受的水平需求内，并且好的 SLA 文件应该设置服务参数的临界值和期望值以及相应的利益以提高用户的满意程度，提高服务质量，提升双方的信任关系。针对云计算环境的“按需付费”这一灵活和可靠的交易模型，需要通过协商协议的自定义和无缝交互才能实现的问题，文献[17]提出一个基于协议开发生命周期的特定领域框架，生命周期包含建模、验证、基于规则的实现和通用的执行这四个不同的阶段，为开发和执行协商协议提出了一个整体的框架。每一个阶段通过引入简单的双边协商协议，即一个多层次、多循环和可定制的协商协议，且双边协商协议是形式合法的、确定的和无死锁的，评估双边协商协议的状态空间可伸缩性并使用线性时序逻辑验证其正确性。

在云计算环境中，信任问题一直是云计算的最大挑战，信任使得用户选择较好的服务，文献［18］中探讨了关于云计算中云用户与云服务提供商的信任关系以及 SLA 的管理，研究了 SLA 在类似网络服务和网格计算这样不同的领域所对应的不同应用框架，并且对当前的 SOA、分布式系统、网格计算以及云服务的性能评估模式进行优势和劣势的研究。从云计算架构进行研究，介绍了信任关系包括信任协议、信任管理、信任计算这些方面的内容。对于全局信誉模型，某一节点的全局信誉是网络中其他节点对它的信任值的加权和。分布式信誉系统模型应该综合考虑多个信任源，将子模块的信任和信誉综合起来计算得到子信任值，再进行加权平均，使得信任值更可靠全面。Zegordi[19] 提出了一个新的基于历史信任证和当前的云服务提供者能力的信任模型，信任值使用可靠性、可用性、数据整合性、效率转换四个参数计算出来，并根据用户的服务质量需求从时隙、资源、价格三个方面提出一个 SLA 生成算法，综合评估建立一个服务等级协议方案。

在自动信任协商领域也展开了大量的研究，目前关于 SLA 的自动信任协商并没有一个统一的框架。Wu 等人[20] 提出云计算的自动信任协商框架，这个框架针对存在多个 SaaS 云服务提供商供用户选择的情况下，用户对服务成本、服务质量 QoS 以及云服务用户的需求动态变化时，利用一个第三方中介和用户在多个云服务提供商之间协商得到不同的目标——最大化利润和提高用户的满意度。Farras 等人[21] 提出了一个和自动信任协商机制相结合的方法，这个方法基于双方的安全计算协议来达成一个协议，通过交换数字证书和信任证来建立策略的信任关系从而保护双方的隐私。当前很多自动协商大都是假设了在静态的协商环境下进行的，以便于代理能够基于对方的提议和设定的参数来做决定。针对这一不足，文献［22］在分布式以及动态的协商环境下，提出了一个更通用的、更灵活的自动协商框架，使得协商代理随着环境变化做出响应，在电子商务的背景下，采用 SLA 协商在服务计算的应用方案，它们的策略能够适应协商外部条件变化，通过代理搜索外部协商的可供选项积极响应，提高协商的结果。

文献［23］认为，云服务请求者与云服务提供商之间的协商如果由人力完成可能会很困难，因此提出一个云计算环境下自动解决协商进程的方法，协商策略能够评估云服务提供商提供的内容的可靠性，同时云服务提供商的协商策略由于考虑到资源的利用率，使用更少的资源获得更高的价格，这样当云服务提供商和多个请求者同时协商时，能帮助云服务提供商获得更大收益。在以往的SLA协商领域的研究中，无论云服务提供商提供什么样的QoS信任证值，在协商过程中请求者默认的都是可信任的。

在自动信任协商的基础上，云计算环境下的SLA的信任协商也有相关的扩展研究。Chhetri等人[24]提出一个基于策略的云计算服务的SLA自动制定框架，这个框架可以让用户和云服务提供商灵活地选择最合适的方案而且支持不同的交互模型，协商策略对于整个协商进程起到关键作用。Chadwick等人[25]在假设云服务提供商有一定信任度的基础上，提出了一个信任、安全和隐私保护的基础设施框架。这个基础设施在开源软件的支持下，利用信任和声誉管理、细粒度访问控制、隐私保护委任权、身份管理、不同等级的担保和可配置的审计跟踪等技术和工具来实现。Paci[26]针对信任协商过程中用户的身份属性的安全性，提出了一个最小信任证序列，用户只透露所需要交换的属性，最大可能地控制他们的身份属性的披露。在文献［27］中，提出了具有前缀匹配和范围查找的RT信任证搜索算法，解决了分布式存储大量信任证和信任证链发现的问题。

在使用有色Petri网进行设计建模的理论方面，Stahl等人[28]通过例子和一系列典型的模型介绍了如何用有色Petri网（Colored Petri Net，CPN）的CPN Tools设计和分析复杂的过程，利用CPN语言的多样性创建简洁易懂的模型，模拟体系功能的功能流程，分析兵法行为，提高设计质量和评估系统的可靠性。文献［29］提出了利用有色Petri网对Web服务动态组合的基本模式进行形式化建模和分析的方法，但是对于结构复杂的组合流程的验证没有给出解决办法。

2. 我国研究现状

我国在云计算环境下SLA信任协商方面的研究也做了大量工作，虽然起步比国外晚一些，但仍然取得了较多研究成果。

在云计算环境的开放系统性中，用户的访问是随机的，用户并不晓得在什么情况下可以访问某服务资源。访问控制策略是信任协商的基础，服务提供方应该给出一种访问授权机制，告知服务访问者如何获取所需要的访问权限。同时服务提供商为了保护云服务资源，防止资源的未授权访问，应该制定相应的访问控制策略，访问控制策略定义了为了获取访问权限必须满足的要求。本章主要利用ATN机制来保护访问控制策略，也就是在协商过程中逐步建立信任，随着访问等级的提高，逐步披露访问控制策略。文献［30］

认为云安全是 SLA 文件考虑的关键，云用户对不同层次的云服务有不同的安全需求和解决方法。为了更好地提高双方的满意度，在保证不影响服务质量的前提下，使得云计算节点能够在通过信任连接构建的组合安全域内为用户提供相应的服务，采用自动信任协商机制对云安全模型进行改进，建立一个能够在服务与服务之间以及用户与服务之间建立信任连接的访问控制模型。文献［31］从保护服务提供商的角度，对当前云计算中因服务提供者（SP）的信任保障机制缺失而容易被不可信服务用户（SC）滥用这一现象，提出面向 SC 实体的服务可信协商及访问控制策略。由系统信任规则表达实体的可信程度，进而推导出服务消费者的直接和间接的信任空间，同时采用服务等级协议构建交互双方的协商机制，综合信任传递与迭代计算策略，确定服务交互的 SLA 等级，提供相应等级的服务，达到访问控制的目的。该研究虽少量增加了协商的次数，但能较好地解决服务被滥用以及利用率不高的问题，为云计算环境下信任协商研究提供一种有效的新方法。

文献［32］结合云计算环境提出了一种云计算中 SLA 管理框架，并对云用户和云服务提供商之间 SLA 的协商生成过程进行分析，把协商的过程分阶段进行，并利用相应阶段的 SLA 协商模板来进行协商；其次采用基于 CBR 的 QoS 知识库来对已有的案例解决方案进行预防 SLA 违例。为了验证框架方案的可行性，利用 Hadoop 平台部署云计算环境中 SLA 管理框架原型系统并将软件可信评估应用其中。文献［33］针对区分服务网络中基于 SLA 的实时协商问题，在分析协商优化过程后，提出一种满足确保转发服务的自动协商描述模型，模型包括一对一和一对多两种协商场景。通过模拟验证了模型的收敛性，并分析了在不同服务质量值和价格调节值下达成的协议方案性能。文献［34］考虑到云计算特点，根据 IBM 公司提出的 SLA 框架，提出一个适用于 IaaS 服务的 I-WSLA 框架，用户与服务提供商都可以通过 WSLA 来配置和管理自己的服务，通过 IaaS 的参数设计与描述，使得各种不同的协商过程都可以统一在一个框架下，保证服务的 QoS，与此同时，给出了一个通用的协商协议，适用于各种不同类型的协商过程。

2.2　有色 Petri 网相关理论与建模工具

Petri 网是一种图形演绎方法，能较好地描述系统的结构，表示系统中的并发、同步、冲突及顺序等关系[35]，网中的库所表示系统的局部状态，而变迁则是表示选择以及执行条件，通过弧连接库所和变迁指明流动方向。

以图形表示的组合模型具有直观、易懂和易用的优点，对描述并发现象有它独到的优越之处。

2.2.1 Petri 网的基本知识

定义 1 用五元组 $N=(S, T, F, W, M)$ 来表示 Petri 网，其中 (S, T, F) 是一个网。

(1) $S=\{s_1, s_2, \cdots, s_n\}$ 是有限位置集合；

(2) $T=\{t_1, t_2, \cdots, t_m\}$ 是有限变迁集合；

(3) F 表示对应的库所 S 与变迁 T 之间的流关系；

(4) W 是一个权函数，$W: F\rightarrow\{1, 2, 3, \cdots\}$；

(5) M 表示网的标识，$M: S\rightarrow\{0, 1, 2, \cdots\}$，对于 M，若 $t\in T$，如果 $S\in{}^{*}t: M(s)\leqslant w(s, t)$，在标识 M 下发生变迁 t，产生新的标识 M'，记作 $M[t>M'$。

用 Petri 网可以描述系统的并发、同步、冲突及顺序等关系，则 Petri 网的映射关系如图 2.2 所示。

(1) 对于最简单的协商序列即 $S_1\leftarrow C_1$，则该有色 Petri 网一个库所节点有 1 个变迁子节点 t_1，t_1 子节点有一个库所子节点，如图 2.2（a）所示。

(2) 若信任证 S_1 的协商序列为 $S_1\leftarrow C_1\wedge C_2\wedge C_3\wedge\cdots\wedge C_n$，则该 Petri 网的库所节点有一个变迁子节点 t_1，而该子节点 t_1 有 n 个库所子节点，其中 $W(x)$ 是权函数，用来判断可信度和权值的关系，如图 2.2（b）所示。

(3) 若信任证的协商序列为 $S_1\leftarrow C_1\vee C_2\vee C_3\vee\cdots\vee C_n$，则该 Petri 网的一个库所节点有 n 个变迁子节点 $S_1\leftarrow t_1, t_2, t_3, \cdots, t_n$，而每个变迁子节点对应 1 个库所子节点，如图 2.2（c）所示。

(4) 可达性。可达性是指系统按照一定的流程运行后是否能够实现一定的状态，它是研究任何系统动态特性的基础，决定系统能否到达一个指定的状态，或者不期望的状态不出现。在 Petri 网的诸多性质研究中，可达性研究大概是最基本的一个动态性质研究。可达性在一定意义上可以说是研究 Petri 网其他动态性质的基石，许多其他问题都可以通过可达性问题来叙述。在 Petri 网中，M_0 为初始标识，$M\forall S\rightarrow\{1, 2, 3, \cdots\}^k$，对于 $t\in T$，如果 $s\in\cdot t\rightarrow M(s)\geqslant w(s, t)$，那么变迁 t 在标识 M 有发生权 $(M[t>)$，在标识 M 下发生变迁 t，产生一个新的标识 $M'(M[t>M')$，同时称 M' 为从 M 是可达的。

2.2.2 有色 Petri 网

由于现实系统的实际应用需求及 Petri 网的结构特点，对复杂的过程建

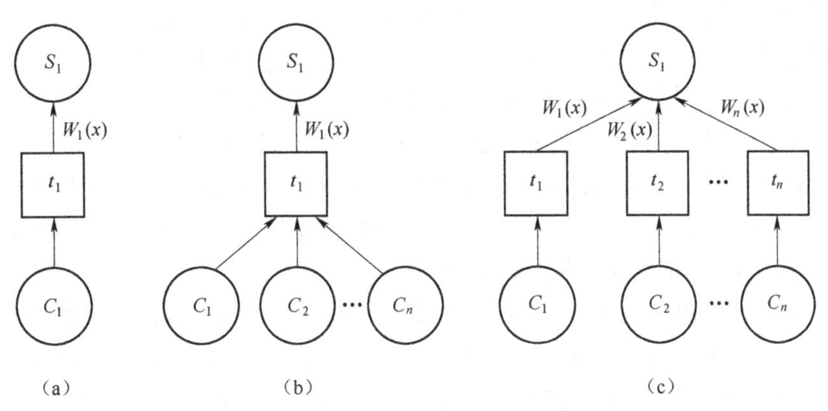

图 2.2　Petri 网的节点映射

模时，需要使用大量的库所和变迁，使得模型变得非常庞大，网图难以让人理解和掌握。随着 Petri 网理论的不断完备，Petri 网在异步并发系统中的建模也更加广泛和深入，出现了更高级的 Petri 网，Jensen 提出了有色 Petri 网[36]，有色 Petri 网就是对 Petri 网的库所中的托肯赋予的颜色也不同，托肯值不同代表的颜色也不同，颜色通常代表它的一个或者一组值。它实质上是对库所进行分类，从而大大减少了库所和变迁的数目，使得网系统的基本元素减小，使得复杂的 Petri 网模型显得简单、清晰。

有色 Petri 网 $\sum$ 可定义为如下的一个九元组：$\sum = (C, P, T, F, D, G, E, I, M)$。

C 是一个非空的有限颜色集，$C = \{C_1, C_2, \cdots, C_k\}$，其中，$C_k$ 是托肯的颜色，k 为有色 Petri 网的 k 种颜色，对应于协商过程中涉及的数据类型，包含各种应用数据以及描述各类控制参数，可区别不同等级的云服务。

$P = \{p_1, p_2, \cdots, p_n\}$，是一库所有限集，用圆形表示，对应协商双方的状态。

$T = \{t_1, t_2, \cdots, t_m\}$，是一变迁有限集，用矩形表示，对应协商的操作。

$F \subseteq (P \times T) \cup (T \times P)$，是一个有向边的集合，表示与信任协商机制对应的流关系。

D 是一个数据类型函数，定义为 $D: P \rightarrow C$ 即每个库所的托肯都属于数据类型 $D(p)$。

G 是防卫（guard）函数，它表示为每个变迁 t 都映射到一个布尔表达式 B，B 为有 {真、假} 元素的布尔类型，并且 $G(t)$ 中所有变量的类型必须

包含于数据类型集 C 中。可用一种布尔表达式 $[B_{\exp 1}, B_{\exp 2}, \cdots, B_{\exp n}]$ 作为防卫表达式，它等价于 $B_{\exp 1} \wedge B_{\exp 2} \wedge \cdots \wedge B_{\exp n}$ 防卫表达式为空时为真。G 是用于指定除输入参数外调协商操作必须满足的条件。

E 是一个弧表达式函数，定义为从弧到表达式函数 $E(f)$，用于表示调用协商操作输入、输出参数，$E(f)$ 满足 $\forall f \in F$：$[\mathrm{Type}(E(f)) = D(p)_{\mathrm{MS}} \wedge \mathrm{Type}(\mathrm{Var}(E(f)) \subseteq C]$，其中 p 是库所，$D(p)_{\mathrm{MS}}$ 返回该库所上多集的数据类型。弧表达式可以不出现，默认为空。

I 是一个初始化函数 $I(p)$，定义为从 P 到一个封闭表达式，封闭表达式是不含有任何变量表达式。I 必须满足：$\forall p \in P$，$[\mathrm{Type}(I(p)) = D(p)_{\mathrm{MS}}]$，表示 $I(p)$ 函数对库 p 所进行初始化时，其封闭表达式结果的类型必须与库所上的多集的类型相一致。I 用于指定协商的初始输入参数。

M_0 为初始标识，M：$p \to \{1, 2, 3, \cdots\}^k$，对于 $t \in T$，如果 $p \in {}^*t \to M(p) \geqslant E(p, t)$，那么变迁 t 在标识 M 有发生权（M [t>)，在标识 M 下发生变迁 t，产生一个新的标识 $M'(M[t > M')$，同时称 M' 为从 M 是可达的。若存在变迁序列 $\delta = \{t_1, t_2, t_3, \cdots, t_k\}$ 和标识序列 M_1，M_2，$\cdots$，M_k，使得 $M_0[t_1 > M_1[t_2 > M_2 \cdots M_{k-1}[t_k > M_k$，则 M_k 是从 M 可达的，M 可达的标识表示为 $R(M)$，其中，$M \in R(M)$。

当前的状态标识计算经过变迁后有下面的代数关系：A 为关联矩阵，$M(k) \xrightarrow{\sigma} M(q) = M(k) + A \cdot U$，$A_{i,j} = W(T_j, P_i) - W(P_i, T_j)$，$M(q)$ 是 $M(k)$ 经过变迁序列 σ 之后得到的标识。由当前标识 $M(k)$、条件矩阵 Q 和可以触发的变迁向量 $U(k+1)$：$M(k) + QU(k+1) \geqslant 0$，其中，$Q_{i,j} = -W(P_i, T_j)$。

2.2.3 层次有色 Petri 网

在有色 Petri 网的基础上，提出了一种扩展的层次有色 Petri 网（Hierarchy Colored Petri Net，HCPN），建模时首先在一个整体的层次上对系统进行宏观描述，把系统抽象成多个子模块，在顶层中只考虑各模块的相互关系；在它的子页面层次上，分别对每个子模块进行详细的描述，同样的也可以把子模块再进行层次划分，这样建立的层次模型可以使得模型更容易理解、更有条理，并且提高了模型的可维护性和可扩展性。

在 HCPN 中，必须用特殊的变迁把分布于不同页面上的顶层与子层的 CPN 模型关系连接起来，这个特殊的变迁称为替代变迁（substitution transitions）[37]。替代变迁称为父节点，包含有替代变迁的页面称为顶层，每个替代变迁都有一个替代标签，代表了一个相应的子页面（Subpage），再对子页面进行相应流程的描述。各层次模型间需要有信息的输入、输出，子页面中具有输入、输出标签的库所与外界进行信息交换，标签表示为 In/Out 或者 I/O，分别被称为 IPP（Input Port Place），OPP（Out Port Place）和 I/OPP（Input/Output Port Place）。

图 2.3 所示为一个层次有色 Petri 网的顶层模块图，图中的变迁 Sender、Network、RecNo1、RecNo2 均为替代变迁，每一个替代变迁都有一个子页面，在子页面中可以再建立具体的模型来详细描述。通过整体的顶层图，可以首先从整体上了解网系统的结构。

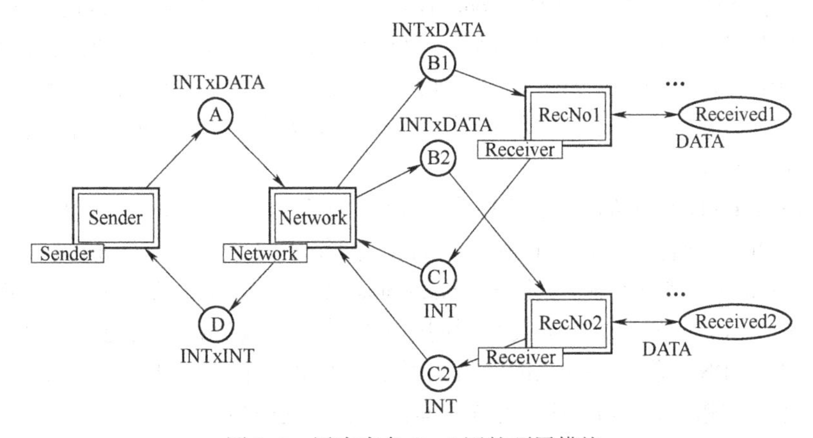

图 2.3　层次有色 Petri 网的顶层模块

图 2.4 所示为层次有色 Petri 网的顶层中的替代变迁 Sender 的子页面，详细描述了变迁 Sender 的具体实现过程，其中库所 A 和库所 D 为连接子页面和父页面的接口，在子页面中称为端口库所（Port），相应的在顶层中称为槽库所（Socket）。库所 A 的标签 Out 表示 A 作为输出端口库所从子页面输出信息作为顶层的输入，库所 D 的标签 In 表示 D 作为输入端口，库所从子页面输入信息作为顶层的输出。

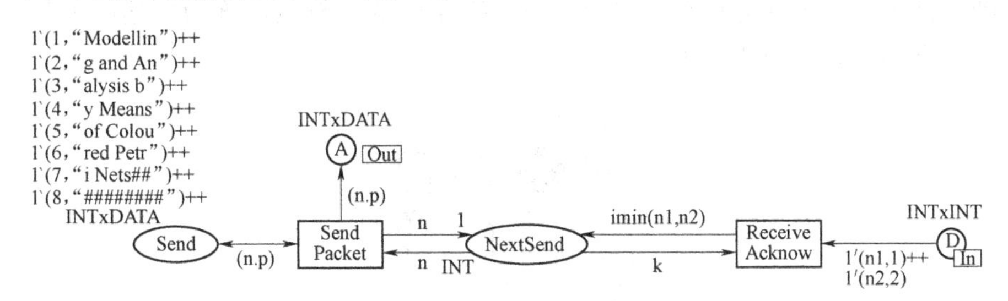

图 2.4　替代变迁 Sender 的子页面

2.2.4 CPN Tools

有色 Petri 网的优点不仅表现在建模能力上，更主要表现在它所具有的分析能力上。CPN Tools[38]是由丹麦的奥尔胡斯大学开发的一个专用于有色 Petri 网编辑、模拟和分析的工具，它支持强大的元语言（ML），提供的分层建模工具、时间颜色集表示以及自动分析工具具有易于建模、易于仿真、易于分析的特点，并集成了较为强大的模型检验功能，如状态空间分析工具等，建模是对系统进行分析和研究的基础，使得 CPN Tools 方法可以应用于 SLA 的信任协商分析中。CPN Tools 在使用时需要用 CPN ML 语言进行声明，在声明中定义颜色类型集合、函数、变量以及运算。对托肯着色使得 Petri 网模型中可以表现出不同的资源；库所着色就是给库所一个颜色集合，也就是规定了托肯在这个库所取得的颜色范围。函数则是对不同色的托肯进行不同的流程处理。

CPN Tools 界面的主要工具有创建工具条（Create）、层次化工具条（Hierarchy）、监控工具条（Monitoring）、网络工具条（Net）、仿真工具条（Simulation）、状态空间工具条（State space）、样式工具条（Style）、视图工具条（view）等，这些工具在所创建的网络中主要有以下功能：

（1）CPN 编辑。在导入的网络或者新建的页面中，利用 Create 工具可以实现增加、删减库所和变迁，并连接有向弧，实现模型的建立、修改、注释。

（2）语法检查。CPN Tools 通常会自动检测，它通过语句框、状态框、光环的颜色反馈编辑网络的状态信息是否正确，有助于用户在编辑时随时校验可能出现的语法错误。

（3）状态空间分析。状态空间可用于计算状态空间，在仿真器和仿真工具之间传递状态矢量，并产生状态空间报告，报告内容包含有界性、活性、可达性、验证死锁等内容。状态空间最基本的想法就是对于每个可达的标记建立一个节点，对于每个发生的绑定元素建立一个弧而构成一个有向图，这个有向图称为状态空间图，对状态空间的分析也可称为可达图分析，状态空间工具如图 2.5 所示。

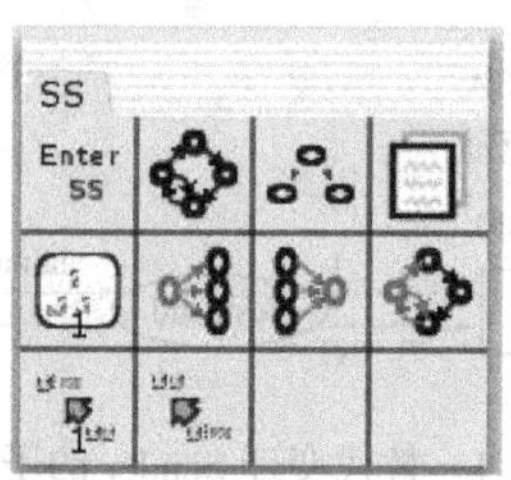

图 2.5 状态空间工具

在对编辑好的 CPN 模型或者部分模型进行状态空间分析时，首先要通过 Enter SS 按钮进入，然后选择要计算的状态空间模型页面，随后会自动产生用来计算和分析的 ML 代码，以便进入状态空间计算。为了产生状态空间代码，需要满足 CPN 模型中的语法检查，所有的变迁、库所和网中的页都有名字，名字必须是唯一的和满足 ML 标识符要求的。

然后进行状态空间计算，如果预计状态空间较小，将 Calculate State Space 按钮应用到所建模型的一个页面即可，这样得到的是完整状态空间。如果状态空间很大，那么可能需要改变 Stop Options 或者 Branching Options 的相应设置，得到的是部分状态空间。

CPN 模型页面产生了状态空间后，可以用 Save Report 按钮保存报告，产生一个文本文件，报告包含状态空间大小和 Scc 图统计信息（Statistics）、有界性（Boundedness Properties）、主页属性（Home Properties）、活性（Liveness Properties）、公平性（Fairness Properties），只有计算了强连通图，活性和公平性才可以包含进来。

（4）仿真运行。利用 CPN Tools 可以动态模拟所创建模型的执行过程，用户可以自己定义所要执行的仿真步数，可以选择连续执行或者单步执行。

2.3 基于有色 Petri 网的云 SLA 自动信任协商

在云计算环境下，用户对云资源的使用是开发、动态的，因此，云服务提供商都希望通过规范 SLA 来管理云资源以及管理和云用户的关系。在两个陌生的实体间进行 SLA 协商时，采用自动信任协商来建立双方的信任关系，也就是对证书和访问控制策略进行逐条披露，自动信任协商往往表示的是双方的信任协商，在本章中如果没有特别说明，所提到自动信任协商都是指双方的协商。协商过程涉及多种 SLA 的参数属性，如何把协商过程用清晰的模型表示出来是很关键的，有色 Petri 网就是一个很好的形式化描述和建模工具。

2.3.1 ATN 信任模型的体系结构

SLA 自动信任协商解决的是双方的信任关系以及服务质量的保证，其中主要包含 SLA 文件、云服务资源、自动信任协商（ATN）三个组件。本章提出的云计算环境下 SLA 的自动信任协商模型的体系结构如图 2.6 所示。下面对 SLA 的自动信任协商模型的架构和各个组件的功能以及工作流程进行介绍。

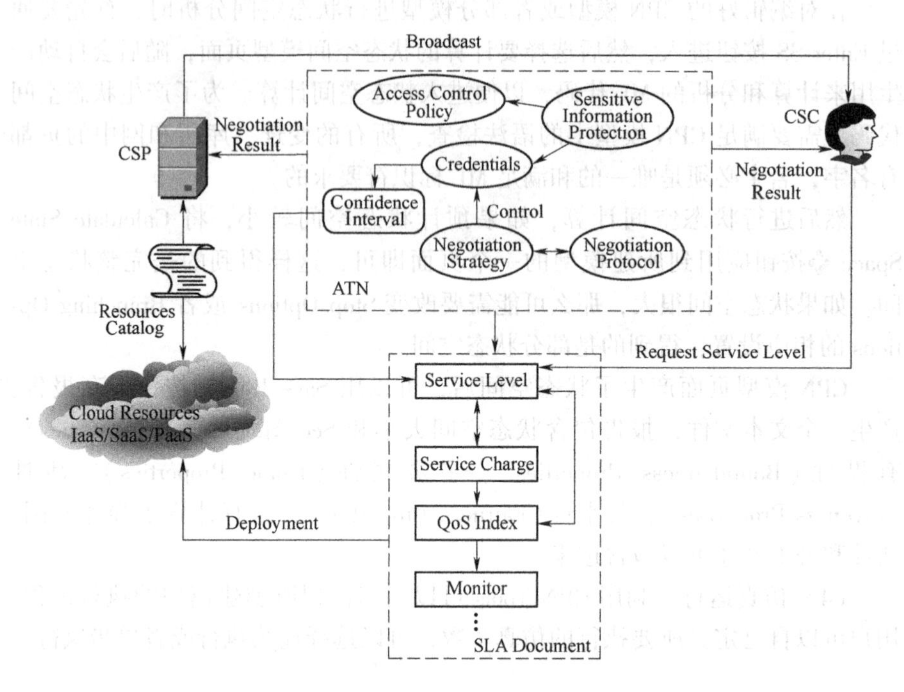

图 2.6　云计算环境下 SLA 的自动信任协商模型的体系结构

1. SLA 文件

云计算引入了动态的按需服务的方式，在服务开始前需通过协商机制形成服务供应商和云用户之间的承诺，将 SLA 作为服务双方关于服务内容、质量等方面的约定是保障服务质量和顾客满意度的有效途径[39]。SLA 文件包含了很多协商的条款，最基础的是服务等级、服务计费、质量指标和监控管理等。云用户可以选择云服务的等级进行请求协商，不同服务的等级对应不同的服务质量指标和服务费用，根据一定的计费原则和服务等级对服务进行计费。监测主要是对服务质量相关的数据监测，根据监测到的情况及时做出处理。协商成功后，云用户提供商按照双方协商好的 SLA 文件部署云资源并分配给服务请求方。

2. 云服务资源模块

云服务提供商拥有云资源以及资源的具体数据，因此，为了有利于推广自己的商务，云服务提供商可以通过云目录向云用户广播自己的服务类型、内容等。云资源主要分为三大类[40]，即基础设施服务（Infrastructure as a Service，IaaS）、平台服务（Platform as a Service，PaaS）、软件服务（Software as a Service，SaaS），不同的服务类型有着基本相同的 SLA 的服务项目，只是侧重点不一样，见表 2.1。

表 2.1　云服务通用的 SLA 服务属性项目

项目	描　述
可用性	一个时间段内持续提供服务的概率
可靠性	服务最长可连续正常运行的时间
安全性	加密、认证、授权需求
响应时间	用户提出请求到响应结果的时间
平均故障修复时间	从出现故障到恢复中间的这段时间
服务时间	协商的云服务时间长短
灾难恢复	数据和服务的备份方式和恢复能力
监控	监控内容和方法
违约补偿	提供商未能满足所承诺的性能需求时给予的补偿措施

SLA 的提出使得服务交互双方的服务等级可以通过协商来确定，满足 SLA 的服务才是用户所需的可信服务。而云用户关心 SLA 的各项服务质量 QoS 指标，如可用性、可行性、平均故障修复时间等。因此，QoS 是 SLA 信任协商的关键内容。

3. ATN 模块

云计算环境下的协商双方为了获取和管理信息资源，云用户为了得到想要的云服务资源属性，在发送 SLA 的服务请求后，采用自动信任协商建立信任关系，建立不同实体之间的紧密联系，从而构建安全可信的网络。协商过程的访问控制策略和信任证交换都需要根据 SLA 的服务等级和相应的服务质量指标来进行，协商成功后的云用户可以获得请求的资源。

（1）访问控制策略是信任协商的基础，为了保证自动信任协商系统的可行性，应对访问控制规则做合理的约束，向请求方披露访问所需要的条件信息，收到信息的一方披露条件从而建立信任关系，信任证和访问控制策略起到了建立信任的作用。

（2）获得信任证的资源访问者可以通过信任证的披露来获得特定的资源。为了保证协商过程的信任度，本章引进信任区间这一概念，选择可信的信任证交换来建立信任关系，只有信任证的信任值落入特定服务等级的信任区间，即达到某个阈值后信任证才能披露，在后面会提出信任空间的计算。信任证通常包含一些敏感信息，如协商过程中云服务应用的 ID、资源类型、访问控制策略、信任值以及各类控制参数等，协商双方都希望披露尽可能少的信息来达成云计算服务中 SLA 的访问控制策略的协议以提高协商效率。

(3) 协商策略决定了双方采用什么样的方式来释放证书和访问控制策略[41]，由于云计算的动态特性，SLA 也具有动态性，协商策略依据双方的协商需求采取最有利的协商方式，去披露哪些信任证，什么时候披露，什么情况下终止协商，从而协调服务提供方和用户之间的协商效率。热心策略（eager strategy）和吝啬策略（parsimonious strategy）是 Winsborough 等人提出的两种极端信任协商策略[41]，热心策略是在满足对方的访问控制策略的同时一次性地把所有的相关信任证披露，使用这样的协商策略效率高，但是暴露过多不必要的信任证，可信度不高。吝啬策略是协商过程中对方要求什么信任证，另一方才提交相关的信任证，它的可信度高，但协商效率不高。李建欣等提出的 COTN（Contract-based Trust Negotiation）策略[42]，是在这两种信任协商策略的基础上改进的，在协商初期以某个条件为底线，逐个披露信任证，如果发现对方所披露的信任证不能满足的时候及时停止协商。本章也采用 CONT 的协商策略，即当访问控制策略要求什么信任证时访问者才提交相关的证书，兼顾了协商效率和可信度。

(4) 协商协议负责自动信任协商系统中各种信息的定义，包括协商策略的定义，协商双方根据预定义的协商策略依次执行。

2.3.2 SLA 的有色协商 Petri 网的 ATN 策略

云计算环境下的 SLA 协商涉及大量的信任证，其协商过程是复杂的难以直接分析的。本章采用有色 Petri 网的形式化工具 CPN Tools 来对 SLA 的自动信任协商的协商过程建模，提出一种新的模型：SLA 的有色协商 Petri 网。

1. 访问控制策略语言

访问控制策略是信任协商的基础，协商语言是用来表示访问控制策略的。SLA 有色协商 Petri 网的信任证的访问控制策略一般采用析取范式来表述，$R \leftarrow D_1 \vee D_2 \vee \cdots \vee D_k$，$D_i = C_1 \wedge C_2 \wedge \cdots \wedge C_m$，$i \leqslant k$，其中，$C_i$ 表示协商双方需要披露的信任证。上述析取范式映射到有色 Petri 网中，库所表示受限访问的资源或者信任证，变迁表示信任证的披露，可以用包含布尔运算符号的表达式表示库所和变迁之间的逻辑关系。

(1) 从变迁到库所的流关系表示形如 $R \leftarrow D_1 \vee D_2 \vee \cdots \vee D_k$。

(2) 从库所到变迁的流关系表示形如 $D_i = C_1 \wedge C_2 \wedge \cdots \wedge C_m$。

(3) 未受保护的初始信任证由一个源变迁直接指向该库所，表示为 $C_i \leftarrow \text{True}$。

图 2.7 所示是云服务访问控制策略的示意图，由 CSC 和 CSP 自定义。

CSC服务请求方访问策略：	CSP服务提供方访问策略：
$C_{csc} \leftarrow (C_1 \wedge C_2) \vee C_3 \vee C_4$;	$R \leftarrow (C_1 \wedge C_2) \vee C_3 \vee C_4$;
$C_1 \leftarrow S_1 \vee (S_2 \wedge S_3)$;	$S_1 \leftarrow C_1 \vee C_2$;
$C_2 \leftarrow (S_2 \wedge S_3)$;	$S_2 \leftarrow$ True;
$C_3 \leftarrow S_3$;	$S_3 \leftarrow C_2$;
$S_4 \leftarrow$ True;	$S_4 \leftarrow C_1 \vee C_2 \vee C_3$;

图 2.7　云服务访问控制策略示意图

2. SLA 的自动信任协商的信任证

信任证是由专门的机构签发的证明凭证以证明持有者的有效身份和属性信息的数字证书，也称为属性证书。在本章中信任证是协商者所具备某种属性的属性证书，可以是协商过程中服务属性的数据类型、应用数据以及各类控制参数等。它能区别不同等级的云服务，当任一信任证在协商过程中被发送给对方，则称该信任证被披露。

例 2.1：假设某一老用户（CSC）想要租赁云中某个在线管理软件（属于 SaaS），对 CSP 一些老顾客或者租赁某项云服务协商执行时间（T）超过 3 年的用户给予优惠（Discount(i)）。为了保障各自的利益，在租赁前要进行 SLA 的自动信任协商。用户作为资源请求者最初对 CSP 发出请求，双方协商开始。为了避免受骗以及提高安全性，在协商前双方要出示各自的身份认证信息，服务提供商要出示相关的从业许可证书（CSP. c），用户则出示注册的身份信息用户名 User. ID 和密码 Password。客户为了保障自己的利益，提出自己需要的该管理软件的可靠性（Av(i). level）、可用性（Rel(i). level）、服务时间等 QoS 参数以及获得的价格优惠 Discount(i)。

从图 2.6 的模型体系结构出发，根据云服务的实用性并结合表 2.1，实例中的 SLA 自动信任协商的 QoS 主要项目如下：

（1）云服务资源的可信度。用户根据云服务提供商广播得到该服务属性的总体的可信度来选择自己想要的服务等级，可以定义为可信的（trust）、未知的（unknown）、不可信的（distrust）3 种等级。

（2）云用户的安全。即在协商服务属性前先验证是否有该服务的授权和使用权限，通过用户的用户名 User. ID 和密码 Password 的进行授权认证。

（3）云用户租赁该 SaaS 的价格预算 Bc。服务的价格按照一定的原则进行计算，比如享受的折扣（Discount(i)）、服务等级（. level）、获得的服务

执行时间 T。

(4) 可用性(Av(i))、可靠性(Rel(i))、平均故障修复时间(MTTR(i))。

因此,例2.1主要对双方的15种属性状态的信任证进行交换,即 C={User. ID, Password,, CSP. c, Discount(i), REL(i), Rel(i). level, Bc, N(i). price, Av(i), Av(i). level, T, R(i), t(i). level, MTTR(i), Mttr(i). level}。其中,每个信任证都有一个可信度值 E_i,且每个信任证的信任值需要落在指定的信任区间才能享受相应等级的SLA服务。

3. SLA有色协商Petri网策略

根据例2.1并结合所介绍的访问控制策略,制定相应的访问控制策略对信任协商过程进行控制以获得该SaaS云服务资源,访问控制策略如图2.8所示,CSP和CSC根据不同信任证的信任值、访问情况形成访问控制策略。访问控制策略中 E_x 表示要访问某项云服务属性所需要的信任证的信任值大小,每个信任证的信任值需在指定的信任区间才能享受相应的SLA指定等级的服务。

2.3.3 SLA有色协商Petri网分析

1. SLA有色协商Petri网的CPN模型

图2.9所示为映射得到的SLA有色协商Petri网模型,具体说明如下:

$C(p)=\{C_S, C_C\}$ 是全局信任证 C 的颜色组合,其中,C_S 表示资源服务编号为 i 的CSP的各项信任证集合,C_S = {CSP. c, Bc, Rel(i), Av(i), R, Discount(i), MTTR(i), T}。图2.9中Bc包含5种颜色级,表示CSP所出示的SLA中的5个服务等级所需要的费用,即CSC要得到某一等级的云服务应该满足相应的服务预算。R 表示CSC经CSP广播后得到的对于该CSP的信任评判结果的颜色组合,T 映射表示对于服务执行时间的颜色集合。

C_C = {User. ID, Password, N(i). price, Av(i). level, Rel(i). level, Mttr(i). level, t(i). level},表示用户在对于第 i 项云服务应用的协商过程所要出示的信任证类型。信任证分别表示CSC的ID和密码验证,向CSP出示的价格信任证书,对应的SLA服务第 i 等级的可用性信任证、可靠性信任证、平均故障修复时间等级信任证,服务执行时间的等级信任证和享受的折扣的信任证。其中,Mttr(i). level映射表示CSC所出示的平均故障修复时间的服务等级的颜色组合,该信任证访问在本例中设定为不受限访问。

云在线管理软件提供商(CSP)的协商访问策略：

CSP.c ← User.ID∧Password∧$E_{\text{CSP.c}}(f)$；

Service(i) ← ($N(i)$.price∧Av(i).level)∨(Rel(i).level∧t(i).level)∨Mttr(i).level∧$E_{\text{Service}(i)}(f)$；

Av(i) ← $N(i)$.price∧Av(i).level∧$E_{\text{Av}}(f)$；

Rel(i) ← $N(i)$.price∨Rel(i).level∧$E_{\text{Rel}(i)}(f)$；

Bc ← True；

R ← True；

MTTR(i) ← Mttr(i).level∧$E_{\text{MTTR}(i)}(f)$；

T ← True；

Discount(i) ← User.ID∨((T>3)∧R)

(a)

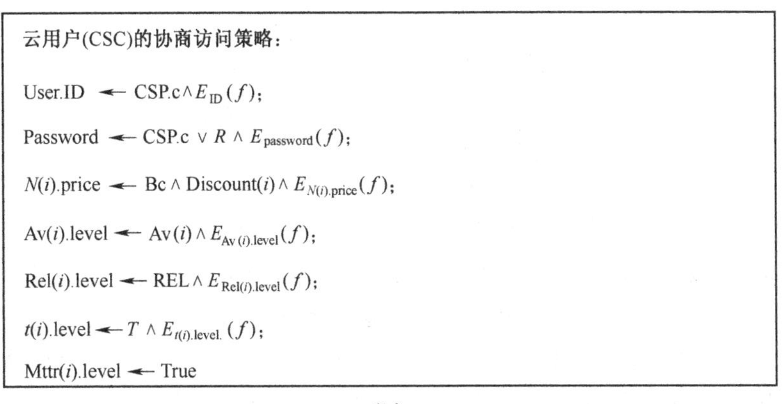

云用户(CSC)的协商访问策略：

User.ID ← CSP.c∧$E_{\text{ID}}(f)$；

Password ← CSP.c ∨ R ∧ $E_{\text{password}}(f)$；

$N(i)$.price ← Bc ∧ Discount(i) ∧ $E_{N(i).\text{price}}(f)$；

Av(i).level ← Av(i) ∧ $E_{\text{Av}(i).\text{level}}(f)$；

Rel(i).level ← REL ∧ $E_{\text{Rel}(i).\text{level}}(f)$；

$t(i)$.level ← T ∧ $E_{t(i).\text{level.}}(f)$；

Mttr(i).level ← True

(b)

图 2.8　云在线管理软件提供商和云用户的访问控制策略

$C(\text{Utility}) = \{(n,\ i)\}$ 是应用函数，即协商过程中对于访问策略的控制，它可以是一个阈值函数，可以是一个布尔表达式，如果信任证的信任值满足信任区间的大小，则会发生变迁，到下一个信任证进行协商。应用函数因协商者的不同而不同，协商双方的 CSP 和 CSC 之间通信的消息为 $C_S \times C_C \times C(t) \times C(\text{Utility})$。

2. SLA 有色协商 Petri 网模型的可达性分析

状态空间可以用来检查一个 CPN 网的所有标准属性，例如可达性、有界性、活性、公平性。状态空间最基本的就是对于每个可达的标记建立一个节点，对于每个发生的绑定元素建立一个弧而构成一个有向图。每个节点代表

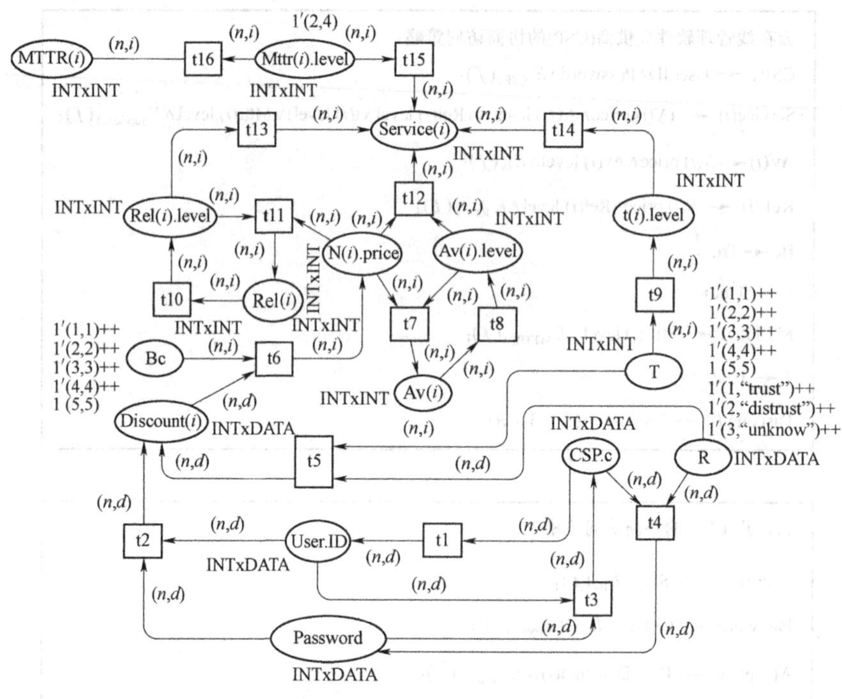

图 2.9　映射得到的 SLA 有色协商 Petri 网模型

一个可达的标记，而每个弧代表从源节点到目节点的一个绑定元素的发生。

SLA 的有色协商 Petri 网的 ATN 协商是通过找到信任证集合进行披露以获得所请求的资源，鉴于该有色 Petri 网的有界性，用可达性来分析从初始标识 M_0 到结束标识 M_F 找到的一个或者多个合法发生序列 δ，使得 $M_F = M_0[\delta >$，变迁序列信息对应信任证的交换，由此可以得到协商成功的信任证集。由有色 Petri 网的状态空间得到一个可达标志图[43]，在可达图的基础上去快速找到一个最短路径的信任证披露集以提高协商的效率。

可达标识图记录了有色 Petri 网所有的库所状态变化和变迁的变化，也表示各事件间的逻辑关系。用 CPN tools 的状态计算工具得到了全部状态的节点，图 2.10 所示为与起始节点 1 相关的部分状态可达图，图中每个节点的信息给出了此节点的前驱节点和后继节点的个数，如 1 节点中“0:10”表示有 10 个后驱节点而没有前驱节点。当开始协商时，其他库所处于等待的状态，当参与者收到初始标识信息时，开始进行变迁，即信任证的应用函数条件符合要求则开始进行传递，库所发生变迁后对应于图中的各个状态，另外整个状态空间的节点数为 3 375，由于空间篇幅有限，在此省略了全部状态空间的可达图。

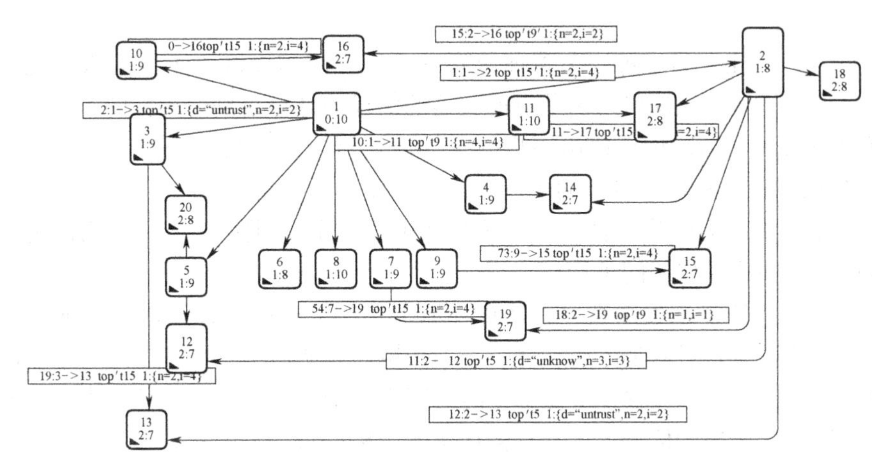

图 2.10　SLA 的有色协商 Petri 网的部分可达图

3. SLA 有色协商 Petri 网的信任节点

每个信任证都有其信任值，在计算信任值时，把协商网中的每个位置的信任证看作是具有 ID 和信任证属性值的节点信任节点，且每个信任证的信任值需要落在指定的信任区间才能享受相应等级的 SLA 服务，则有信任节点的关系如图 2.11 所示。

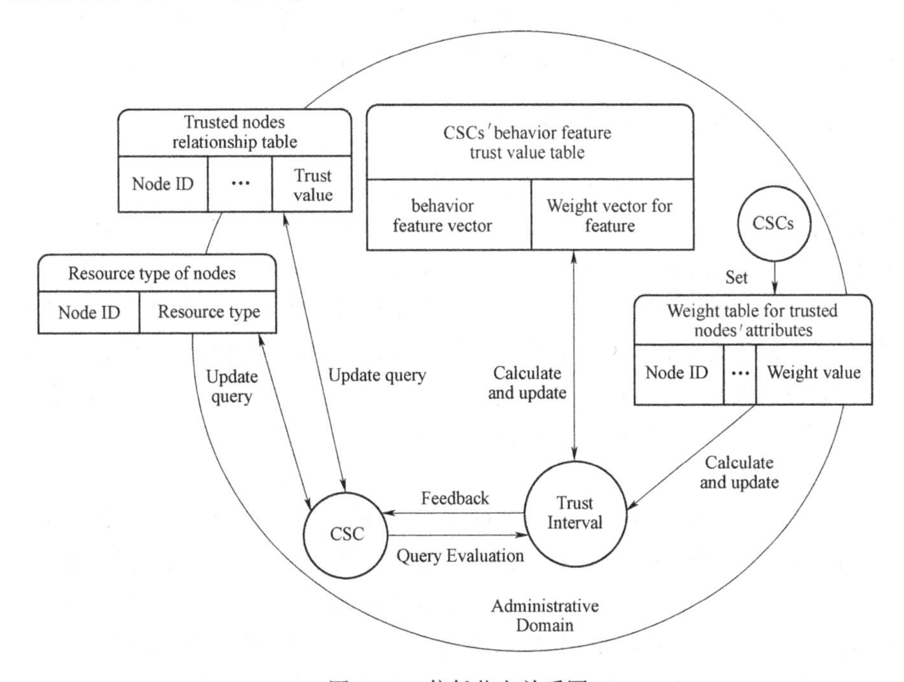

图 2.11　信任节点关系图

具体说明如下：

（1）信任区间。每一个管理域有一个信任区间以区分不同的服务范围和信任值，信任区间可以由节点的整体的信任值计算得到。同样的，云服务资源的 SLA 整体的信任值由用户的行为信任值以及在使用一段时间后用户参考 SLA 评估标准对 SLA 的履行情况的评分这两部分组成。

（2）资源类型节点表。包含资源的 ID 和云资源类型，以方便用户进行查询节点并选择想要的类型。

（3）信任节点关系表。云计算环境下，每个实体可以动态加入或离开某个自治域。对于新加入的实体，当信任协商开始后，信任证节点的初始信任值的赋值可以由信任证节点加入时为其提供推荐的节点的信任值来决定此信任证节点的初始信任值，并且信任系统会根据新加入的实体在后续的云计算交付中的表现，进行客观动态的调整。

（4）信任证节点属性的权重值表。在域内信任节点中，每个信任节点的属性得到一个评估向量，针对不同用户可能对该信任节点不同属性的需求不同，允许用户自己设定各个不同评价属性的权重去体现这一差别，创建此表，并且把相应的数据存储到相应的表中进行实时更新。

（5）行为特性信任值表。用户对资源使用的不同行为会影响到信任值的大小，因此需要保存域内信任证节点行为的信任值表，如果一个信任证成立时，创建此表，并且把相应的数据存储到相应的表中进行实时更新。

2.3.4 最小信任证披露集算法

云计算环境下 SLA 的信任协商过程中，每一个服务等级有多个服务属性组成，而每一个服务属性有多种不同的服务属性证书的状态，因此每一云服务资源的获取需要查找大量的属性信任证并向对方要求的披露才能够获取。对于所建立的模型，其状态空间可达图也可能很大，如例 2.1 的状态空间存在 14 850 条弧和 3 375 个节点，节点越多网络图就越复杂，所以希望可以找到最短的路径以达到目标节点 service(i)，也就是找到一个最小的信任证披露集合[44]，这样有利于协商效率的提高。

1. 算法思想

对状态空间可达图中的节点进行搜索，查找一个目标状态的集合，也就是找到 SLA 的等级的信任证状态属性的集合。要完成一个云服务的 SLA 协商，必须完全出示某一个等级的属性的信任证集合，例如第 i 等级的可靠性证书，第 j 等级的可用性证书等。针对例 2.1，假设完成一次 SLA 协商需要完成信任证类型的交换共有 15 种，即对状态空间搜索要找到 15 种目标状态的公式：

$C=\{$User. ID, Password, , CSP. c, Discount(i), Rel(i), Rel(i). level, Bc, $N(i)$. price, Av(i), Av(i). level, T, $R(i)$, $t(i)$. level, MTTR(i), Mttr(i). level$\}$

BFS 算法[45]是从初始节点开始，逐层对节点进行扩展，并考察它是否为目标节点，节点的扩展是按它们的邻居节点依次进行的，因此特别适用于只需求出最短路径的问题，但是当扩展节点数目较多时，则效率低，耗费过多。本章采用改进的 BFS 算法优化普通的广度优先搜索，利用一个估价函数对每一个搜索的位置进行评估，选择评估后最希望扩展的节点，生成该节点的所有的后继节点，使状态空间搜索范围缩小，提高搜索效率，最终找到了一个最短的搜索路径，即最小的信任证集合。本章也进行了节点的聚类分析，对信任证进行分类并存储，可以减少下次搜索的工作量。

2. 算法退出

（1）当搜索路径不再有未被扩展的端节点时，即 OPEN 表为空，搜索过程失败，从初始节点达不到目标节点。

（2）当被选作扩展的节点是目标节点时，继续下一个状态的搜索，直到找到目标状态集合的全部状态节点，搜索过程成功结束，每一个搜索到的目标节点按指向父节点的指针不断回溯，能重现从初始节点到目标节点的成功路径，输出最短的路径后算法退出。

3. 算法分析

创建两个表，OPEN 表保存所有已生成而未考察的节点，OPEN 表按节点的启发估价函数值的大小排列，节点估计值小的放在前面。CLOSED 表中记录已访问过的节点。

表 2.2 给出最小信任证路径搜索算法（The Minimal Credential Path Searching Algorithm，MCPS Algorithm）的伪代码实现。

定义以下 3 个操作函数。

（1）evaluate(n)：用于评估函数$f(n)=g(n)+h(n)$，$f(n)$是从初始节点经过节点 n 到达目标节点的路径的最小代价估计值，这里用节点深度 $d(n)$ 代替 $g(n)$，对于启发函数在状态空间可达图中，总能找到最小的解答路径，则该算法是可采纳的。根据具体的应用环境找到相对合适的估价函数，以期获得较好的搜索结果。由于在 SLA 协商中，不同的服务等级对应了不同的信任区间，而目标节点也有它的信任值，选取落入相同信任区间且

表 2.2 最小信任证路径搜索算法伪代码

算法 2.1 最小信任证路径搜索算法

```
OPEN = {S}; CLOSED = φ;
while(! OPEN) {
    n = min_ evaluation(OPEN);
    if(n = = Service(i))    //Service (i) is the target node
        break;
    for(each child u from n) {
        gu = evaluate(u);
        if(u ∈ OPEN) {
            fo = calculate_ evaluation(OPEN);
            if(gu < fo) {
                u.parent ← n;
                fo = update_ evaluation(OPEN);
            }
        }
        if(u ∈ CLOSED)
            continue;
        if(u ∉ OPEN&&u ∉ CLOSED) {
            u.parent ← n;
            OPEN = OPEN ∪ {u};
        }
    }
    CLOSED = CLOSED ∪ {n};
    sort_ evaluation(OPEN);
    min_ path=update_ path (OPEN);
    min_ dist=update_ distance (OPEN);
}
```

最靠近目标节点信任值的节点进行扩展，用信任值作为约束条件提高状态空间可达图的目标节点搜索效率，提高启发函数的信息量，加快搜索速度和准确程度，提高协商效率。假设某一目标节点 i 的信任值 y_i 落入信任区间为 $[\min_i, \max_i]$，$x_n \in [\min_i, \max_i]$ 表示当前节点 n 的有效值，则新构造的启发式函数如下：

$$h(n) = V(x_n) = \begin{cases} \dfrac{\max_i - x_n}{\max_i - \min_i}, & y_i > \dfrac{1}{2}(\max_i - \min_i) \\ \dfrac{x_n - \min_i}{\max_i - \min_i}, & y_i < \dfrac{1}{2}(\max_i - \min_i) \end{cases} \tag{2.1}$$

在开放的云计算环境中，节点间的交互是动态的，计算每个节点的信任值时[49]，用该节点行为的信任值和其他节点对该节点的历史评估综合衡量。设该节点的行为特性向量 $F=(f_1, f_2, \cdots, f_k)^{\mathrm{T}}$，特性的权重向量为 $W^{\mathrm{T}}=(w_1, w_2, \cdots, w_k)^{\mathrm{T}}$，

则对于某个节点 j 的信任度为 $T_{\mathrm{A}j}$ 公式为

$$T_{\mathrm{A}j} = 1 - F \times W_f^{\mathrm{T}} = 1 - \sum_{j=1}^{k} f_j w_j \text{ , } \boldsymbol{W}^{\mathrm{T}} = \begin{bmatrix} w_{11} & w_{12} & \cdots & w_{1m} \\ w_{21} & w_{22} & \cdots & w_{2m} \\ \vdots & \vdots & & \vdots \\ w_{k1} & w_{k2} & \cdots & w_{km} \end{bmatrix} \tag{2.2}$$

设每个信任节点的属性有一个评估向量 $\Delta(\delta_1, \delta_2, \cdots, \delta_m)$，对该节点设定各个向量的评估权重为 $\Phi(\lambda_1, \lambda_2, \cdots, \lambda_m)$，则其他任意一个节点参考 SLA 评估标准对该节点 j 的评价公式为

$$R_j = \sum_{j=1}^{m} \delta_j \times \lambda_j,\ \text{其中} \sum_{j=1}^{m} \lambda_j = 1 \tag{2.3}$$

则 N 个节点对信任节点 j 的信任值的计算公式为

$$T_{Rj} = \sum_{j=1}^{N} (R_j + T_{\mathrm{A}j})/N \tag{2.4}$$

节点信任区间 Confidence Interval 的计算如下：

$$[0, (T_{Rj} + M \cdot \varepsilon)\varphi] \quad T_{Rj} + M \times \varepsilon \leqslant 1 \text{ , } 0 < \varepsilon < 1 \text{ , } M \geqslant 1 \tag{2.5}$$

其中，ε 为信任区间的控制因子；φ 为一致性因子，遏制其他节点随意篡改系统的评价信息。

节点搜索过程中对每一个待扩展的节点进行节点信任值的评估，选取落入相同信任区间且最靠近目标节点信任值的节点进行扩展，因此选取 $V(x_n)$ 较小的节点作为扩展的节点直到获得目标节点。

（2）min_path=update_path（OPEN），更新搜索的最短路径函数。

min_dist=update_distance（OPEN），更新搜索的最短距离，采用 MPCS 搜索算法搜索第 i 个目标顶点时，处理表中的每个顶点，找到一个目标点 i

后计算某个点到该目标顶点的最短路径长度并存放路径，直到搜索结束。

（3）sort_evaluation（OPEN），聚类函数，用于对查找的信任节点进行聚类。由于在云计算环境中存在大量的信任节点，搜索的工作繁冗，因此对于搜索的节点进行聚类并标识，减少下次的查找工作。

算法执行完后，输出最短路径和最短距离，再还原成事件信息，得到对应于该可达图的协商信任证集搜索的最短路径。

2.3.5 结果分析

为了验证所提出算法的有效性和可靠性，需要进行虚拟化的实验仿真。在本章的实例中，由于云计算环境下一个成功的 SLA 协商包括了该服务的各种服务质量属性和身份信息，从而建立信任关系获得该服务，因此 SLA 的协商存在大量的信任证，映射到网络中形成大量的节点。本章根据实例提出的要求，信任证节点一共可以进行 15 种分类，根据提出的 MCPS 算法，在搜索过程中对每一个待扩展的节点进行评估，得到最好的节点，并继续对该节点进行扩展，直到获得目标节点，这样缩小了节点搜索的状态空间，提高了效率。而在云计算环境下的信任协商中，存在大量的信任证，对状态节点的聚类分析可以有效提高下次的信任协商效率。

以状态空间图中的每个节点的特征 X_i 建立初始化样本，有原始数据矩阵的样本个数为 n，维度为 m，其矩阵形式表示为

$$\begin{bmatrix} x_{11} & x_{12} & \cdots & x_{1m} \\ x_{21} & x_{22} & \cdots & x_{2m} \\ \vdots & \vdots & & \vdots \\ x_{n1} & x_{n2} & \cdots & x_{nm} \end{bmatrix} \tag{2.6}$$

对式（2.6）进行标准差标准化处理：

$$x'_{ij} = \frac{x_{ij} - \dfrac{1}{n}\sum_{i=1}^{n} x_{ij}}{\sqrt{\dfrac{1}{n}\sum_{i=1}^{n}\left(x_{ij} - \dfrac{1}{n}\sum_{i=1}^{n} x_{ij}\right)^2}},(i = 1,2,\cdots,n;j = 1,2,\cdots,m) \tag{2.7}$$

计算第 i 个样本和第 j 个样本之间的相似度 r_{ij}，构造模糊相似矩阵 $\boldsymbol{R}$。

$$r_{ij} = 1 - c\sum_{k=1}^{m} |x_{ik} - x_{jk}| \tag{2.8}$$

相似度矩阵表示为

$$R = \begin{bmatrix} r_{11} & r_{12} & \cdots & r_{1m} \\ r_{21} & r_{22} & \cdots & r_{2m} \\ \vdots & \vdots & & \vdots \\ r_{n1} & r_{n2} & \cdots & r_{nm} \end{bmatrix}$$

c 为适当选取的参数，该矩阵是一个对称矩阵，相似度越大越相似。未分类的元素对于第 i 类的所有元素，存在邻居门限 β_i ，则邻居节点判断函数

$$x_{ij} = \begin{cases} 0, & r_{ij} < \beta \\ 1, & r_{ij} \geqslant \beta \end{cases} \tag{2.9}$$

那么在进行图搜索遍历时，对于已知的第 i 类的分类门限 λ_i ，满足 $I = \left(\sum_{i=1}^{n} x_{ij}\right)/n$ ，若 $I \geqslant \lambda_i$ ，则该元素属于该类中。

首先生成一组包含 3 600 个样本的原始数据，并对这3 600个节点进行处理生成相似度矩阵，图 2. 12 所示是利用邻居搜索的聚类算法对 15 类信任证节点的聚类图，节点的信任值进行归一化后落入不同的信任区间，这便于云计算中未来节点扩展时在用户搜索时直接从某一类里边选取符合条件的信任节点从而避免重复查找。

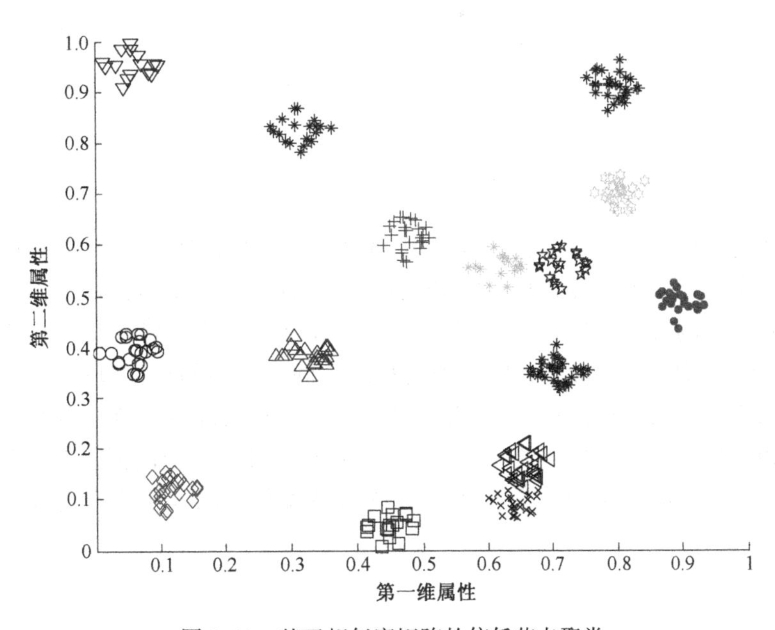

图 2. 12　基于相似度矩阵的信任节点聚类

从仿真结果图 2.13 中可以看出，在信任节点数小于 600 时，分类所需要的时间很短，信任节点大于 600 时分类的时间显著上升。节点数增加后，随着网络的节点数目增加，弧数以及节点的交互变得更加复杂，聚类的时间显著上升。因此在复杂的节点交互中更加需要在遍历中进行聚类，进行局部优化，以简化整体的模型。如图 2.14 所示，随着信任节点数量的增加，用 BFS 算法遍历所有节点并进行信任证分类的时间逐渐增加。

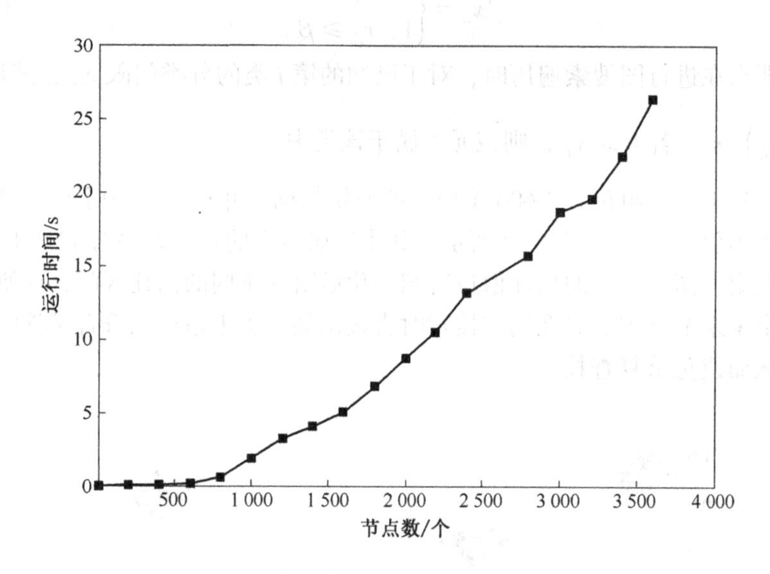

图 2.13 节点数与聚类所消耗的时间关系

随着信任节点的增加，用提出的 MCPS 算法和普通的 BFS 搜索算法进行状态空间可达图的搜索时，MCPS 算法在信任节点增加后搜索得到的最短路径有显著的改善。这是因为用信任值作为约束条件提高启发函数的信息量，加快搜索速度和准确程度，提高状态空间可达图的目标节点搜索效率。在图 2.14 中，假设每一步弧长用 1 表示，搜索到全部目标节点后的最短距离总和就是搜索的最短路径。在分布式环境中，相同节点的情况下本章中提出的最小信任证集路径搜索算法所构造的最短距离的大小小于普通的 BFS 算法的大小。

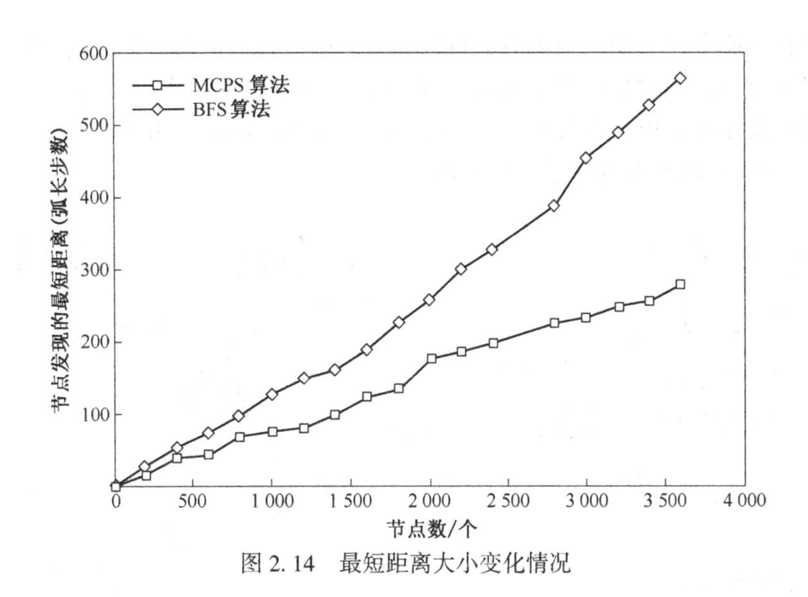

图 2.14　最短距离大小变化情况

2.4　基于层次有色 Petri 网的 SLA 多方信任协商

随着云计算服务的发展，能够完成相同功能却具有不同 QoS 属性值的云服务数目增加得较快。在选择云服务过程中，云计算环境的动态变化性使得用户需要亲自进行 SLA 信任协商从而比较具体服务的 QoS 属性值，使得投入最低获得的需求回报更高。SLA 信任协商过程发生在多个陌生实体之间，即多方信任协商（Multiparty Trust Negotiation，MTN）[50]，根据协商对象，SLA 的多方信任协商可以分为一对多的协商模式以及多对多的协商模式，例如一个用户和多个 CSP 进行 SLA 信任协商是一对多的模式，多个 CSP 和多个 CSC 同时协商属于多对多的模式，本章只对一对多的模式进行研究。与自动信任协商不同，由于多方信任协商的两两之间也存在着某种依赖关系，多方信任协商的身份验证不再直接通过双方协商解决，而是通过第三方授权认证，访问控制策略也必须考虑分布性和开放性等特点，采用更灵活有效的访问控制语言进行描述相互关系。

2.4.1　云计算环境下 SLA 的 MTN 信任模型体系结构

如今云计算的成熟使得云服务提供商的竞争日益激烈，存在多个云服务提供商的服务供云用户可选时，仅仅通过云服务提供商所广播的内容和可信度是不足以让用户信任的，通过分别与提供商进行 SLA 协商能够建立真正的信任关系并且保证服务 QoS。本章提出的云计算环境下 SLA 的多方信任协商的 MTN 信任模型的体系结构如图 2.15 所示。

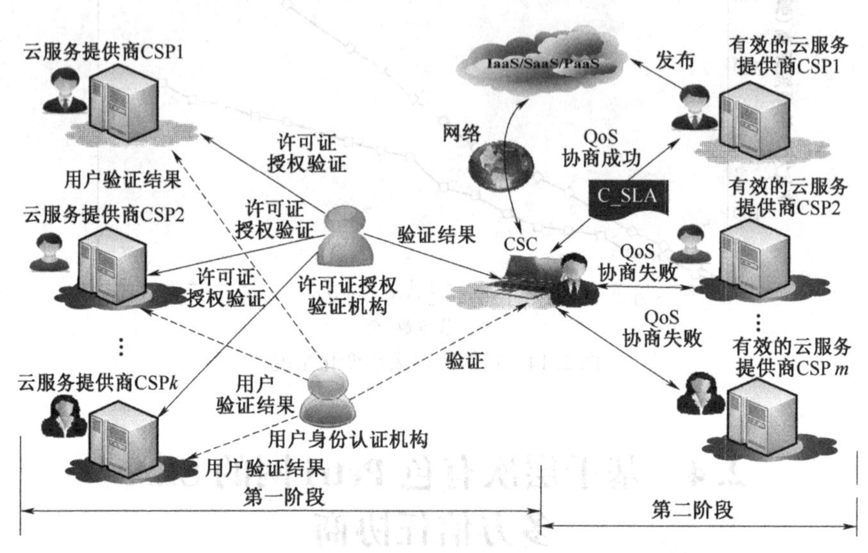

图 2.15　云计算环境下 SLA 的 MTN 模型体系结构

在多方协商环境下，整体上 SLA 协商主要分为两个阶段，第一阶段是对 CSC 分别与各 CSP 之间的身份认证的协商，通过这一阶段即身份验证协商的才是安全的具有可信度的协商方，进入到第二阶段的 QoS 信任协商，未通过身份认证的则终止协商。

第一阶段的 SLA 协商：当一方 CSC 和多方 CSP 进行身份认证时，此时相互的信任关系变得更加复杂，考虑到借助第三方权威机构分别与用户和提供商进行认证，再分别把认证结果返回给请求方，这样的协商更安全可信，并且过程更简洁。这一阶段主要包含一方 CSC、多方 CSP、对 CSP 的许可证授权验证机构（Licence -Verification Institution，LVI）、对 CSC 的用户身份认证机构（User-Authentication Institution，UAI）4 个协商实体。假设 LVI 和 UAI 是受信任的，则在 CSP 向 LVI 出示信任证、CSC 向 UAI 出示信任证之后，LVI 分别向 CSP 验证许可证，再把各个验证结果传递给 CSC，同时 UAI 向 CSC 进行身份认证后把认证结果分别传递给 CSP，互相信任的协商双方进入第二阶段的协商。

第二阶段主要是对 QoS 的多方协商，根据云服务的实用性，本章讨论

SLA 协商的 QoS 协商属性分别为可用性（Availability）、可靠性（Reliability）、可信度（Reputation）、平均故障修复时间（Mean-time-to-Repair，MTTR）、服务时间（Time）和价格（Price）。云服务质量有不同的等级，表示为 $Q = \{QS_1, QS_1, \cdots, QS_n\}$，其中，$QS_k = \{Av_i, Re_i, R, MTTR_i, T_i, Price\}$；在 CSC 提出服务请求后，CSC 和各个 CSP 进行 SLA 协商，最后评估综合服务质量，选择最佳的 CSP。这一阶段主要包含云服务资源、协商产生的云 SLA 文件（Cloud Service Level Agreement，C_SLA），多个协商实体共同来完成。其中，协商成功后产生 C_SLA 文件，达成协议的 CSP 再根据 C_SLA 文件部署相应的云服务资源给服务请求者 CSC。C_SLA 文件的主要结构如图 2.16 所示。

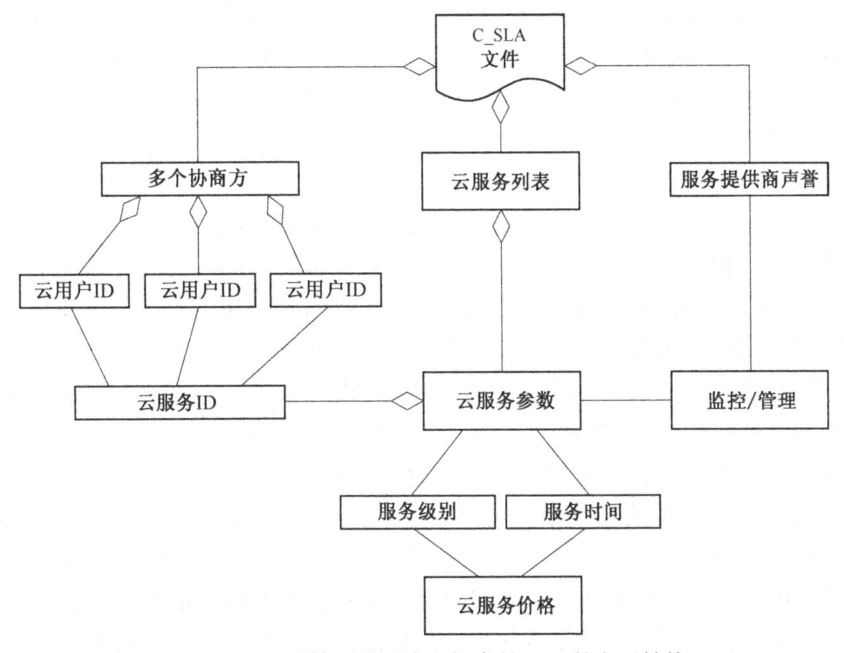

图 2.16　云计算环境下多方协商的 SLA 的主要结构

云服务列表（Cloud Service List）是协商达成一致的服务内容，包含云服务名称、ID、服务信息等。参与 SLA 协商的多方（Parties），包含的协商各方的 ID 信息，其中每一个被选择的云服务 ID（AlterService_ID）有着相应的云服务参数（Cloud Service Parameters），云服务参数是来自服务等级属性、QoS 属性等，通过衡量服务等级和服务时间共同计算云服务的价格（Service Pricing）。在服务交付使用过程中要对协商方的各种信息和服务参数进行监控和管理（Monitoring/Management），并随时对服务质量以及服务提供商的声誉进行调整更新。

2.4.2 基于HCPN的SLA多方信任协商策略

从图2.15可知，对于SLA多方信任协商MTN，如果利用普通Petri网或者有色Petri网所建立起来的网模型往往过于复杂，不利于形式化的描述和性能的分析。层次有色Petri网（Hierarchical Colored Petri Net，HCPN）[51]首先是一种有色Petri网，通过不同种类的颜色集对token进行分类，不同类的token值不同，一个库所中就可以包含几个不同颜色的token。在有色Petri网中引入分层的思想，是对流程进行有层次的分解和复合，把大的有色Petri网系统分割成小的、易于分析的系统，利用CPN Tools的分层工具先在一个层次上对系统进行宏观描述，即把系统抽象成多个子模块，在顶层中只考虑各模块的整体相互关系；再对子模块进行层次的描述，从而多层次有条理地建模，这样克服了所建立的CPN模型大而复杂的不足。

1. MTN策略语言

在复杂的现实世界中，一个SLA的信任协商（MTN）往往会存在多方的参与，这就需要通过一个策略语言来表达协商各方的关系以及需求之间的依赖关系，得到一个合理的顺序来保证协商能成功；同时在云计算环境开放的环境中，各协商方通过交换资源和服务信息对等的访问资源或服务，因此MTN访问控制策略应该是分布式而免于集中控制的。

根据文献［52-54］提出的一个授权模式，将多方协商分解成多个双方的协商并使它们按一定的秩序交错进行，因此，多方信任协商可以依据每一方的授权策略进行自动信任协商。在这个授权模式下，提出一种适合MTN的分布式授权和释放控制语言（Distributed Authorization and Release Control Language，DARCL）[55]。DARCL允许策略的制定者制定消息的来源以及所要披露的信任证，因此它的授权可以从它所接收到的信息的内容或者信息来源方来决定，同时它抽象了现实世界凭据的属性，保留了那些需要有关分布式授权的原因，因此DARCL是灵活的适合MTN的策略语言。

DARCL策略允许策略的制定者制定每一条策略的目的和接收方，把指定的信任证信息披露给另一方，也可以用来指定想要释放的控制策略，释放策略和授权策略共同保护资源，直到SLA协商成功，协商方为了获得所请求的资源必须满足一系列的指定条件的DARCL策略。DARCL通常用形如party0↑CTparty1来表示从一方发送消息到另一方的披露，party0是消息的起源，party1是消息的目的地，C则是它的内容。DARCL策略的表达形式和描述见表2.3。

表2.3 DARCL策略的表达形式和描述

DARCL策略	描述
A↑CTB	A把消息C披露给B
A↑CTA =C	单一披露策略，表示A持有C或者A接收到了C
A. trust（x）← B. trust（x）	B信任x这一信息披露给A，A接收到了这一信息
A↑B. trust（E）TD←B. trust（E）	A接收到B对E的信任消息，则A把这一消息传递给D

2. MTN策略

例2.2：某一云用户（CSC）要向某个云服务提供商（CSP）租赁云中某个在线管理软件（属于SaaS），若同时存在两个云服务提供商可以提供CSC的需求，选择哪个CSP就需要通过SLA信任协商来建立信任关系并且衡量QoS优劣。因此在进行SLA的协商时，主要分两个阶段进行，第一阶段是身份授权认证阶段，第二阶段是QoS协商阶段，经过这两个阶段的多方信任协商，用户可以选择可信度高且QoS较优的云服务提供商提供的云服务。

结合例2.2以及图2.15，第一阶段的SLA协商方有云用户（CSC）、云服务提供商（CSPs）、用户身份认证机构（UAI）、许可证授权验证机构（LVI）共同参与。首先，为了提高可信度和安全性，用户只有提供有效的身份信息和授权信息并且通过用户身份认证机构（User-Authentication Institution，UAI）的核实，CSP才会对CSC提供该云服务。同时，UAI只有经过CSC的同意才能将云用户的身份信息核实结果公布给CSP。经过上述授权后，CSP继而披露由许可证授权验证机构（Licence -Verification Institution，LVI）签署的信任证，CSC验证其真实性之后也向CSP披露所要求的信任证，假设UAI和LVI是相互值得信任的，则MTN协商的身份授权认证阶段的关系如图2.17所示。

进行SLA协商时身份授权认证的协商策略描述如下：

（1）CSP需满足下列条件会给CSC提供在线管理软件的云服务：①CSC披露它的身份信息和授权信息并通过CSP的核实；②CSP接收到UAI对CSC的正确的身份认证信息。

（2）如果CSC把UAI对CSC的正确的授权信息披露给CSP，则CSP会披露相应的信任证给UAI。

（3）基于经济的角度，所有协商的CSP都向CSC出示了它的信任信息以供其选择，因此CSP与LVI签署的信任证可以披露给任何人。

（4）如果CSC通过了用户身份认证机构认证并且允许UAI向CSP公布结

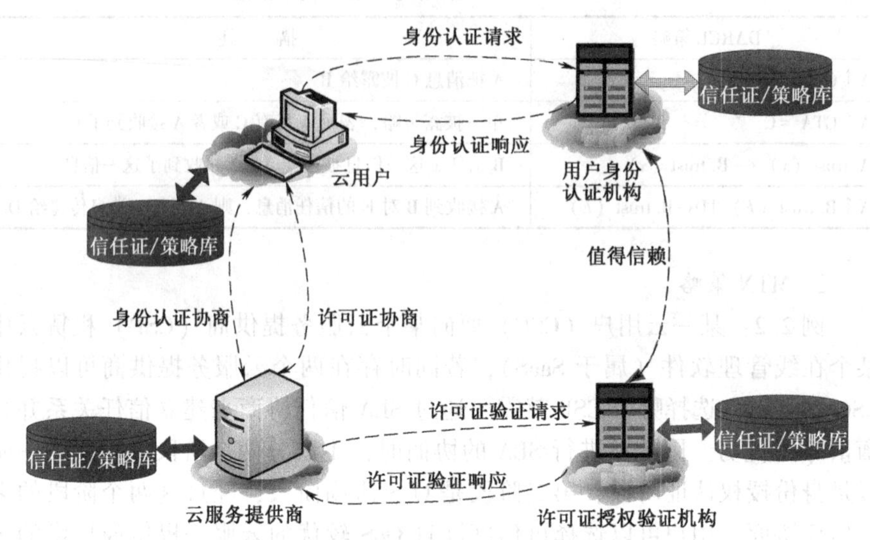

图 2.17　MTN 协商的身份授权认证阶段的关系

果，则 UAI 披露 CSC 的正确的认证信息给 CSP。

（5）如果 CSP 被许可证授权验证机构验证为有效的，CSC 将把它的身份信息和验证授权信息披露给 CSP。

这一阶段各方的协商策略用 DARCL 语言描述如图 2.18 所示。

CSP 策略:

$$CSP \uparrow CSP.Service(x) \leftarrow x \uparrow Identity.information\ (x) \top CSP \wedge x \uparrow x.Release(UAI,CSP) \top CSP \wedge UAI \uparrow UAI.clear(x) \top CSP$$

$$CSP \uparrow x.Release(UAI, CSP) \top UAI \leftarrow x \uparrow x.Release(UAI,CSP) \top CSP$$

$$CSP \uparrow LVI.official(CSP) \top x$$

UAI 策略:

$$UAI \uparrow UAI.clear(x) \top CSP \leftarrow CSP \uparrow x.Release(UAI,CSP) \top \wedge UAI.clear(x)$$

CSC 策略:

$$CSC \uparrow CSC.Release(UAI, x) \top x \leftarrow x \uparrow LVI.official(x)$$

$$CSC \uparrow Identity.information(CSC) \top x \leftarrow x \uparrow LVI.official\ (x) \top CSC \wedge Identity.informatio\ n(CSC)$$

图 2.18　SLA 的 MTN 身份认证协商策略

2.4.3 SLA 多方信任协商的 HCPN 模型分析

SLA 的多方信任协商过程比较复杂，用有色 Petri 网的单个页面描述不够清晰和简便，因此考虑用有色 Petri 网的层次模型来模拟协商过程。首先构造简单的网，然后逐步建立详细的子网，来替代初始的简单网中的复杂变迁或库所，并逐步细化模型，直到整个网建立完成。在建模过程中，引入了 CPN 工具分层的特性及替代变迁（substitute transition）的方法，首先对整个多方信任协商的流程进行设计，在 top 页建立顶层的 CPN 模型，在此模型中用替代变迁表示子流程，然后在子页（subpage）中实现对子流程的功能，形成分层模型，克服了建立的 CPN 模型大而复杂的不足。

1. SLA 多方信任协商的 HCPN 顶层模型

基于例 2.2 的 SLA 多方信任协商的最终目的是在 CSPs、CSC 之间进行一定顺序的协商，最终在 CSPs 之间找到一个具有可信度且服务等级 QoS 较高的 CSP，并生成一个协商结果 C_SLA 文件，对于有色层次协商 Petri 网的构造过程也是资源请求者和多个服务提供者基于各自的访问控制策略的协商过程。

整个 SLA 的 MTN 协商过程的顶层模型描述如下：SLA 多方协商开始后首先进行身份信息的验证，在通过验证的多方之间进行 QoS 的协商，然后把协商结果写进云服务列表（Cloud Service List），其中对协商的各项 QoS 参数进行先入先出的队列处理，按照先来先服务的原则从服务列表获得 QoS 协商成功的详细的参数和服务等级，得到服务质量的参数和等级后进行相关责任和担保的协商，最后产生一个 SLA 文件。

云用户 CSC 最初对云服务 S 向服务提供者 CSPs 发出请求，多方协商开始，即层次有色 Petri 网顶层模型开始构造，将表示请求内容的库所 CSC Requests 及其后集分别加入到库所集和变迁集，云服务提供商根据本地对云服务 S 的访问控制策略 A↑B. trust（E）C←B. trust（E），A、C、B. trust（E）作为库所，由 A 传递给 C，由一个变迁 ti 连接，云服务提供商把要求对方披露的内容发送给请求者，请求者根据提供商的要求进一步迭代扩展层次有色 Petri 网，直到最终没有新的访问控制策略扩充进来，则该有色协商 Petri 网构造结束。通过 CPN Tools 得到图 2.19 的 SLA 多方协商的顶层 CPN 图。

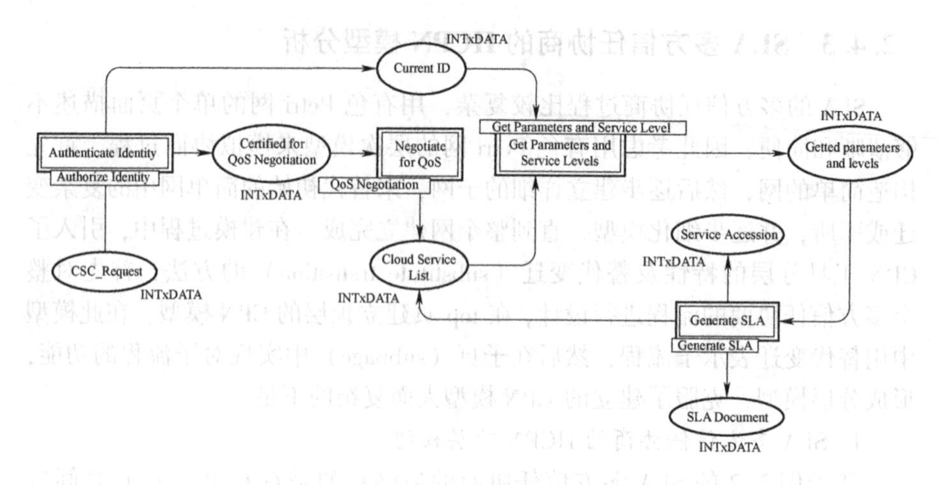

图 2.19　SLA 多方协商的顶层 CPN 图

顶层图中用到了四个替代变迁。其中，Authenticate Identity 实现的是 SLA 协商的多个协商方的身份认证功能；Negotiate for QoS 实现了服务质量的协商；Get Parameters and Service Levels 实现了 QoS 协商后服务质量参数的获取；Generate SLA 实现了 SLA 协商的成功协商并产生有效的协议。这四个替代变迁分别处在四个子页上完成相应的功能，这里只分析替代变迁 Authenticate Identity 和 Negotiate for QoS，另外两个作相同的分析，这里不作讨论。

2. HCPN 子页结构

子页是对顶层模型中的替代变迁进行详细的描述，对子模块 Authenticate Identity，当云用户要求身份认证时，云服务提供商将会根据用户身份认证机构（UAI）来确定用户的真实性、合法性，如果确定用户真实合法，则把经过认证的用户送到下一阶段进行 SLA 中关于 QoS 的协商。

图 2.20 给出了 HCPN 子页 Authenticate Identity 的 CPN 模型，它是根据图 2.18 的协商策略建立起来的，该模型可以描述云用户、云服务提供商以及用户身份认证机构和许可证授权验证机构之间的关系，根据全局变量的定义，把两个 CSP 当作是具有相同的身份验证方法来处理。CSC 首先发起身份验证请求 CSC_Requests，CSC 把请求信息进行处理后把身份信息（Identity Information）的信任证交给 CSP，前提条件是 CSP 通过了 LVI 的验证并且出示相关的信任证，而 CSP 要出示信任证也依赖于 CSC 的检查部门的授权结果信任证 UAI. clear（x），x 表示任意的实体。库所 AIC. office（CSP）是 LVI 对 CSP 的权威的审查结果，初始标识设置为三种状态，即

Credible、Incredible 和 Suspect，库所 x. release（UAI、CSP）是不受限制的，表示 x 所要释放的 UAI 信任证、集合 CSP 信任证。CSP_Process 表示 CSP 处理已接收到的信息或者已经知道的信息。根据协商策略的逻辑构建相互之间的依赖关系。如果各方协商通过，则输出当前认证的 ID 信息和需要进行 QoS 协商的各协商方。

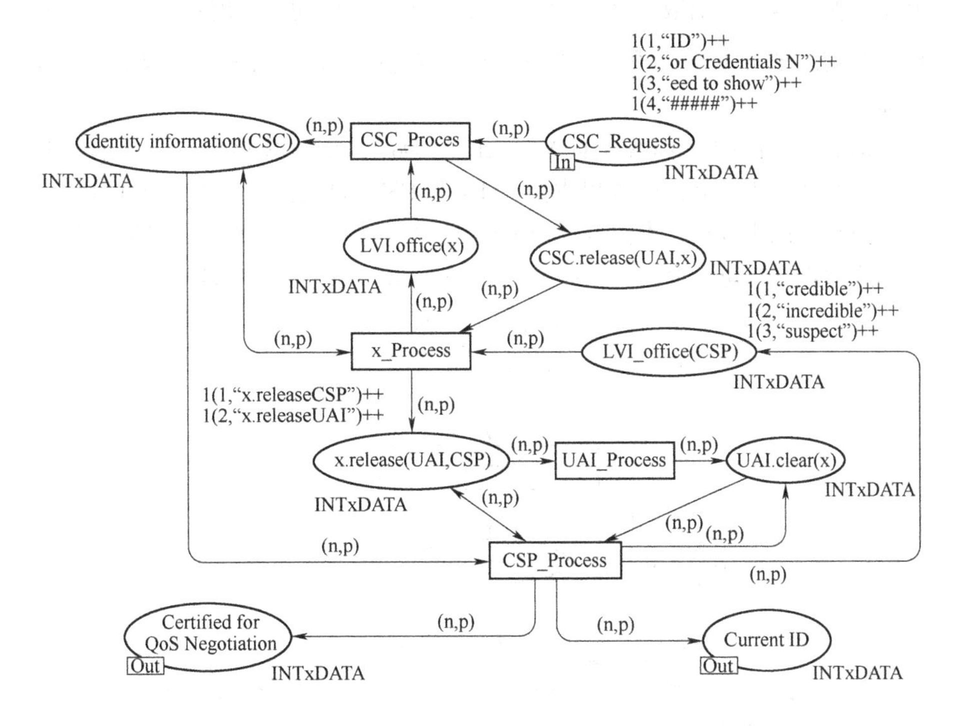

图 2.20　HCPN 子页- Authenticate Identity 模型

这一阶段云用户和云服务提供商的可信度由一个评估函数来计算得到，评估函数包含了协商方提供的证书本身提供的信任度、交互过程中索要对方的证书已经满足的比例，以及对方交换证书时行为是否符合规范这三个方面。评估函数表达式为 $F(t)=F_C+F_{pro}+F_{act}$。用 C_{need} 表示需要对方披露的证书集，$g(C_i)$ 表示证书 C_i 可满足集，未披露证书集为 $C_{nod}=C_{need}-C_{dis}$。$g(C_i)/|C_{need}|$ 表示证书满足的比例，令 $|C_{need}|=q$，函数 F_{act} 表示行为信任评测函数。当消息 m_k 从一信任协商方发送到接收方之后，若消息 m_k 有效并引发 m_{k+1}，$F(m)=1$，反之 $F(m)=-1$。

$$F_{i,\ act}=\sum_i g(C_i)/q+\sum_i F(m_i)/|m| \tag{2.10}$$

引入权重来设置各参数，则该评估函数可扩展为

$$F(t) = \sum_{i}^{|m|} (w_1 F(C_i) + w_2 g(C_i) / | C_{\text{need}} | + w_3 F_{\text{i, act}})$$
$$= \sum_{i}^{|m|} w_1 F(C_i) + w_2 g(C_{\text{dis}}) / | C_{\text{need}} | + w_3 F_{i, \text{act}} \qquad (2.11)$$

其中，$\sum w_i = 1$；函数 $F(C_i)$ 表示证书 C_i 本身提供的信任度；C_{dis} 表示对方已经披露的证书集，信任证的披露策略的权重应该是最大的，所以 $w_1 > w_2 > w_3$。

图 2.21 给出了 HCPN 子页 Negotiate for QoS 的 CPN 模型，在这一阶段中，CSC 一方分别和两个云服务提供商 CSP1 和 CSP2 进行服务质量 QoS 的协商，云服务 QoS 的服务属性参数分别为可行性、可靠性、可信度、服务执行时间、平均故障修复时间、价格，分别表示为 {Av, Re, R, T, MTTR, P}。库所

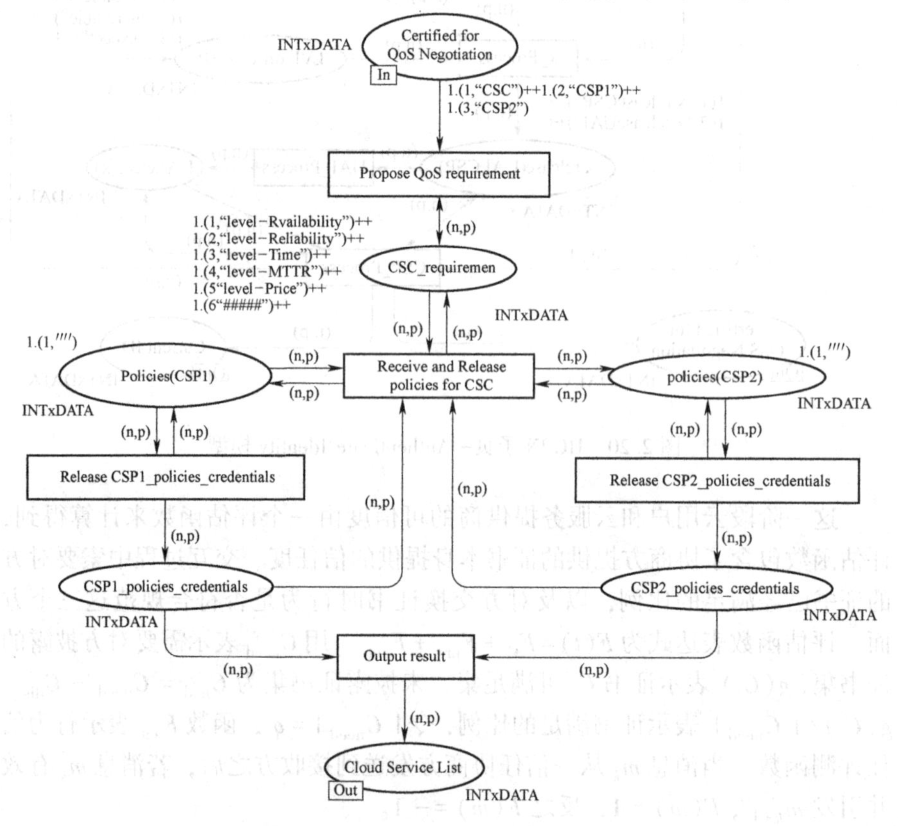

图 2.21 HCPN 子页-Negotiate for QoS 模型

Certified for QoS Negotiation $\in P_{\mathrm{In}}$，Cloud Service List $\in P_{\mathrm{Out}}$，颜色集 INTxINT 表示状态，库所的类型定义为 INTxINT，库所 CSC_requirement 包含所要协商的各项服务属性的类型和状态。在一轮协商中，Policies(CSP1) 和 Policies(CSP2) 分别表示 CSP1 与 CSP2 各自所接收到来自 CSC 的策略并向 CSC 披露的策略，经过变迁 Release CSP1_policies_credentials 和 Release CSP2_policies_credentials，CSP1 和 CSP2 把各自相应的协商策略或者信任证披露给 CSC，并把本轮协商的结果传递到 Cloud Service List 中，进行下一项服务属性的协商。

3. 协商序列

在 SLA 的多方信任协商中，为了加快协商，应先确认协商序列。对于 CSC，付出相应的价格的同时能获得最好的服务是 CSC 协商的目的；对于 CSP，在提供服务的时候希望能够得到较好的收益，而价格是基于用户的各个等级的服务而定位的，综合考虑，价格属性的协商通常在最后进行。CSC 会在协商前通常根据自己的偏好设置协商序列[56-57]。本章假设协商的优先序列为 Av，R，Re，MTTR，T，P，这样既考虑了 CSC 所偏好，也加快了服务 QoS 协商的进程。

如图 2.22 所示，设置了协商的服务属性序列，为了缩短 SLA 协商的时间，CSC 同时和 CSP1 和 CSP2 进行协商，在每一轮的协商中，CSC 同时向不同的云服务提供商发布相同的服务等级属性的请求，CSP 方在接收到请求后向 CSC 披露相应服务属性的协商策略，CSC 在接收到对方的协商策略之后评估这些策略的可靠性或者可行性，做出是否要向对方披露信任证的决定。若披露信任证则进行下一个服务属性的协商，直到价格协商成功后通知其他方协商结束。如果不披露信任证，那么在各个供应商提出的新一轮提议的基础上生成 CSC 新的提议，进行下一轮协商。

协商方的可信度可以由身份授权认证阶段计算得到，根据云服务的实用性，对第 k 个云服务 S 的 5 个服务属性 $QS_k=\{\mathrm{Av}_i, \mathrm{Re}_i, \mathrm{MTTR}_i, T_i, P_i\}$ 进行协商，相应的应用函数也围绕着这些协商目标展开。

(1) 假设上面的实例中 SaaS 云服务的 SLA 取样时间 T 是 24h，其在时间跨度为 K 下的平均时间可用性是指某项资源作为服务提供者，在一个时间段内持续提供服务的概率的均衡或者提供服务时实际能力的大小，则服务 S 的平均时间可用性 Av_S 的表达式如下：

$$\mathrm{Av}_S=\frac{\sum_{i=1}^{K/24}\mathrm{Av}(i)}{K/24}=\frac{\sum_{i=1}^{K/24}\mathrm{Av}(1)+\mathrm{Av}(2)+\cdots+\mathrm{Av}(K/24)}{K/24}$$

$$= \frac{\sum_{i=1}^{K/24} \frac{T_S(i) - T_M(i) - T_B(i)}{T_S(i)}}{K/24} \tag{2.12}$$

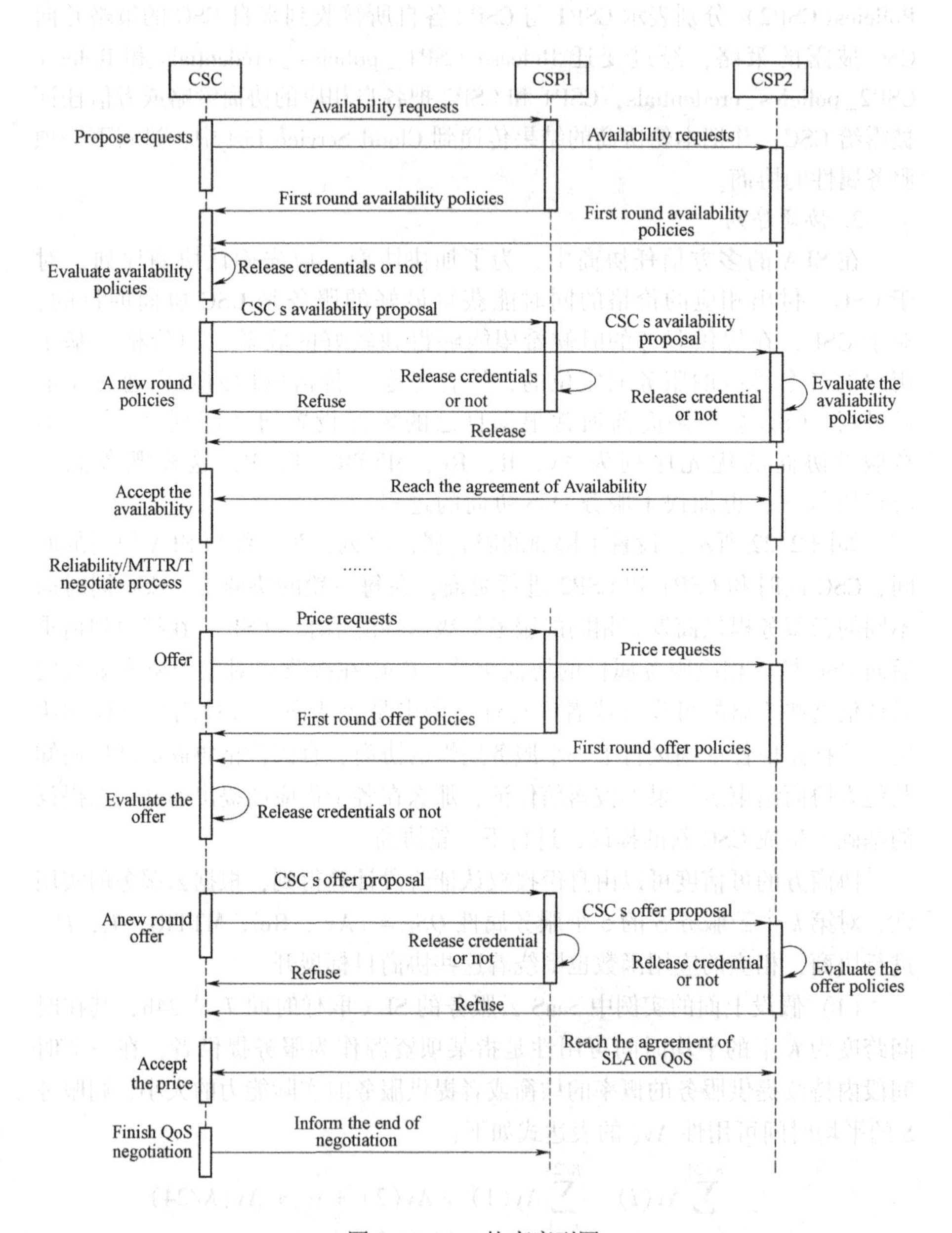

图 2.22　QoS 协商序列图

其中，T_s 是某服务资源的 SLA 约定的服务执行时间；T_M 是约定的正常停机维护时间，包括例行停机、版本发布、变更等计划内双方约定的维护时间；T_B 是故障（Breakdown）影响时间。

（2）SaaS 云服务的可靠性主要指计算系统在 SLA 规定的时间和给定的运行环境下云计算系统无失效提供规定云服务的概率，可靠性可以由可靠度、MTTR 衡量。如果当前时间到下一次失效时间间隔是 ξ，ξ 具有累积概率密度函数 $F(t)=P(\xi \leqslant t)$，则可靠度函数为

$$R(t)=1-F(t)=P(\xi>t) \tag{2.13}$$

运行周期内，当前时间到下次云服务失效之间的时间期望 $E(t)$ 能反映 MTTR 大小

$$E(t)=\int_0^{\infty} t f(t)\,\mathrm{d}t=\int_0^{\infty} R(t)\,\mathrm{d}t=\int_0^{\infty}[1-F(t)]\,\mathrm{d}t \tag{2.14}$$

从式（2.13）、式（2.14）可以得到：可靠度越大，可靠性越高；MTTR 越小，说明该系统的可靠性越高，云服务的可靠性越高。

（3）CSC 的使用价格 P_s：用户的计费方式是每个服务器每小时租用费用 P_{chour}，用户租赁价格由式（2.15）计算得到

$$P_s=\sum_{h=1}^{n}(P_{\mathrm{chour}}^{ij} \times T_h) \times \delta \tag{2.15}$$

其中，δ 表示协商过程中价格调整参数；P_{chour}^{ij} 是等级业务为 i，业务类型为 j 的每小时价格；T_h 是在一个计费周期；n 表示实时计费周期的个数。

2.4.4　SLA 协商的多目标优化算法

云计算环境下 SLA 多方信任协商过程实质上是多个参与协商方带着多个一致的目标来搜索可能的解空间，从而满足云用户请求条件的全局最优服务 QoS，这是一个多约束条件下的多目标优化问题（Multi-objective Optimization Problem，MOP）。

1. 多目标优化问题

多目标优化问题的各个子目标之间可能是互相冲突的，一个子目标的最优可能引起另一个子目标性能降低，因而需要在这些设计目标之间取得折中解。F 为目标函数变量参数，其最优目标公式一般为

$$\operatorname*{Max}_{x \in X} F(x)=(f_1(x), f_2(x), \cdots, f_n(x)) \tag{2.16}$$

其中，$x \in X$，X 是一个 n 维的决策空间，$f_1(x)$，$f_2(x)$，…，$f_n(x)$ 为问题的子目标函数，子目标函数之间是互相矛盾的，目标函数还必须满足约束集合 C，因此，优化的问题就转化为如何求得一个或一组解向量既满足约束条件又使目标函数中的所有目标都满足最优化的要求。

对于多目标优化最优解，是指如果存在 $x^* \in X$，使得在 X 中不存在 x 使得 $\{f_1(x), f_2(x), \cdots, f_n(x)\}$ 优于 $\{f_1(x^*), f_2(x^*), \cdots, f_n(x^*)\}$，则称 x^* 为问题的一个最优解。

2. SLA 协商的多目标优化问题

一个复杂的多方信任协商可以分为多个子任务，例 2.2 的 SLA 多方信任协商可以分解为两组一对一的双方信任协商 {（CSC，CSP1），（CSC，CSP2）} 同时进行协商，每一对 QoS 的协商是多个属性的协商，即多目标的 SLA 协商[58-59]，最后 CSC 选择协商服务 QoS 较优的一个云服务并签订 SLA 协议。本章涉及的子目标函数有可信度（R）、价格（P）、可行性（Av_i）、可靠性（Re_i）。其中，时间 T_S 和 MTTR 也体现在这些子目标函数中。

采用目标加权法的遗传算法来求解多目标优化问题，把所有的目标聚合成一个带参数的目标函数，在算法运行期间，引入权重 $w_i(i = 1, 2, \cdots, m)$ 表示每个子目标函数的重要程度。由式（2.10）~式（2.15）可以得到多目标优化问题的描述如下：

$$\max \mathrm{F} = (F_1(S)、F_2(S)、F_3(S)、F_4(S)) \tag{2.17}$$

$$\mathrm{s.t}\begin{cases}\mathrm{Reputation}(a_i) \leqslant \mathrm{Reputation}(P) \\ \mathrm{Availability}(a_i) \leqslant \mathrm{Availability}(P) \\ \mathrm{Reliability}(a_i) \leqslant \mathrm{Reliability}(P) \\ \mathrm{Pay}(a_i) \geqslant \mathrm{Pay}(P)\end{cases}, \quad a_i \in S \tag{2.18}$$

子目标函数有协商方的可信度，云服务的可行性、可靠性以及执行时间费用，可分别用 $F_1(S)$、$F_2(S)$、$F_3(S)$、$F_4(S)$ 来表示。其中，$\mathrm{Reputation}(a_i)$、$\mathrm{Availability}(a_i)$、$\mathrm{Reliability}(a_i)$、$\mathrm{Pay}(a_i)$ 代表任意云服务的可信度约束、可行性约束、可靠性约束、费用约束，其中

$$\begin{cases}\text{objective } 1: F_1(S) = \sum_{i}^{|m|} w_1' F(C_i) + w_2' g(C_{\mathrm{dis}}) / |C_{\mathrm{need}}| + w_3' F_{i,\mathrm{act}} \\ \text{objective } 2: F_2(S) = \mathrm{Av}_\mathrm{s} = \dfrac{\sum_{i=1}^{K/24} Av(i)}{K/24} = \dfrac{\sum_{i=1}^{K/24} \dfrac{T_\mathrm{S}(i) - T_\mathrm{M}(i) - T_\mathrm{B}(i)}{T_\mathrm{S}(i)}}{K/24} \\ \text{objective } 3: F_3(S) = \mathrm{Re}_\mathrm{s} = \dfrac{-R'(t)}{R(t)} = \dfrac{-(1 - F(t))'}{1 - F(t)} \\ \text{objective } 4: F_4(S) = P_\mathrm{s} = P_\mathrm{s} = \sum_{h=1}^{n} (P_{\mathrm{chour}}^{ij} \times T_h) \times \delta\end{cases} \tag{2.19}$$

对于多目标优化问题，给其每个子目标函数赋予权重进行线性加权，合起来构成一个新的单目标函数，则该单目标函数定义为

$$F = \sum_{k=1}^{4} F_k(S) w_k \tag{2.20}$$

其中，$\sum_{i=k}^{4} w_k = 1$，$w_k \in [0, 1]$，w_1、w_2、w_3、w_4 分别为 4 个目标函数的权重值。由于各个目标函数单位不一致，需对其进行归一化处理，分别用 $F_1^*(S)$、$F_2^*(S)$、$F_3^*(S)$、$F_4^*(S)$ 表示，处理后的目标函数为

$$F^* = w_1 \frac{F_1(S)}{F_1^*(S)} + w_2 \frac{F_2(S)}{F_2^*(S)} + w_3 \frac{F_3(S)}{F_3^*(S)} + w_4 \frac{F_4(S)}{F_4^*(S)} \tag{2.21}$$

3. 算法思想

遗传算法是借鉴了生物界适者生存的原理可用于复杂系统优化的随机搜索算法，具有良好的全局搜索能力[60-61]。它先通过一定的编码方式产生初始种群，再通过选择、交叉和变异这三种基本操作，在搜索过程中以适应度作为搜索信息，使得种群在搜索空间不断的进化，从而使问题解逼近最优解，多方信任协商的服务选择问题可以利用遗传算法解决，其问题映射关系如图 2.23 所示。

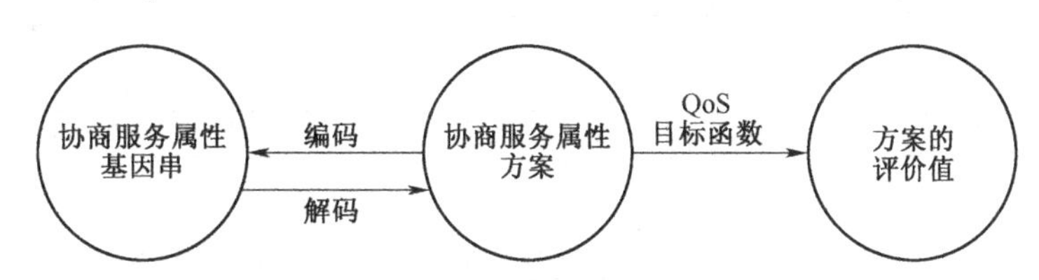

图 2.23　遗传算法与协商云服务属性的关系

（1）染色体。一定数量的染色体构成了种群，在 SLA 多方信任协商过程中是指不同云用户与各个不同云用户提供商对于请求服务的协商方案的基因编码。

（2）基因。多个基因构成染色体，使个体表现出一定的特性，在 SLA 多方信任协商过程中是指在抽象服务集合里的具体服务。

（3）适应度。适应度值反映了个体适应环境的能力，在 SLA 多方信任协商过程中是各双方协商的 QoS 属性构成的目标函数度量组合方案在用户心目中的满意度。

（4）编码。编码是指将解空间的数据通过编码形式，将问题从表现型映射到基因型，在 SLA 多方信任协商过程中是指各个双方协商的具体协商方案映射到染色体的过程。

4. 算法描述

SLA 多方信任协商的多目标遗传算法分为两个部分，第一部分主要控制整个遗传算法，包含了基本操作如解码、生成初始种群、选择、交叉、变异和适应度计算等流程，并且把新一代的染色体传递给另一部分的子进程。这新一代的染色体在子进程有色 Petri 网中进行仿真，并将有色 Petri 网的仿真结果返回给主进程，直到协商完成，整个 SLA 多方信任协商算法流程如图 2.24 所示。

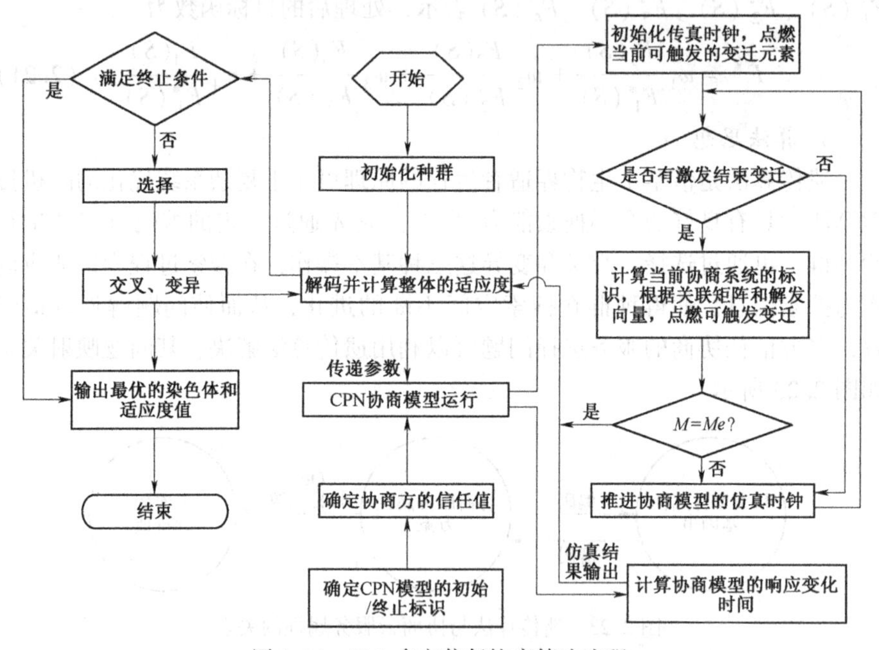

图 2.24　SLA 多方信任协商算法流程

主控进程计算 QoS 协商对应种群的总体适应度，可信度可以由多方协商第一阶段协商中计算所得到，根据所传递的染色体相关决策参数，计算协商网络的协商进程。

（1）编码。QoS 协商的多目标优化问题的解决方案可以表示为一组参数，把这些参数连接在一起能够形成一条染色体。考虑到问题的多样性，构造染色体时用分段编码的方式，分别对应协商策略的类型。基因的编码方案分为两部分，第一部分是各 SLA 协商双方协商策略的基因形式，它是多方协商中请求方的属性的协商规则和各提供商的协商规则的组合。该策略基因形式以（P+Q）个决策点组成协商子染色体，其中 P 和 Q 分别表示协商属性类数量与协商方数量，协商属性路由的决策点包含 0~3 号策略，协商方协商序列的决策点包含 0~7 号策略。第二部分是各协商的服务属性参数的权重基因形式，该段基因对应于 SLA 信任协商网络中每一个协商方，两部分结合构成一个 SLA 多方协商的整体编码解决方案。

终止条件：算法以预先设定的最大进化代数 N 作为终止条件，当适应值没有变化时，则停止计算。

（2）适应度值。一般情况下，适应度函数都是由目标函数变换形成[62-63]。计算整体的适应度值可以评价在 SLA 多方协商过程中多个协商方的 QoS 属性构成的目标函数方案在用户心目中的满意度，这里设适应度函数为 $1/F^*$。

（3）改进的遗传算子。选择的是为了将种群中适应值最高的个体直接复制到下一代或剔除不好的个体，为了改善遗传算法容易过早收敛和陷入局部收敛这一缺点，个体进化的方向是借鉴了模拟退火算法的 Metropolis 准则[64]，以一定的概率接受恶化解，使进化群体有更好的多样性，使得算法有可能从局部最优中跳出，找到全局最优解。Metropolis 准则如下：

$$A = \begin{cases} 1, & \text{fitness}(i) \geqslant \text{fitness}(j) \\ \exp\left(\dfrac{\text{fitness}(i) \geqslant \text{fitness}(j)}{T}\right), & \text{fitness}(i) < \text{fitness}(j) \end{cases} \tag{2.22}$$

式中，随机选取新生成的子代群个体 i 以及父代群个体 j，如果适应度 $\text{fitness}(i) \geqslant \text{fitness}(j)$，则个体 i 以概率 1 入选，j 被淘汰，T 为退火过程的控制参数。

交叉的目的是获得优良的个体，对染色体的某些部分进行交叉换位，从而产生新的个体。交叉概率 P_c 的取值范围通常为 0.5~0.99。变异用于产生新个体，使得遗传算法具有局部搜索能力并能保持种群的多样性。变异概率取值范围为 0~0.05，发生变异的字符位置是随机产生的。

协商子进程的执行步骤如下：

（1）CPN 模型初始化。对构造的层次有色 Petri 网顶层模型进行初始化，设定该协商 Petri 网的终止标识，初始化仿真时钟，构造对应协商 Petri 网的关联矩阵。

（2）点燃触发变迁。在有色 Petri 网中，使用使能的颜色变迁计算冲突集，由传递得到染色体的协商决策参数，分别从每一个路由冲突集和序列冲突集中选择并点燃一个颜色变迁。

（3）推进仿真时钟。对激发变迁集合中的每一个元素进行扫描，用变迁触发结束时间 T_{Uend} 减去当前的仿真时间 T_{Ucurrent} 求得该变迁将持续的时间

T_{Upersist}，而变迁触发结束时间 $T_{\text{Uend}} = T_{\text{Ustart}} + T_{\text{Upersist}}$，并以各激发变迁还将持续时间的最小值作为步长，推进仿真时钟。

(4) 检查激发结束变迁。检查每个激发变迁的触发结束时间 T_{Uend} 是否小于或是等于系统当前仿真时间 T_{Ucurrent}，若 $T_{\text{Uend}} \leqslant T_{\text{Ucurrent}}$，结束该颜色的变迁，并计算当前有色 Petri 网标识，同时按照步骤 (2) 更新激发变迁集合。

(5) 检查当前计算得到的标志是否与终止标识 Me 相同，若相同，输出结果，否则转到 (3)。

2.4.5 结果分析

在 Matlab 环境下采用实验数据进行仿真验证本章提出的基于 Metropolis 准则的多目标遗传算法，且基于层次有色 Petri 网进行。

设置多方协商中的 CSC 与 CSP1、CSP2 协商方的个数为 3 个，服务协商属性为 4 个，为每一个协商属性定义它的意义以及取值范围，①可用性 Av_i：0.90～0.99；②可信度 R：0.7～0.99；③可靠性 Re：0.85～0.95；④云服务价格 Bc：850～1 000（元/月）；三方协商的云服务属性的权重分别是 CSC：$w_1^1=0.26$，$w_2^1=0.18$，$w_3^1=0.35$，$w_4^1=0.21$；CSP1：$w_1^2=0.36$，$w_2^2=0.16$，$w_3^2=0.19$，$w_4^2=0.29$；CSP2：$w_1^3=0.08$，$w_2^3=0.16$，$w_3^3=0.43$，$w_4^3=0.33$。初始种群设置为 popsize=10，最大代数为 500，交叉概率为 0.85，选取变异的概率为 0.01，控制参数 $T=0.7$。

平均适应度能够反映群体的优劣，从平均适应度曲线，父代可以以一定的比例在两组中选取，这样劣势个体也有机会参与到进化中。图 2.25 所示

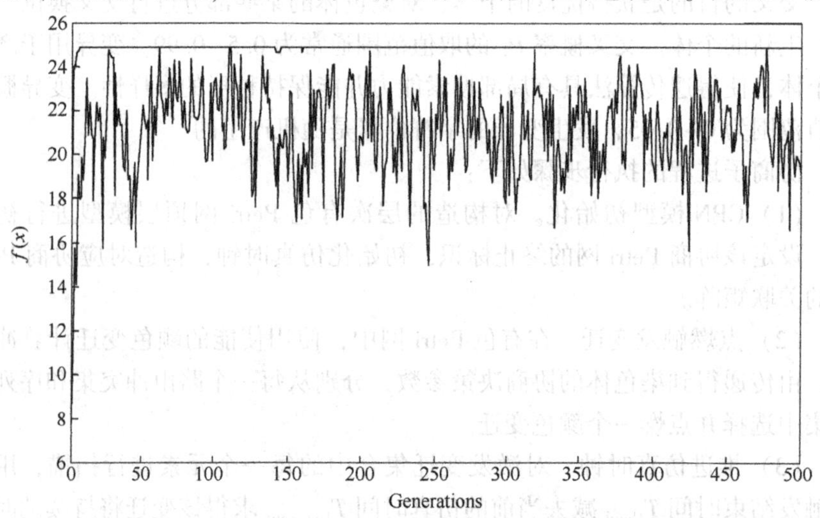

图 2.25 适应度和平均适应度曲线

为适应度和平均适应度曲线，平均适应度在理论上总体是不断增加的，但是由于劣势群体的存在，使得平均值保持较稳定，而且种群总是接近最优解的程度，说明了适应度函数的选取是正确的。

如表 2.4 和表 2.5 所列，采用简单遗传算法（Simple Genetic Algorithms，SGA）和改进种群进化的方法（Metropolis based Genetic Algorithms，MBGA）分别对 SLA 协商的中三方协商的 4 个目标函数进行实验，比较求得的 4 个的适应度 f、f_{CSC}、f_{CSP1}、f_{CSP2}，f 是总的适应度，并且对其进行［0，1］之间的量化，当 $f>0.5$ 且 f_{CSC}、f_{CSP1}、f_{CSP2} 的适应度值都大于 0.7，则认为协商成功。

表 2.4　SGA 算法实验结果

代数	属性值				适应度值			
N	Av_i	R	Re	Bc/元	f	f_{CSC}	f_{CSP1}	f_{CSP2}
10	0.91	0.88	0.92	920	0.363 7	0.718 4	0.763 7	0.587 9
50	0.89	0.90	0.94	920	0.372 5	0.582 4	0.780 9	0.732 6
90	0.89	0.92	0.87	880	0.438 6	0.734 8	0.853 7	0.679 5
130	0.91	0.92	0.90	925	0.466 2	0.772 9	0.835 6	0.768 3
170	0.91	0.95	0.90	925	0.483 1	0.809 1	0.845 5	0.786 4
210	0.91	0.95	0.94	930	0.490 2	0.863 2	0.884 6	0.802 9
241	0.91	0.95	0.92	930	0.503 6	0.853 3	0.902 4	0.823 5

表 2.5　MBGA 算法实验结果

代数	属性值				适应度值			
N	Av_i	R	Re	Bc/元	f	f_{CSC}	f_{CSP1}	f_{CSP2}
1	0.91	0.88	0.92	920	0.363 7	0.718 4	0.763 7	0.587 9
20	0.89	0.92	0.87	880	0.452 6	0.778 4	0.854 4	0.679 6
40	0.91	0.92	0.90	925	0.470 5	0.860 0	0.910 2	0.712 9
65	0.91	0.95	0.94	930	0.486 1	0.836 9	0.926 6	0.812 2
86	0.91	0.95	0.92	930	0.516 9	0.856 3	0.836 8	0.850 8

图 2.26 所示是根据实验数据作的 SGA 和 MBGA 的 QoS 协商结果曲线，比较两种方法的协商结果，可以看出 MBGA 算法更具有优越性，SGA 用了 241 次迭代才能达到协商的最优解，而 MBGA 只需要 86 次就达到了协商的最优解。MBGA 不但达到了 CSC 所需求的 QoS 各项协商目的，而且 MBGA 采用了 Metropolis 准则，可有效避免陷入局部极小并最终趋于全局最优，从

而验证了该算法对于 SLA 多方信任协商的可行性。

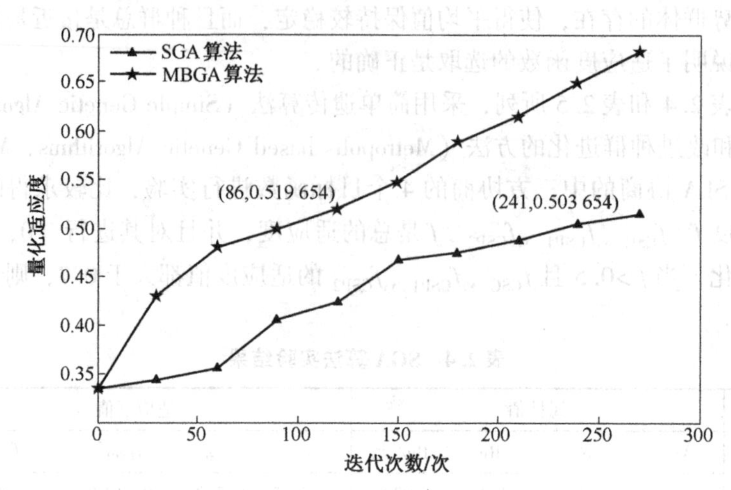

图 2.26 SGA 和 MBGA 的 QoS 协商结果曲线

第 3 章

基于博弈论的 SLA 协商机制

3.1 基于博弈论的 SLA 协商研究现状

3.1.1 动态博弈论与演化博弈论

博弈论是研究具有斗争或竞争性质现象的数学理论和方法。局中人、策略和收益是最基本的要素；局中人、行动和结果被统称为博弈规则。不完全信息动态博弈模型中的声明博弈主要研究在有私人信息和信息不对称的情况下，人们怎样如何通过口头或书面的声明传递信息的问题。在经济活动中，拥有信息的一方如何将信息传递给缺乏信息的一方，或者反过来缺乏信息的一方如何从拥有信息的一方获得所需的信息，以弥补信息不完全问题，提高经济决策的准确性和效率，也是博弈论和信息经济学研究的重要问题。

声明也是一种行为，会影响接受声明者的行为和各方的利益，因此声明和对声明的反应确实构成一种动态的博弈关系。在双边协商中，协商策略是至关重要的。要创建一个新的提案，协商代理可以采用两种策略，即让步和折中。以往的研究表明，一个折中的协商方法在实用性方面超越了让步策略。然而，如果信息不完整，可能会导致计算错误，因此让步在成功率方面表现不佳。为了平衡效用和成功率，应该设计一个自动化的双边 SLA 协商机制，在不确定和动态的服务环境中，可以满足来自服务消费者有不同偏好的不同需求。

由于传统博弈理论通常假定参与人是完全理性的，并且在完全信息条件下进行的，但在现实的经济生活中，实现参与人的完全理性与完全信息的条件是比较困难的。在企业的合作竞争中，参与人之间是有差别的且存在有限理性问题，经济环境与博弈问题本身的复杂性也会导致信息的不完全。然而演化博弈论[65]不再将人模型化为超级理性的博弈参与方，认为人类通常是通过试错的方式达到博弈均衡的，与生物演化具有共性，所选择的均衡是达到均衡的均衡过程的函数，因此历史、制度因素以及均衡过程的某些细节都会对博弈的多重均衡的选择产生影响。在理论应符合现实意义上，该理论对于生物学以及各种社会科学特别是经济学，均有大的用场。与演化博弈原理密切相关的新兴学科领域还有演化经济学等。

在演化博弈论中，行为主体被假定为程序化地采用某一给定行为，它对于经济规律或某种成功的行为规则、行为策略的认识是在演化的过程中得到不断的修正和改进的，模仿成功的策略，进而产生出一些通用的“规则”和“制度”作为行为主体的行动标准。在这些一般的规则下，行为主体获得“满意”的收益。演化博弈论认为，时间具有不可逆性，过去时间与未来时间内的状态是不对称的，因而，行为主体状态的演化跟初始时间状态是息息相关的。在演化博弈模型中，突变（随机）因素起着关键的作用，演化过程通常被看成是一种试错的过程。行为人会尝试各种不同的行为策略，并且每一次都会发生部分被替代。表3.1给出动态博弈论与演化博弈论的比较。

表3.1 动态博弈论与演化博弈论的比较

项　目	动态博弈论	演化博弈论
研究对象	考虑博弈中的个体的预测行为和实际行为，并研究他们的优化策略	以参与人群体为研究对象
假设条件	参与人是完全理性的，且参与人是在完全信息条件下进行的	不要求参与人是完全理性的，也不要求完全信息的条件
概念	研究决策主体在给定信息结构下如何决策以最大化自己的效用，以及不同决策主体之间决策的均衡	把博弈理论分析和动态演化过程分析结合起来的一种理论
方法论	将重点放在静态均衡和比较静态均衡上	强调的是一种动态的均衡
认识论	假设行为主体具有完美的理性思维	对于行为主体采取的是有限理性假设
时间	忽视时间问题，强调行为主体瞬间的均衡，即使考虑时间问题，也把时间看作对称或可逆的	时间是不可逆的，过去时间内的状态与未来时间的状态是不对称的
随机因素	不确定因素以随机变量的形式出现，通过给定随机变量的分布，模型的研究将最终集中于一些重要变量的平均值上，而不确定因素往往被忽略	随机（突变）因素起着关键的作用，演化过程常被看成是一种试错的过程

续表

项　目	动态博弈论	演化博弈论
选择机制及均衡	通常，在完全理性的假设下，如果纳什均衡存在，那么博弈双方博弈一次就可直接达到纳什均衡。这个结果不依赖于市场的初始状态，所以不需要任何的动态调整过程	纳什均衡的达到应当是在多次博弈后才能达到的，需要有一个动态的调整过程，均衡的达到依赖于初始状态，是路径依赖的
模型要素	参与人、各参与人的策略集、各参与人的支付函数	选择和突变
特征	（1）一个参与人的支付不仅取决于自己的决策选择，而且取决于所有其他参与人的策略选择 （2）是策略组合的函数 （3）参与人真正关心的是效用，参与人在博弈中的目标就是选择自己的策略以最大化自己的效用函数	（1）以参与人群体为研究对象，分析动态的演化过程，解释群体为何达到以及如何达到目前的这一状态 （2）群体的演化既有选择过程也有突变过程 （3）经群体选择下来的行为具有一定的惯性

3.1.2　基于博弈论的SLA协商

目前，在标准化工作中已经对云计算中的SLA进行了广泛的研究。其中，云服务中介和SLA管理的问题，尤其是云计算中服务供应商和服务消费者的SLA协商问题，是过去几年来一些研究的主题。且随着云服务激增，云服务中介将脱颖而出并主要负责利用率、性能和云服务交付的管理，其将促成服务消费者和服务供应商之间一对多的协商。而在协商或者合作竞争问题的层面上，主要是基于博弈论以及演化博弈论的方法上，下面将介绍一些主要的研究工作。

Mansour等[66]解决了一个代理与多个代理（即一到多的协商）之间同时协商的协调投标策略问题，并讨论了影响其不同相互依存的因素。在同时协商受制于目前对手的行为过程中，他们建议在资源分配/再分配方面采用协商投标策略。在将来还需要调查选择什么样的协商策略组件或参数适应在每个场景中，以设计一个有效和强大的动态协商策略。Son等[67]提出的“自适应突发模式”的折中算法有助于增加协商效率、总效用，并减少计算负载，通过自适应地生成并发的提议集合用来评估建议。然而还可以在以下两个方面进行扩展：考虑并明确其他的协商问题；消费者和服务供应商之间一到多的并发服务协商。

Xu 等[68]提出了实现云计算市场本地交互代理商的要求宏观属性的方法。建立了新颖的三层自组织多代理机制，以支持云商业平行协商活动。仿真实验进行高度稳定和自动适应的市场体系，同时云消费者和云服务供应商能够实现共赢发展。为了避免消费者接受机制和代理推荐机制不一致的标准，在以后应该考虑更合理的匹配策略。Arshad 等[69]提出了一种高效的作业调度策略，同时基于可用资源的最优使用，即协商时间和网络资源，提出了一种算法；还使用了以前的协商会话的信息，不仅提高协商成功的可能性，而且还减少了协商时间。以后将计划通过考虑应用服务质量的要求，以解决在网格效用计算环境中的共同分配问题。

Chao 等[70]利用进化博弈理论研究企业的信用行为。首先，分析由两家公司组成的组织，并找出确保持续稳定发展的条件的情况。此外，研究了一些企业的组织，研究结果表明，实现合理的准入和退出机制能够有效地管理和控制信贷风险。Estalaki 等[71]提出了一个新的进化博弈论方法以确定沿河监测点，当监测点有限时，环保部门应征收污水排放达到水质标准处罚的功能。这个提出的方法中，非对称矩阵博弈演化稳定策略的概念比较真实地被用于模拟排污者之间的相互作用。启发式优化仿真模型的开发用来计算排污者考虑质量输运方程，河流流量的主要特点和污染负荷的演化稳定治疗策略。Arshad 等[72]使用多代理系统和基于交流信息协议的 SLA 提出了一种高效的作业调度策略，同时基于可用资源的最优使用，即协商时间和网格资源，提出了一种算法；还使用了以前的协商会话的信息，不仅提高协商成功的可能性，而且还减少了协商时间。以后将计划通过考虑应用服务质量的要求，以解决在网格效用计算环境中的共同分配问题。

Gomes 等[73]为虚拟化环境提出了一个通用的 SLA 协商协议和一种语言规范。其中这个协议允许用户协商应用在虚拟化环境中的资源（例如，虚拟网络带宽或云的存储能力）和特征（例如，虚拟网络的协议栈或云中的操作系统）。在将来仍需要扩展协议以支持 SLA 的再协商和终端到终端 SLA 协商。保证贷款方式的提出解决了中小企业融资困难，但其并没有达到预期的效果。组织的信用风险会造成连锁反应，并造成巨大损失。Krześlak 等[74]研究的主要目的是利用演化博弈论模拟由旁观者效应引起的辐射。收益表的 3 个不同的表型（博弈论策略）包含旁观者效应的成本/利润、凋亡通路的选择、产生成长因子和抵抗旁观者效应。博弈是在一个格子上进行的，为此介绍和比较两种空间的演化博弈，而且讨论了不同的多态平衡点依赖于模型参数和细胞复制品。Wu 等[75]旨在通过使用一种演化博弈论方法分析中国毕业生奖学金竞争的博弈行为。研究发现毕业生在数量相对较少的候选人和信息对称的专业往往倾向于纵容平均分配奖学金的基金。但是，毕业生有大量的学生和信息不对称的专业试图通过他们的差异化表现竞争不同等级的奖学金资助。

Farhana等[76]提出了一个新颖的信任协商代理框架，执行服务供应商和服务消费者之间基于高水平业务需求的SLA适应性和智能的双边谈判。他们定义的数学模型映射决策函数的业务级需求到底层参数，并掩盖了系统各方的复杂性。在一个正在进行的协商以符合对方的报价或更新消费者的偏好，为了适应决策函数还定义了一个算法。协商代理通过选择最合适的时间为基础的决策函数使用智能代理在本地进行协商。Anithakumari等[77]提出了一个新的SLA违规检测框架，也在多个SLA违规的情况下，为建立的SLA重新协商。SLA的重新协商将完全有助于限制资源的过度供应，从而有利于资源的优化使用。作为一个整合，这个所提出的架构可能会为云提供商产生最大化的业务级别目标（BLOS）。Xu等[78]在机会频谱接入（OSA）系统中使用博弈论随机学习方案，在基于信道选择算法提出了随机学习自动机。他们假设所有的用户具有相同的访问概率，并且他们保持固定在所有频道，所有用户以及所有插槽，因此比较有局限性，系统性能也比较低。这个精确的潜在博弈方法在本章中尤其依赖于用户有对称的访问信道概率，而没有考虑不对称性这个问题。

3.2　基于动态博弈论云服务中介的双边SLA协商

3.2.1　云服务中介及模块介绍

云服务中介沿用了美国国家标准与技术研究院（National Institute of Standards and Technology，NIST）的名称术语，云服务中介是一种云计算产业发展到一定阶段的新兴业态，其中NIST对云服务中介定义为介于云服务提供商与云服务消费者之间，负责协调协商两者之间的关系，管理云服务使用、云服务资源能力以及云服务交付的机构实体。

在云计算中，由于服务消费者通常不具备协商、管理和监控服务质量的能力，他们通过向云服务中介委派任务，比如选择合适的服务供应商和SLA协商等[79]。云服务中介作为服务消费者和服务供应商之间的第三方的中介调解，主要负责处理服务消费者提交的SLA请求，并将这些请求发送到服务供应商的服务列表，然后进行相应的搜索和选择相应的服务，并与服务供应商进行协商，其中这些请求主要表达服务消费者使用某些类型服务的利益，并且注册的服务供应商愿意提供一些类型的服务。

如图 3.1 所示，云服务中介主要由身份和访问管理、SLA 管理、服务配置、策略管理器、配置文件管理器和 QoS 信息管理器组成，这些部分是在协调器组件的控制下，并且允许进行各种管理操作，比如，允许控制、SLA 协商、基于服务质量的服务选择、用户配置文件管理以及策略管理。其中后端数据库主要维护服务的策略信息、用户的资料和偏好、SLA、动态服务质量信息以及云服务注册。下面详细介绍云服务中介的一些主要组成部分。

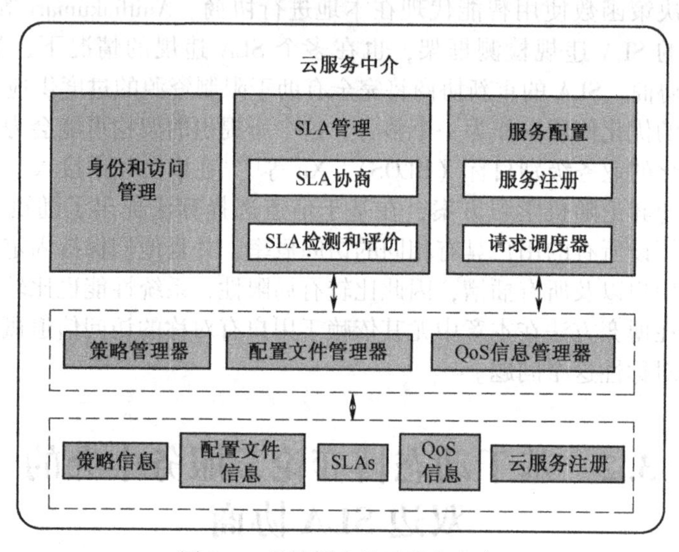

图 3.1 云计算中的云服务中介

服务配置由服务注册和请求调度器组成，基于服务消费者的服务需求和服务供应商的服务的提供，通过判断接收的请求是否可以使用请求的服务，请求调度器主要负责传入请求的接纳控制。基于服务消费者的功能和非功能的需求以及服务供应商的服务质量的提供，请求调度器实现了服务供应商的管理操作，也负责对合适的服务供应商的选择实施不同的策略。SLA 管理有 SLA 协商和 SLA 检测和评价两部分，其中 SLA 管理器（SLA Manager）实现了 SLA 管理（SLA Management）的操作。为了达成协议的服务条款和条件，并负责在服务消费者和选择的服务供应商之间进行 SLA 协商，它接近这个服务供应商，鉴于其目前的条件以确定它是否能够确保所要求的服务等级。接着，服务消费者和服务供应商签署一份合同。这个合同描述了服务类型、确保服务等级、服务成本和以防或反复违反协议所要采取的惩罚行为。如果所选择的服务供应商不能实现所需要的服务等级，云服务中介就会选择另外的服务供应商，并重申协商进程。配置文件管理器实现了身份和访问管理（Identity and Access Management，IAM）的管理操作，并负责管理服务消费者的配置文件，包括他们在个性化服务的偏好和所需的服务质量。策略管理器实现了策略管理（PM）的管理操作，并负责管理不同种类的策略，比如授权策略和服务供应商的服务质量感知的选择策略。

3.2.2　基于动态博弈论云服务中介模型及模块介绍

在这个体系结构中，云服务中介作为服务供应商和服务消费者之间的第三方。服务消费者向云服务中介提交资源请求，云服务中介代表服务消费者与服务供应商进行谈判协商，并对给定的任务有责任选择合适的资源和管理选定资源的SLA。服务供应商可以把他们的服务存储到服务列表，服务消费者可以通过云服务中介通过在服务列表中搜索和选择服务[80]。当服务消费者发现能够满足其需求的服务，服务消费者便可以通过云服务中介与服务供应商进行协商。如图3.2所示，这个体系结构的主要组成包括服务消费者、云服务中介、监控中心和服务供应商。

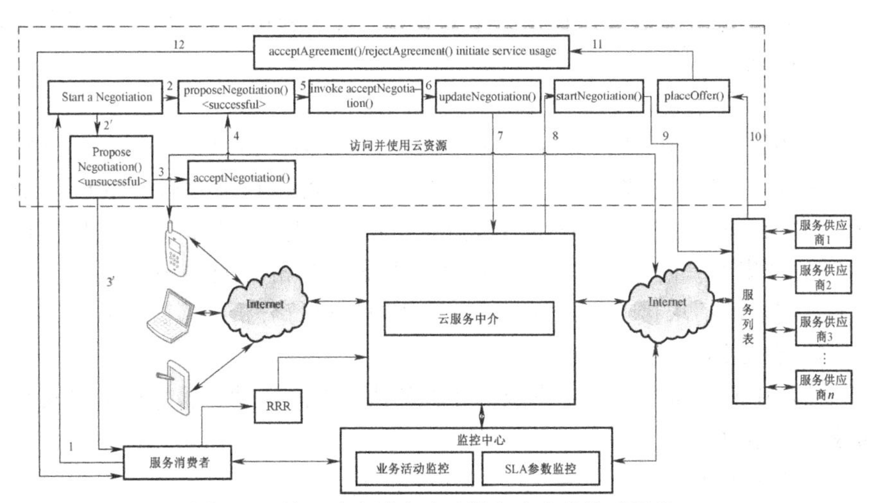

图3.2　基于动态博弈论云服务中介的体系结构

在云计算中，基于动态博弈论的双边SLA协商的云服务中介的大体协商过程可描述为由于云服务中介有两种不同的内部状态：空闲和活跃。协商参与者主要有4种不同的内部状态：空闲、等待协商、订阅和谈判。因此，分析云服务中介和协商参与者向不同状态的转变，也就是分析协商过程。

如果分配给云服务中介至少一个特定的协商实例，那么云服务中介只有活跃状态。因此，如果一个协商声明云服务中介向协商参与者代理提议，并且这个协商参与者代理接受这个提议，那么云服务中介将由空闲状态转向活跃状态。由于协商参与者代理可以协调不止一个协商。这就是为什么仅仅当所有的协调协商实例完成时，云服务中介的内部状态才会从活跃改变为空闲状态。一个小细节要特别提到的是 getCurrentNegotiations（ ）方法。这个方法返回当前可用的所有的协商实例。在空闲状态下，这些实例只能是那些由其他协商参与者代理协调。这描述了上述可能性对协商文件的分布式查找服务器。

如果协商参与者代理向将来的云服务中介提出一个协商实例，那么协商参与者代理就会从空闲状态转向等待协商状态。在这种状态下，协商参与者代理等待云服务中介的决策是否愿意管理各自的协商。如果云服务中介没有这个协商，发生超时导致提出协议的参与者再次进入空闲状态。否则，如果云服务中介接受协商参与者代理提出的协商，那么协商参与者转向订阅状态，即激活了 acceptNegotiation（ ）方法。在订阅状态，协商参与者代理已经加入协商实例。然而，这个协商还没有开始。每当一个起始条件中规定的协商类型/实例发生时，这个协商就开始了。这会导致协商参与者代理的状态向协商改变。当完成一个协商后（不管达成或未达成一致），协商参与者代理则回到空闲状态。

1. 资源需求请求

资源需求请求（Resource Requirement Request，RRR）存储服务消费者的请求细节。服务消费者请求资源其中的任务可以在一个较小的成本来执行。必须计算服务消费者输入请求任务，如任务类型，也就是说，任务是否是 CPU 密集型、内存密集型、磁盘密集型或网络密集型和 SLA 模板。这些服务消费者的请求接着发送到云服务中介模块进行分析、检查和验证。

2. 监控中心

监控中心负责监控服务供应商和服务消费者的活动、服务质量以及 SLA 协议中的参数等。

3. 服务供应商

服务供应商可以提供一些服务类型，他们实现使用简单的或复合的服务。为了检测服务供应商提供的现有的服务质量，服务供应商需要使用监测技术，在选择的观察点允许收集测量数据。通过汇总收集到的数据，服务供应商可以检测每个服务质量指标值。如果其目前的服务质量提供有一个明显的下降，服务供应商将会增加额外的资源以满足其 SLA 承诺。服务供应商的 SLA 管理器负责管理 SLA 模板、与云服务中介或直接与服务消费者协商要交付的服务和服务质量水平、SLA 期限、实施 SLA 和做出调整。

3.2.3　SLA 协商过程

图 3.3 描述了服务消费者、服务中介组件以及为了服务供应能够达成协议选定的潜在服务供应商之间的一种 SLA 协商过程方案。协商过程主要分三大步骤：服务消费者的期望表达、服务供应商的选择和 SLA 协商[81]。

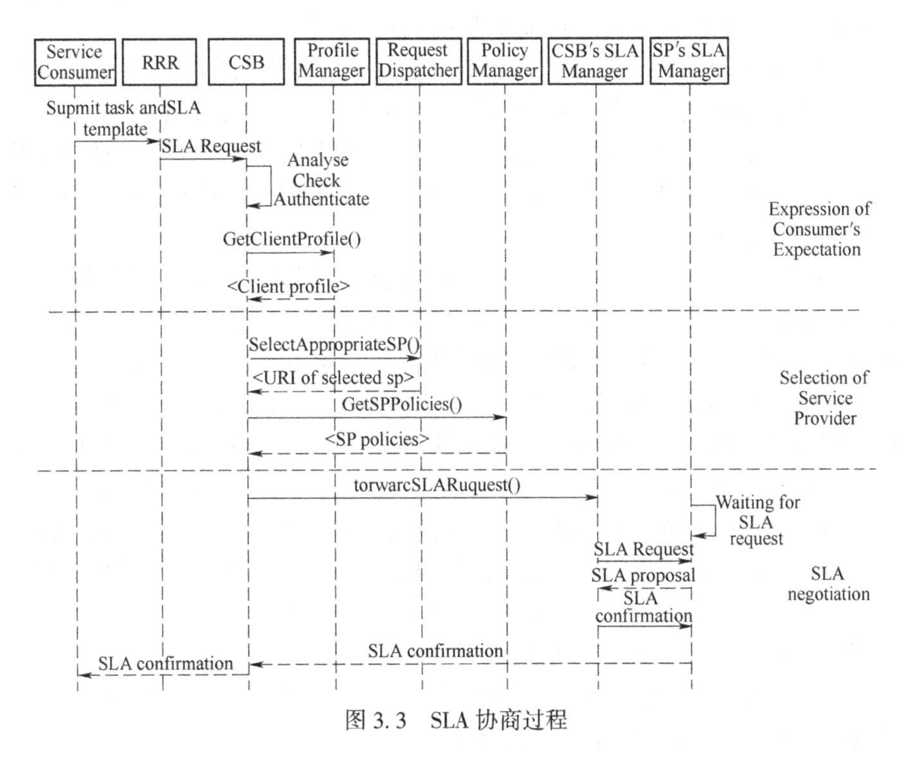

图 3.3　SLA 协商过程

其中每一具体的协商过程如下：

（1）服务消费者将自己的服务请求和 SLA 模板存储到 RRR，RRR 主要存储服务消费者请求的细节。

（2）服务消费者的这些请求发送给云服务中介，云服务中介为服务消费者找到一个满足其服务功能以及非功能需求的合适的服务供应商。

（3）分析、检查服务消费者提交的请求，并验证服务消费者之后，云服务中介请求从文件管理器配置文件。接着云服务中介请求从选择管理器选择一个合适的服务供应商，根据服务消费者的需求，此供应商能够传送这些服务。

（4）云服务中介从策略管理器请求所选择的服务供应商的策略。

(5) 由于服务消费者以前使用过云服务中介的一些服务，如果服务消费者的配置文件在配置文件存储库是可用的，云服务中介能够决定由选择管理器选出的服务供应商是否能够处理服务消费者的请求。这个决定依赖于服务消费者和服务供应商的配置文件。

(6) 如果服务消费者的配置文件在配置文件存储库是无用的，为了给该服务消费者创建一个新的配置文件，接着云服务中介请求服务消费者提供一些信息，比如服务偏向以及服务质量的满意度等。

(7) 如果至少一个服务供应商能够满足服务消费者的需求，云服务中介从 SLA 管理器请求与服务供应商协商服务条款以及服务交付条件。

(8) 云服务中介的 SLA 管理器将 SLA 请求转发到服务供应商的 SLA 管理器请求一个 SLA 建议，服务供应商的 SLA 管理器解析 SLA 请求并对其验证它的 SLA 模板。

(9) 如果服务供应商接受 SLA 请求，接着服务供应商的 SLA 管理器通过对云服务中介发送回一个 SLA 建议来响应 SLA 请求。云服务中介对 SLA 建议进行分析，决定它是否能够满足服务消费者所有的功能性和非功能性需求。

(10) 如果能够满足服务消费者所有的需求，接着云服务中介接受服务供应商的提议并向服务供应商的 SLA 管理器发送一个 SLA 确认。否则，服务代理拒绝提议并提出一个有关不同条件、条款、费用等相应的建议。

(11) 在 SLA 确认的情况下，服务消费者和服务供应商两方通过协议，并且服务消费者可以根据协议条款使用服务。该协议规定了服务供应商应提供给服务消费者的服务类型，确保服务质量水平，服务的成本、有效期，以及当违反协议时所采取的行动等。

图 3.4 描述了云服务中介的 SLA 管理器与服务供应商的 SLA 管理器具体的协商过程，具体的协商过程如下：

(1) 服务供应商的 SLA 管理器首先等待服务消费者的 SLA 管理器向其发送 SLA 请求。

(2) 服务消费者的 SLA 管理器向服务供应商的 SLA 管理器发送 SLA 请求。在服务供应商的 SLA 管理器接收到服务消费者的 SLA 管理器发送的 SLA 请求后，服务供应商的 SLA 管理器分析 SLA 请求。

(3) 如果 SLA 请求的结构没有任何问题，接着服务供应商的 SLA 管理器对可用的 SLA 模板验证 SLA 请求。此时，服务消费者将等待来自服务供应商 SLA 建议。

(4) 如果 SLA 请求是可接受的，接着服务供应商的 SLA 管理器创建一个 SLA 建议并发送给云服务中介。此时，服务供应商将等待来自云服务中介的 SLA 批准或解雇。

(5) 如果服务供应商不接受 SLA 请求，针对云服务中介，服务供应商的 SLA 管理器可能会提议一个新的 SLA 并等待云服务中介的 SLA 管理器的接受或拒绝，同样的，服务消费者的 SLA 管理器也可能会提议一个新的 SLA 并等待服务供应商的 SLA 管理器的接受或拒绝，此过程反复循环，直到在给定的时间内云服务中介接受 SLA 建议，此循环结束并协商成功，否则，超过给定的协商时间则协商失败。

(6) 如果服务供应商接受来自云服务中介的 SLA 建议，其 SLA 管理器在注册表订阅服务消费者，以使 SLA 准备好实施。此时，云服务中介也会向服务供应商发送一个 SAL 确认。

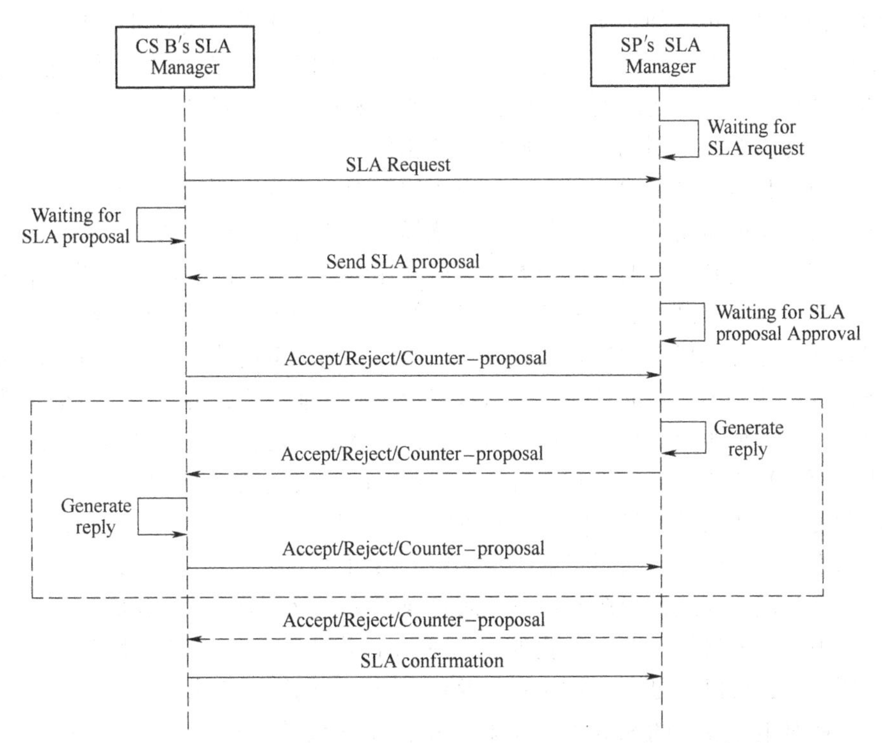

图 3.4 服务供应商的 SLA 管理器和服务消费者的 SLA 管理器的协商过程

3.2.4 动态博弈论模型

博弈论是研究具有斗争或竞争性质现象的数学理论和方法。其中，局中人、策略和收益是最基本要素，局中人、行动和结果统称为博弈规则。本章采用不完全信息动态博弈模型中的声明博弈，这种博弈模型主要研究在有私人信息和信息不对称的情况下，人们怎样通过口头或书面的声明传递信息的问题。在经济活动中，拥有信息的一方如何将信息传递给缺乏信息的一方，或者反过来缺乏信息的一方如何从拥有信息的一方获得所需要的信息，以弥补信息不完全的不足，提高经济决策的准确性和效率，也是博弈论和信息经济学研究的重要问题。声明也是一种行为，会对接受声明者的行为和各方的利益产生影响，因此，声明和对声明的反应确实构成一种动态博弈关系。由于声明本身没有成本，或者说几乎没有成本，因此只要对声明者自己有利，声明者可以发布任何声明，声明内容的真实性显然是没有保证的。因此，接受者不会轻易相信声明者的声明。即使接受者相信声明者的声明，也不一定会采取有利于声明者的行为，因此，接受者和声明者的利益可能是不一致的，而这又反过来使声明者不愿意做诚实的声明，所以，接受者是否应该相信声明者的声明，在什么情况下可以相信，声明究竟能否有效地传递信息，都是值得好好研究的问题。通常，当声明者和接受声明者利益一致或至少没有什么冲突时，声明的内容会使接受者相信。

声明具有信息传递的作用，在声明博弈中，最为重要的是要真正弄清楚声明者真实的策略选择和声明的策略选择。声明者真实的策略选择是声明者的真实意图，它是声明者从个人得益最大化的角度做出的决定，声明者不可能选择任何对自己不利的策略。而声明的策略选择本身只是一种策略，是声明者通过这种选择企图达到某种目的，所以声明的策略选择可能是真实的策略，也可能是不真实的策略。声明者将行动的可能策略告诉对方，目的是使双方尽可能地避免出现所不希望的结果，当然首先是为了使自己的利益最大化。而在双边协商中，协商策略是至关重要的。要创建一个新的提案，协商代理可以采用两种策略，即让步和折中。并且以往的研究表明，一个折中的协商方法在实用性方面超越了让步策略。然而，如果信息不完整，可能会导致计算错误，因此让步在成功率方面表现不佳。为了平衡效用和成功率，在本章中，应该设计一个自动化的双边 SLA 协商机制，在不确定和动态的服务环境中，可以满足来自服务消费者有不同偏好的不同需求。

针对本章设计的 SLA 协商流程，提出了非线性模型、交易时间段模型和指数函数模型，并分别对这三个模型进行了比较分析。

1. 模型一：非线性模型

（1）参与者。这个博弈有两个参与者 $P=(p_1, p_2)$，其中 p_1 指代服务消费者，p_2 指代服务供应商。对于参与者 p_1 价格是其最重要的参数，而对于参与者 p_2 带宽是其最重要的参数。这两个参与者都试着寻求最好的策略来进行博弈。

(2) 策略集合。由 $A=S_1\times S_2$ 提供的参与者 p_1 和 p_2 定义策略配置文件集合，其中：

$$S_1=\{(P_0),(P_0+\Delta),(P_0+2\Delta),(P_0+3\Delta),(P_0+4\Delta)\}$$
$$S_2=\{(B_0),(B_0+\delta),(B_0+2\delta),(B_0+3\delta),(B_0+4\delta)\}$$

其中，B_0 是给定的带宽；P_0 是给定的价格；δ 是带宽参数；Δ 是价格参数。

参与者 p_1 和 p_2 的策略博弈的博弈矩阵由表3.2给出。

表3.2 策略博弈矩阵

策略配置	B_0	$B_0+\delta$	$B_0+2\delta$	$B_0+3\delta$	$B_0+4\delta$
P_0	0.524 3 0.521 2	0.538 3 0.508 1	0.552 6 0.494 7	0.567 0 0.481 2	0.581 6, 0.467 5
$P_0+\Delta$	0.514 2 0.531 6	0.528 2 0.518 4	0.542 4 0.505 1	0.556 9 0.491 5	0.571 5 0.477 8
$P_0+2\Delta$	0.503 9 0.542 1	0.518 0 0.528 9	0.532 2 0.515 6	0.546 6 0.502 1	0.561 2 0.488 4
$P_0+3\Delta$	0.493 5 0.552 8	0.507 6 0.539 6	0.521 8 0.526 3	0.536 2 0.512 7	0.550 8 0.499 0
$P_0+4\Delta$	0.483 0 0.563 6	0.497 0 0.550 4	0.511 3 0.537 1	0.525 7 0.523 5	0.540 3 0.509 8

(3) 收益。在经济学中，效用函数是基于消费者从任何商品中接收的满意度。本章使用这个概念来测量服务消费者从服务供应商给定的价格、带宽属性所接收的满意度，反之亦然。效用函数 $U_c(P, B)$ 或 $U_{sp}(P, B)$ 在二维空间中是曲线和单调的模型。在SLA协商中，根据不同的应用场景和属性特征，通常情况下对每个SLA属性不同的参与者将有不同的效用函数。假设价格是SLA需要协商的属性。从服务消费者的角度来看，价格越低，收益越多，并具有很高的回报值；然而从服务供应商的角度来看，价格越高，收益越多，并具有很高的回报值。如下为服务消费者和服务供应商的价格与带宽的效用函数建模。

一般情况下，为了定义效用函数，假设 i 代表协商代理，j 代表协商问题参数，$x_j^i\in[\min_j^i, \max_j^i]$ 是代理 i 的问题参数 j 的范围值。如果协商问题参数 j 的值在每一轮协商过程中是增加的，则 $U_j^i=(\max_j^i-x_j^i)/(\max_j^i-\min_j^i)$，否则 $U_j^i=(x_j^i-\min_j^i)/(\max_j^i-\min_j^i)$。

1) 服务消费者效用函数。假设如果服务供应商给定的价格是 P_0，服务消费者价格的满意度 $S_c(P)$ 可以由图3.5得出。类比相似三角形的性质，并演化得出服务消费者价格满意度的公式如下：

$$\frac{P_c^{\max^2}-P_0^2}{P_c^{\max^2}-P_c^{\min^2}}=\frac{S_c(P_c^{\max})-S_c(P_0)}{S_c(P_c^{\max})-S_c(P_c^{\min})} \tag{3.1}$$

$$S_c(P_0)=\begin{cases}S_c(P_c^{\max})-\dfrac{P_c^{\max^2}-P_0^2}{P_c^{\max^2}-P_c^{\min^2}}[S_c(P_c^{\max})-S_c(P_c^{\min})], & P_c^{\min}\leqslant P_0\leqslant P_c^{\max}\\ 0, & P_0>P_c^{\max}\\ 1, & P_0<P_c^{\min}\end{cases} \tag{3.2}$$

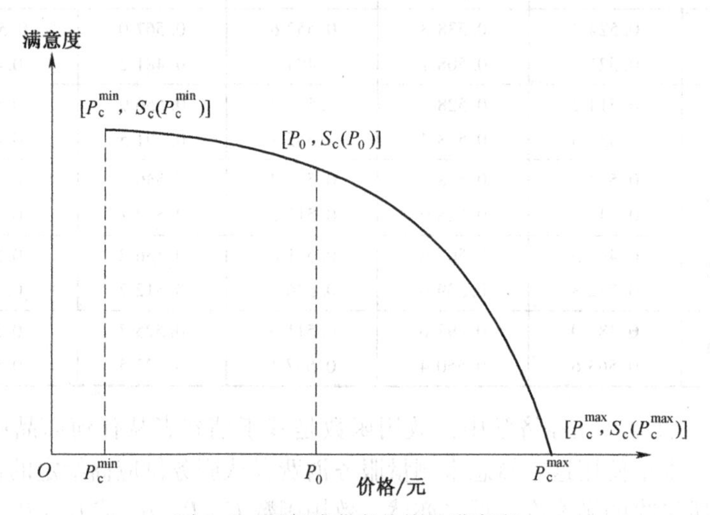

图 3.5 服务消费者价格的满意度

但是服务消费者带宽的满意度随着带宽的增加而逐渐增加，如果带宽降低，其满意度也逐渐降低，因此服务消费者的满意度公式为

$$S_c(B_0)=\begin{cases}S_c(B_c^{\min})+\dfrac{B_0^2-B_c^{\min^2}}{B_c^{\max^2}-B_c^{\min^2}}[S_c(B_c^{\max})-S_c(B_c^{\min})], & B_c^{\min}\leqslant B_0\leqslant B_c^{\max}\\ 1, & B_0>B_c^{\max}\\ 0, & B_0<B_c^{\min}\end{cases} \tag{3.3}$$

2）服务供应商效用函数。同样的，服务供应商价格和带宽的效用函数如下：

$$S_{sp}(P_0)=\begin{cases}S_{sp}(P_{sp}^{min})+\dfrac{P_0^2-P_{sp}^{min^2}}{P_{sp}^{max^2}-P_{sp}^{min^2}}[S_{sp}(P_{sp}^{max})-S_{sp}(P_{sp}^{min})], & P_{sp}^{min}\leqslant P_0\leqslant P_{sp}^{max}\\ 1, & P_0>P_{sp}^{max}\\ 0, & P_0<P_{sp}^{min}\end{cases}\tag{3.4}$$

$$S_{sp}(B_0)=\begin{cases}S_{sp}(B_{sp}^{max})-\dfrac{B_{sp}^{max^2}-B_0^2}{B_{sp}^{max^2}-B_{sp}^{min^2}}[S_{sp}(B_{sp}^{max})-S_{sp}(B_{sp}^{min})], & B_{sp}^{min}\leqslant B_0\leqslant B_{sp}^{max}\\ 0, & B_0>B_{sp}^{max}\\ 1, & B_0<B_{sp}^{min}\end{cases}\tag{3.5}$$

设最小的满意度是 0.001。

(4) 计算总效用函数。由于单个的 SLA 属性效用函数不能评估多 SLA 属性建议值。为了得出每个服务消费者和服务供应商多属性建议值总满意度，通过在每个属性的收益应用权重，所有属性的效用函数需要归一化到一个共同的收益空间，这被定义为总收益。总收益指代多属性建议值总满意度，权重值 w 指代在总收益空间中相应的属性收益 $U(P, B)$ 重要性或偏好性因素。本书设定价格和带宽的权重值设置为同样的值。尽管总收益模型能够支持多属性协商，但本文所列举的实例仅仅考虑两个属性。因此，对属性价格和带宽的总收益的公式如下：

$$U_c(P_0, B_0)=S_c(P_0)^*w_p+S_c(B_0)^*w_b\tag{3.6}$$

$$U_{sp}(P_0, B_0)=S_{sp}(P_0)^*w_p+S_{sp}(B_0)^*w_b\tag{3.7}$$

其中，$w_p+w_b=1$，参与者能够根据自己的偏好来改变权重值 w_p 和 w_b。

这些效用函数能够帮助计算由参与者 p_1 和 p_2 所实施的每个策略收益值，对参与者 p_1 和 p_2 可得到两个不同的绝对收益值。

2. 模型二：交易时间段模型

假设把每天 24 h 划分为 4 个时间段，且在每一时间段 T 的取值不同，即 $T=[1, 2, 3, 4]$。根据提出的模型一，模型二中提出的交易时间段模型用来测量服务消费者的价格和带宽满意度分别为

$$S_c(P_0)=S_c(P_c^{max})-\frac{P_c^{max^T}-P_0^T}{P_c^{max^T}-P_c^{min^T}}[S_c(P_c^{max})-S_c(P_c^{min})],$$
$$P_c^{min}\leqslant P_0\leqslant P_c^{max}\tag{3.8}$$

$$S_c(B_0) = S_c(B_c^{\min}) + \frac{B_0^T - B_c^{\min^T}}{B_c^{\max^T} - B_c^{\min^T}}[S_c(B_c^{\max}) - S_c(B_c^{\min})],$$
$$B_c^{\min} \leqslant B_0 \leqslant B_c^{\max} \tag{3.9}$$

同理可以得出服务供应商的价格和带宽满意度为

$$S_{sp}(P_0) = S_{sp}(P_{sp}^{\min}) + \frac{P_0^T - P_{sp}^{\min^T}}{P_{sp}^{\max^T} - P_{sp}^{\min^T}}[S_{sp}(P_{sp}^{\max}) - S_{sp}(P_{sp}^{\min})],$$
$$P_{sp}^{\min} \leqslant P_0 \leqslant P_{sp}^{\max} \tag{3.10}$$

$$S_{sp}(B_0) = S_{sp}(B_{sp}^{\max}) - \frac{B_{sp}^{\max^T} - B_0^T}{B_{sp}^{\max^T} - B_{sp}^{\min^T}}[S_{sp}(B_{sp}^{\max}) - S_{sp}(B_{sp}^{\min})],$$
$$B_{sp}^{\min} \leqslant B_0 \leqslant B_{sp}^{\max} \tag{3.11}$$

服务消费者和服务供应商的总效用函数公式与式（3.6）和式（3.7）相同。

3. 模型三：指数函数模型

这里提出的基于单个SLA属性的指数函数模型用来测量服务消费者和服务供应商的满意度。对于越小越好的属性，其效用函数为

$$U_1(x) = k * (e^{-ax} - b) \tag{3.12}$$

其中，U_1 指代效用；x 指代属性值（$0 \leqslant x \leqslant 1$）；$a$ 和 b 为常数，k 是计算 $U_1(0) = 1$ 和 $U_1(1) = 0$ 的一个比例因子。在这里设定 $a = 1$，可以得出 $k = \frac{e}{e-1}$，$b = \frac{1}{e}$，因此

$$U_1(x) = \frac{e}{e-1} * \left(e^{-x} - \frac{1}{e}\right) \tag{3.13}$$

同样的，对于越大越好的属性，其效用函数为

$$U_2(x) = k * (e^{ax} - b) \tag{3.14}$$

其中，U_2 指代效用；x 指代属性值（$0 \leqslant x \leqslant 1$）；$a$ 和 b 为常数；k 是计算 $U_2(0) = 0$ 和 $U_2(1) = 1$ 的一个比例因子。在这里设定 $a = 1$，可以得出 $k = \frac{1}{e-1}$，$b = 1$，因此

$$U_2(x) = \frac{1}{e-1} * (e^x - 1) \tag{3.15}$$

因此服务消费者和服务供应商的总效用函数分别为

$$U_c(p, b) = U_1(p) * w_p + U_2(b) * w_b$$

即
$$U_c(p, b) = \frac{e}{e-1} * \left(e^{-p} - \frac{1}{e}\right) * w_p + \frac{1}{e-1} * (e^b - 1) * w_b \tag{3.16}$$

$$U_{sp}(p, b) = U_1(b) * w_b + U_2(p) * w_p$$

即
$$U_{sp}(p, b) = \frac{e}{e-1} * \left(e^{-b} - \frac{1}{e}\right) * w_b + \frac{1}{e-1} * (e^p - 1) * w_p \quad (3.17)$$

其中，$w_p + w_b = 1$，$0 \leqslant p \leqslant 1$，$0 \leqslant b \leqslant 1$ 参与者能够根据自己的偏好来改变权重值 w_p 和 w_b。

在其他文献中有提到根据剩余时间调整价格的模型，很明显，在协商过程中，协商的剩余时间也随之减少。因此，剩余时间越少，用户代理商所提出的价格也就越高。因此，可以使用协商时间作为决定价格多少的参数。随着剩余协商时间的减少，在没有达成一致的情况下，代理们通常会把价格设置为接近于他们保守的价格来达成一致。因此，对于用户的基于剩余时间的优惠价格可以由式（3.18）表示为

$$P(t) = [1 - a(t)] * b(t) + a(t) * d(t) \quad (3.18)$$

其中，

$$a(t) = k + (1 - k)\left(\frac{t}{t_{max}}\right)^{1/r} \quad (3.19)$$

$$d(t) = p_c^{max} - p_c(t-2) \quad (3.20)$$

$$b(t) = \min\left\{\left[1 - \frac{p_{sp}(t-1)}{p_{sp}(t-3)}\right] * p_c(t-2),\ d(t)\right\} \quad (3.21)$$

其中，t 是目前协商的回合数；t_{max} 表示最大的协商时间；$a(t)$ 是时间函数；$p_c(t-2)$ 是用户代理商之前的报价；$p_{sp}(t-1)$ 和 $p_{sp}(t-3)$ 是供应商代理商前两次报价；$b(t)$ 表示模拟函数；$d(t)$ 是让价格接近于保守价格的一个函数，协商的速度是由 γ 决定的，当 $0 < \gamma < 1$ 时，在时间接近于协商截止时，代理商能够一直保持初始值。

$$r = r_{max} * \left\{\frac{1 - \text{sim}[p_c(t-2),\ p_{sp}(t-1)]}{t_{max} - t}\right\} \quad (3.22)$$

其中，

$$\text{sim}(\alpha, \beta) = 1 - \frac{|\alpha - \beta|}{\text{Max}[\alpha, \beta]} \quad (3.23)$$

式（3.23）定义了用户和供应商价格的相似度。

3.2.5 动态博弈模型的算法设计

云服务中介分别从服务消费者和服务供应商接收到价格与带宽的最大范围和最小范围内一系列的值，接着云服务中介要服务供应商在价格和带宽的公共取值范围内选取价格和带宽的初始值，记为（P_0，B_0），可在公共区间

随机地选取初始值。例如，如果 $P_c^{max}=120$、$P_c^{min}=40$、$P_{sp}^{max}=150$、$P_{sp}^{min}=60$，价格共同的范围是［60，120］。基于这个提供值，通过使用服务供应商和服务消费者的支付函数模型来计算服务供应商和服务消费者的满意度，计算满意度的值被用来产生博弈的支付。价格和带宽的选取值是基于步长分别从小到大变化的，云服务中介试图为服务消费者和服务供应商找到最好的提供值。博弈的过程是重复每一回合，在博弈的每一回合中，计算纯纳什均衡值，并且对参与者 p_1 和 p_2 其相应的策略被认定为最好的策略。在下一回合中，这个策略值被选为新的提供值。直到在给定的时间内，达到纳什均衡点博弈才会结束，服务消费者和服务供应商之间的满意度之差接近于零。如果在任一次回合中，供应值 P_0 和 B_0 都是最好的策略选择，那么它们就是最优值，否则选择的策略平衡达到作为服务消费者和服务供应商的最优值。

表 3.3 为纳什均衡点-满意度差算法，此算法不需要博弈

表 3.3 纳什均衡点-满意度差算法伪代码

算法 3.1 纳什均衡点-满意度差算法

```
1  begin
2  int round=1, max=4;
3  int P0, int B0;          //SP 在公共区间随机提供的初始值
4  int Δ, intδ;             //分别为价格 P 和带宽 B 的步长
5  struct S {
6      double Sc(Pn+iΔ); double Sc(Bn+iδ);
7      double Ssp(Pn+iΔ); double Ssp(Bn+iδ);
8      double Uc(Pn+iΔ, Bn+iδ); double Usp(Pn+iΔ, Bn+iδ);
9   } S;
10 for (int n=0; n<=1; n++) {
11     for (int i=0; i<=max; i++) {
12         calculate S.Sc(Pn+iΔ), S.Sc(Bn+iδ), S.Ssp(Pn+iΔ), S.Ssp(Bn+iδ),
13                   S.Uc(Pn+iΔ, Bn+iδ), S.Usp(Pn+iΔ, Bn+iδ);
14       GameMatrix=buildGameMatrix (S.Uc(Pn+iΔ, Bn+iδ), S.Usp(Pn+iΔ, Bn+iδ));
15     }
16     Equilibrium(n)=Nashequilibrium(GameMatrix); //由博弈矩阵找到纳什均衡点
17     calculateU(n); //计算纳什均衡点处满意度差
18  }
19  Uc = U(0); Un = U(1);
20  while (|Uc|-|Un|≥0) {
21     for (int n=1;; n++) {
22        for (int i=0; i<=max; i++) {
```

续表

算法 3.1　纳什均衡点-满意度差算法

```
23              (P_{c+iΔ}, B_{c+iδ}) = (P_{n+iΔ}, B_{n+iδ});
24              Equilibrium(0)= Equilibrium(n); U_c = U_n;
25              (P_{1+n+iΔ}, B_{1+n+iδ}) = update(P_{c+iΔ}, B_{c+iδ});
26              calculate S.S_c(P_{1+n+iΔ}), S.S_c(B_{1+n+iδ}), S.S_sp(P_{1+n+iΔ}), S.S_sp(B_{1+n+iδ}),
27                      S.U_c(P_{1+n+iΔ}, B_{n+iδ}), S.U_sp(P_{1+n+iΔ}, B_{1+n+iδ});
28              GameMatrix=buildGameMatri
                        (S.U_c(P_{1+n+iΔ}, B_{1+n+iδ}), S.U_sp(P_{1+n+iΔ}, B_{1+n+iδ}));
29          }
30          Equilibrium(n+1) = Nashequilibrium (GameMatrix);
31          calculate U(n + 1); U_n = U(n + 1);
32      }
33      round=round+1;
34  } //直到满意度差最小，趋向于 0 为止
35  wend
36  return (P_0, B_0);
37  End
```

矩阵中所有的变量值对都代入计算，因此大大缩减了计算步骤，是较为合理的一种方法。

3.2.6　动态博弈模型的仿真分析

从图 3.6~图 3.9 可以看到，在模型一中价格和带宽在不同的取值区间，它们有不同的最优值。

（1）服务消费者和服务供应商的价格区间：$P_c^{max} = 100$，$P_c^{min} = 55$，$P_{sp}^{max} = 105$，$P_{sp}^{min} = 65$；服务消费者和服务供应商的带宽区间：$B_c^{max} = 4\ 810$，$B_c^{min} = 3\ 120$，$B_{sp}^{max} = 5\ 240$，$B_{sp}^{min} = 3\ 630$；服务供应商提供的初始值为：$P_0 = 68$，$B_0 = 3\ 640$，其中 P 的步长取 $\Delta = 1$，B 的步长取 $\delta = 50$。

此实例是在 Gambit 环境下进行测试的，在博弈矩阵中，其余的 4 组价格和带宽数据依次分别增加一个步长来进行取值。在第一轮博弈中，求出博弈矩阵的纳什均衡点，在纳什均衡点处的服务消费者和服务供应商的满意度差是-0.010 3 且对应的价格和带宽的取值为 $P_0 = 68$，$B_0 = 3\ 640$，删除第一轮中纳什均衡点所在的行与列，接着价格和带宽的取值继续分别增加一个步长，并增添到博弈矩阵中，最终在 $P_0 = 70$，$B_0 = 3\ 740$ 处其满意度差达到 0.003 0，为服务消费者和服务供应商所提供的价格和带宽区间最小的满意

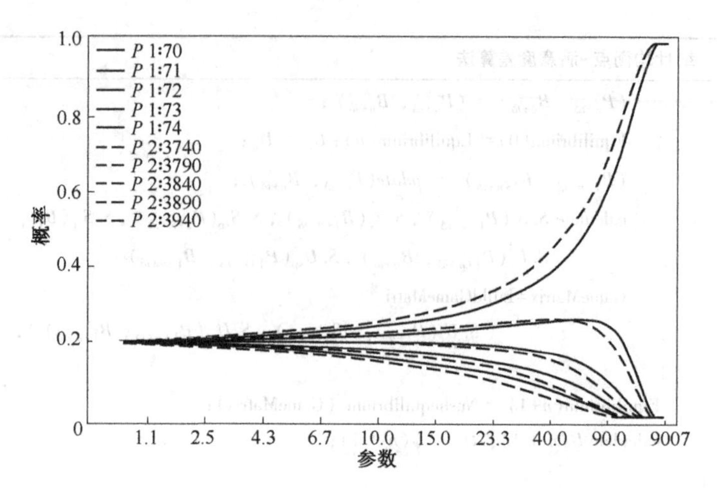

图 3.6　服务消费者和服务供应商在 Gambit 环境下的仿真图（1）

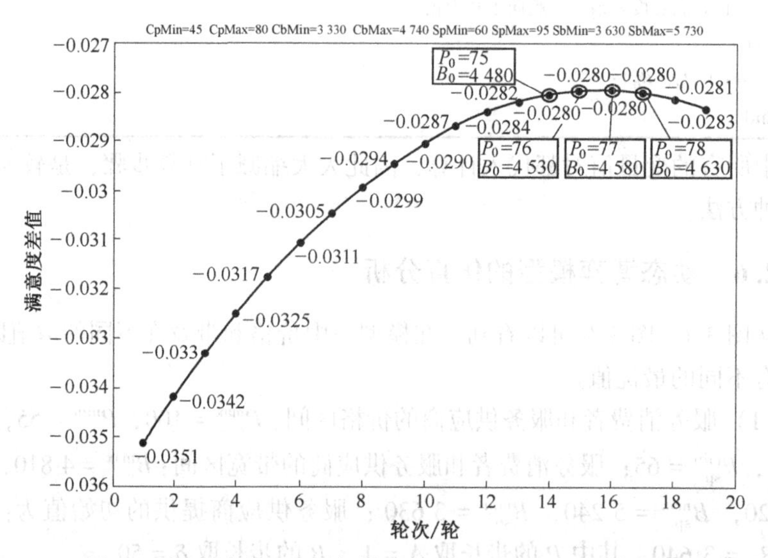

图 3.7　服务消费者和服务供应商在 Matlab 环境下的仿真图

度差，因此其相应的价格和带宽取值就成为博弈结果的最优值。

（2）服务消费者和服务供应商的价格区间：$P_c^{max}=80$，$P_c^{min}=45$，$P_{sp}^{max}=95$，$P_{sp}^{min}=60$；服务消费者和服务供应商的带宽区间：$B_c^{max}=4\ 740$，$B_c^{min}=3\ 330$，$B_{sp}^{max}=5\ 730$，$B_{sp}^{min}=3\ 630$；服务供应商提供的初始值为：$P_0=62$，$B_0=3\ 830$，其中 P 的步长取 $\Delta=1$，B 的步长取 $\delta=50$。

此实例是在 Matlab 环境下进行测试的，在 $P_0=75$，$B_0=4\ 480$；$P_0=$

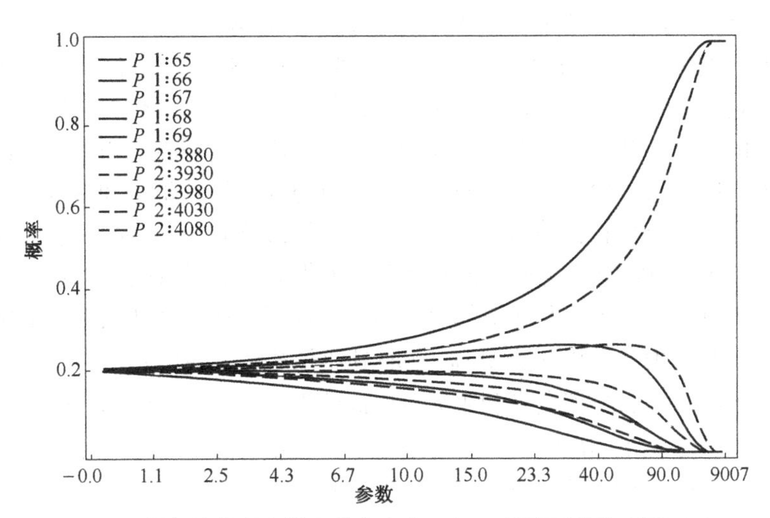

图 3.8　服务消费者和服务供应商在 Gambit 环境下的仿真图（2）

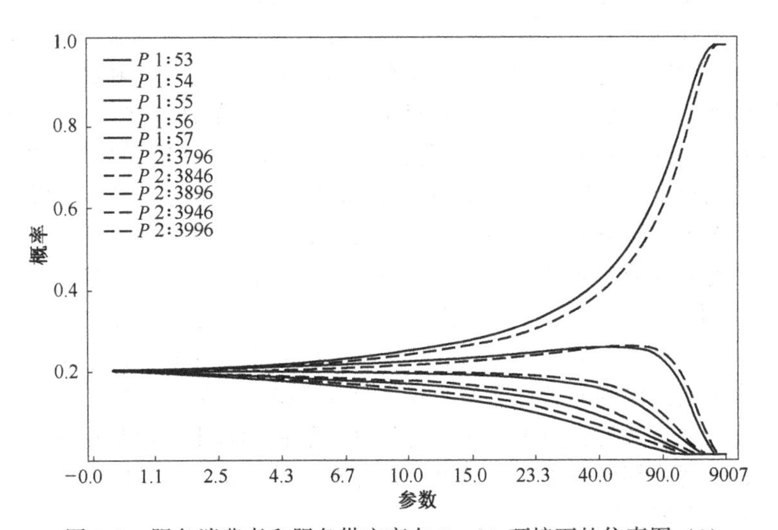

图 3.9　服务消费者和服务供应商在 Gambit 环境下的仿真图（3）

76，$B_0 = 4\ 530$；$P_0 = 77$，$B_0 = 4\ 580$；$P_0 = 78$，$B_0 = 4\ 630$ 时，其相应的满意度差都为-0.028 0，为服务消费者和服务供应商所提供的价格和带宽区间最小的满意度差，因此其相应的价格和带宽取值就成为博弈结果的最优值。

（3）服务消费者和服务供应商的价格区间：$P_c^{max} = 85$，$P_c^{min} = 60$，$P_{sp}^{max} = 87$，$P_{sp}^{min} = 56$；服务消费者和服务供应商的带宽区间：$B_c^{max} = 5\ 170$，$B_c^{min} = 3\ 120$，$B_{sp}^{max} = 5\ 575$，$B_{sp}^{min} = 3\ 650$；服务供应商提供的初始值：$P_0 = 63$，

$B_0 = 3\ 780$，其中 P 的步长取 $\Delta = 1$，B 的步长取 $\delta = 50$。

此实例是在 Gambit 环境下进行测试的，在博弈矩阵中，其余的 4 组价格和带宽数据依次分别增加一个步长来进行取值，在第一轮博弈中，求出博弈矩阵的纳什均衡点，以及在纳什均衡点处的服务消费者和服务供应商的满意度差，删除第一轮中纳什均衡点所在的行与列，接着价格和带宽的取值继续分别增加一个步长，并增添到博弈矩阵中，最终在 $P_0 = 65$，$B_0 = 3\ 880$，满意度差为-0.003 8，为服务消费者和服务供应商所提供的价格和带宽区间最小的满意度差，因此其相应的价格和带宽取值就成为博弈结果的最优值。

（4）服务消费者和服务供应商的价格区间：$P_c^{max} = 80$，$P_c^{min} = 45$，$P_{sp}^{max} = 86$，$P_{sp}^{min} = 50$；服务消费者和服务供应商的带宽区间：$B_c^{max} = 4\ 920$，$B_c^{min} = 3\ 405$，$B_{sp}^{max} = 5\ 710$，$B_{sp}^{min} = 3\ 475$；服务供应商提供的初始值：$P_0 = 52$，$B_0 = 3\ 746$，其中 P 的步长取 $\Delta = 1$，B 的步长取 $\delta = 50$。

此实例是在 Gambit 环境下进行测试的，在博弈矩阵中，其余的 4 组价格和带宽数据依次分别增加一个步长来进行取值，在第一轮博弈中，求出博弈矩阵的纳什均衡点，以及在纳什均衡点处的服务消费者和服务供应商的满意度差，删除第一轮中纳什均衡点所在的行与列，接着价格和带宽的取值继续分别增加一个步长，并增添到博弈矩阵中，最终在 $P_0 = 53$，$B_0 = 3\ 796$，满意度差达到 0.000 8，为服务消费者和服务供应商所提供的价格和带宽区间最小的满意度差，因此其相应的价格和带宽取值就成为博弈结果的最优值。该示例表明服务消费者和服务供应商都能够在价格和带宽达到同一个满意度，因此服务消费者和服务供应商的满意度差能够接近一个理想的情况。

（5）图 3.10 所示为三个模型的满意度差对比，为了更好地比较，把满意度差取为绝对值。从三个模型的对比中可以看出，在同一模型中，对于不同的取值区间，得到的满意度差的变化幅度不稳定；而在不同的模型中，对于同一数据取值区间，相应的满意度差值差距有大有小；但是在每个模型中相应的满意度差都比较小，结果也比较合理，其中每组数据的取值为

第一组数据：

$P_c = [55,\ 100]$，$B_c = [3\ 120,\ 4\ 810]$，$P_{sp} = [65,\ 105]$，

$B_{sp} = [3\ 630,\ 5\ 240]$，$T = 1$，$P_0 = 68$，$B_0 = 3\ 640$

第二组数据：

$P_c = [45,\ 80]$，$B_c = [3\ 330,\ 4\ 740]$，$P_{sp} = [60,\ 95]$，

$B_{sp} = [3\ 630,\ 5\ 730]$，$T = 2$，$P_0 = 62$，$B_0 = 3\ 830$

第三组数据：

$P_c = [60,\ 85]$，$B_c = [3\ 120,\ 5\ 170]$，$P_{sp} = [56,\ 87]$，

$B_{sp}=[3\ 650,\ 5\ 575]$，$T=3$，$P_0=63$，$B_0=3\ 780$

第四组数据：

$P_c=[45,\ 80]$，$B_c=[3\ 405,\ 4\ 920]$，$P_{sp}=[50,\ 86]$，

$B_{sp}=[3\ 475,\ 5\ 710]$，$T=4$，$P_0=52$，$B_0=3\ 740$

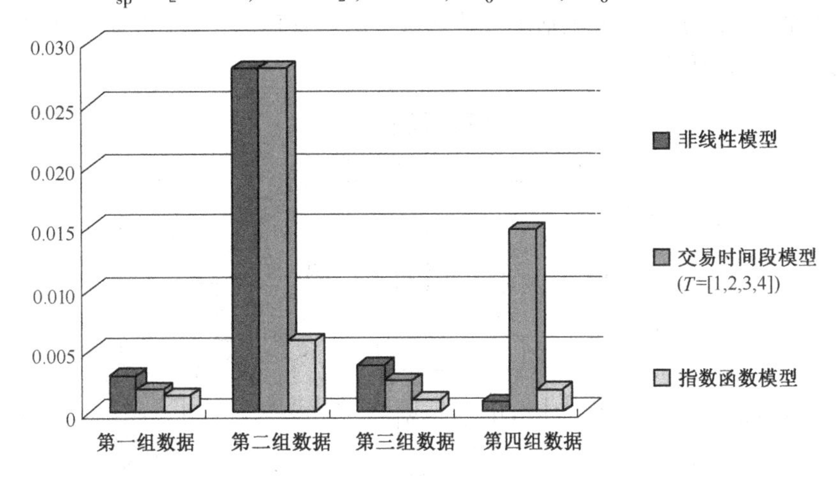

图 3.10　三个模型的满意度差对比

3.3　基于演化博弈论的多因素 SLA 协商

3.3.1　基于演化博弈论模型及模块介绍

演化博弈论与传统博弈理论不同，演化博弈理论并不要求参与人是完全理性的，也不要求完全信息的条件。演化博弈论是把博弈理论分析和动态演化过程分析结合起来的一种理论。在方法论上，它不同于博弈论将重点放在静态均衡和比较静态均衡上，强调的是一种动态的均衡。演化博弈理论源于生物进化论，它曾相当成功地解释了生物进化过程中的某些现象。本章提出的这个体系结构基于演化博弈思想，认为网络信息生态链是在互联网信息环境下，信息人之间通过不断博弈形成信息流转的链式依存关系，并在原来以动态博弈论为基础的体系架构上进行改进而成的。

该体系架构演化博弈的大体过程可描述为：个体通过与邻居博弈累积收益，然后根据收益的对比结果更新策略。通过反复实现上述过程，整个系统

中的协商参与者水平最终会维持在一个相对稳定的状态。在演化博弈理论中，个体的博弈收益对应于生物进化过程的适应度。为此，收益高的个体有更高的适应度，即收益高的个体策略有更好的传播能力。在研究中，通常采用个体相互比较收益的大小，进而根据比较结果进行策略更新。如图 3.11 所示，这个体系结构的主要组成包括服务消费者、信息管理者、监控中心、主要的演化机理和服务供应商。

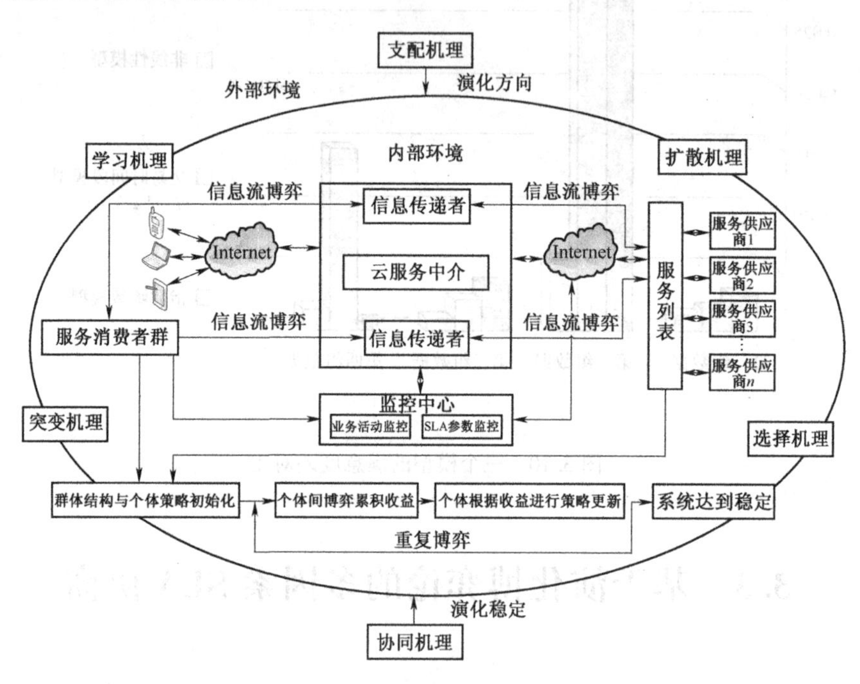

图 3.11 云计算中基于演化博弈论的体系结构

机理是为实现某一特定功能，一定的系统结构中各要素的内在工作方式以及诸要素在一定环境条件下相互联系、相互作用的运行规则和原理。本章所提出的演化机理是网络信息生态链的演化过程中推动信息主体之间相互联系、相互作用的内在运行逻辑和彼此交互关系的规则与原理。下面将分别介绍一些主要的成分。

1. 信息管理者（Information Managers）

由于服务消费者通常不具备协商、管理和监控服务质量的能力，他们通过向信息管理者（也可称为云服务代理）委派任务，比如选择合适的服务供应商和 SLA 协商等。信息管理者作为服务消费者和服务供应商之间的第三方的中介调解，主要负责处理服务消费者提交的 SLA 请求，并将这些请求发送到服务供应商的服务列表，然后进行相应的搜索和选择相应的服务，并与服务供应商进行协商，其中这些请求主要表达服务消费者使用某些类型服务的利益，并且注册的服务供应商愿意提供一些类型的服务。

2. 主要的演化机理

机理是为实现某一特定功能，一定的系统结构中各要素的内在工作方式以及诸要素在一定环境条件下相互联系、相互作用的运行规则和原理。本章所提出的演化机理是网络信息生态链的演化过程中推动信息主体之间相互联系、相互作用的内在运行逻辑和彼此交互关系的规则与原理。下面将分别介绍一些主要的演化机理。

（1）支配机理是指在网络信息生态链的演化中，能支配和影响网络信息链演化方向与演化进程的作用机理，主要表现在能支配博弈参与主体的行为、支配参与主体的策略及博弈规则。支配机理的作用方式与信息主体之间的博弈类型有关，博弈类型差异导致支配机理作用方式的不同。信息主体之间的博弈包括对称博弈和非对称博弈两种。

（2）学习机理。在信息主体的博弈中，如果决策参与人采用的某一策略占优，信息主体会继续采用这一策略，或者信息主体采用这一策略的概率很大，而其他信息主体也会学习与模仿这一策略。

（3）突变机理。突变是指在博弈过程中，某一信息主体或者某些信息主体处于主观意识或者随机行为下，采用了某一非常规策略，导致与其他信息主体的博弈中获胜或被淘汰的现象。突变策略具有不确定性，如能在博弈中占优，信息主体将快速发展，有可能成为网络信息生态链上的控制者，对推动网络信息生态链的演化有重要作用。但如果突变策略失败，信息主体就会被淘汰。突变机理使网络信息生态链保持活力和生命力，不断涌现的新策略、新行为方式和新博弈规则，对于网络信息生态链的发展有重要意义。

（4）选择机理。选择是指信息主体在博弈过程中通过一定的标准筛选其可以采取的策略。

（5）扩散机理。扩散是指参与主体的某一种行为或某一种策略在群体中的“传染性”，即能否为群体中其他博弈参与者复制、模仿进而得到传播。扩散包括已有行为和策略的大规模学习与模仿、突变行为的模仿。扩散机理是学习和突变的个体行为在群体中复制的结果。从接受扩散行为的信息主体角度上看，扩散过程也是一种学习过程。扩散机理具有显著的路径依赖，包括博弈的初始条件、影响博弈的规则和制度以及最终需求者的消费倾向。

（6）协同机理是信息主体之间通过学习、模仿和复制、扩散等机理的作用，彼此之间建立稳定的协作关系的机理。

在网络生态链的演化过程中，各种主要演化机理在特定环境下相互作用，共同推动网络信息生态链从无序向有序发展。在不同类型的网络信息生态链上起主要作用的机理不同，在网络信息生态链发展的不同阶段其主要作用的机理不同。各个机理相互作用在一起，共同推动网络信息生态链的演化[82]。

3. 监控中心

监控中心负责监控服务供应商和服务消费者的活动、服务质量以及 SLA 协议中的参数等。

4. 服务供应商

服务供应商可以提供一些服务类型，实现使用简单的或复合的服务。为了检测服务供应商提供的现有的服务质量，服务供应商需要使用监测技术，在选择的观察点允许收集测量数据。通过汇总收集到的数据，服务供应商可以检测每个服务质量指标值。如果其目前的服务质量提供有一个明显的下降，服务供应商将会增加额外的资源以满足其 SLA 承诺。服务供应商的 SLA 管理器负责管理 SLA 模板、与信息管理者或直接与服务消费者协商要交付的服务和服务质量水平、SLA 期限、实施 SLA 和做出调整。

在网络生态链的演化过程中，各种主要演化机理在特定环境下相互作用，共同推动网络信息生态链从无序向有序发展。在不同类型的网络信息生态链上起主要作用的机理不同，在网络信息生态链发展的不同阶段其主要作用的机理不同。各个机理相互作用在一起，共同推动网络信息生态链的演化。

支配机理控制网络信息生态链发展的主要方向。学习和模仿机理影响参与主体的行为方式和策略选择。突变机理或者变异机理是在一定的环境承载能力下，产生变异的行为，能够加速网络信息生态链的演化进程或者导致某一信息主体的毁灭。突变机理的存在能够保持网络信息生态链的活力。选择机理包括信息主体的策略选择、占优策略被不同信息主体选择和博弈规则的选择等。有限理性的信息主体通过选择机理来确定最终的策略，不同信息主体的选择结果导致网络信息生态链不同演化路径和演化方向。扩散机理是信息主体的某种行为方式或者策略被其他博弈参与者所复制和模仿，并在整个信息主体之间流转，扩散机理可能导致某一种行为方式和策略的“锁定”，如果被扩散的行为和策略是整个信息生态链进化中需要的策略，那就加快信息生态链演化。如果锁定的策略是弱占有策略，那么将减慢演化进程。协同机理是信息主体之间通过学习、模仿、突变、选择等机理的作用，彼此之间建立稳定的协作关系的机理。各个主体各司其职，在网络信息生态链演化中发挥各自的作用。彼此之间相互联系相互依存，共同推动网络信息生态链的升级和发展。

3.3.2 一般演化博弈论模型的构建

演化博弈论（Evolutionary Game Theory）整合了理性经济学与演化生物学的思想，不再将人模型化为超级理性的博弈方，认为人类通常是通过试错的方法达到博弈均衡的，与生物演化具有共性，所选择的均衡是达到均衡的均衡过程的函数，因而历史、制度因素以及均衡过程的某些细节均会对博弈的多重均衡的选择产生影响。

模仿者动态与演化稳定策略（RD&ESS）一起构成了演化博弈理论中最核心的一对基本概念，它们分别表征演化博弈的稳定状态和向这种稳定状态的动态收敛过程，ESS 概念的拓展和动态化构成了演化博弈论发展的主要内容[83]。

（1）对于动态系统的状态变化，演化博弈论通常是通过采用生物进化的“复制动态”来模拟，复制动态不仅是描述某一特定策略在一个种群中被采用的比例或频率的动态微分方程，也是演化博弈论中运用最为广泛的选择机制动态方程，它适用于描述学习速度很慢的成员组成的大群体随机配对的反复博弈、策略调整过程。通常情况下，博弈方学习的速度取决于两个因素，一是模仿对象的数量大小（可用相应类型博弈方的比例表示），因为这关系到观察和模仿的难易程度；二是模仿对象的成功程度（可用模仿对象策略得益超过平均得益的幅度表示），因为这关系到判断差异的难易程度和对模仿激励的大小。动态变化速度可通过复制动态方程表示为

$$\frac{dx(t)}{dt} = x(U_s - \overline{U}) \tag{3.24}$$

其中，x 为一个种群中博弈方采取的策略 s 的比例；U_s 为该博弈方采取 s 策略的期望收益，$\overline{U}$ 为该博弈方的平均收益，$dx(t)/dt$ 为该博弈方采用策略的比例随时间的变化率，这就是著名的复制动态方程[84]。

（2）所谓进化稳定策略也叫演化稳定策略，其基本思路是：假设存在一个选择某一特定策略的大群体和一个选择不同策略的突变小群体，如果在演化过程中，一个群体能够消除任何突变小群体的入侵，则称该群体达到了一种演化稳定状态，此时该群体所选择的策略就是 ESS[85]。Maynard Smith 给出了其最初的定义：设策略集为 x、y，若策略 x 是演化稳定的，则它满足如下一阶与二阶最优反应：

$$u(x, y) \leqslant u(x, x) \quad \forall y = x \tag{3.25}$$

$$u(y, x) = u(x, x) \Rightarrow u(y, y) < u(x, y) \quad \forall y \neq x \tag{3.26}$$

（3）给出这两个概念之后，要找出演化稳定策略就可以通过以下两步实现：①找出复制动态的稳定状态；②在讨论稳定状态的邻域稳定性，也就是对于微小的偏离扰动具有稳健性的均衡状态。在数学上，这相当于当干扰使 x 出现低于 x^* 时，dx/dt 必须大于 0；当干扰使得 x 出现高于 x^* 时，dx/dt 必须小于 0。也就是说在这些稳定状态处，dx/dt 的导数必须小于 0[86]。

其中，均衡点的稳定性可以通过系统的雅可比矩阵进行判断。雅可比矩阵反映了一个可微方程与给定点的最优线性逼近，通过分析系统的雅可比矩阵，可以判断系统稳定点是否为演化稳定策略。其判别的标准为：①若平衡点对应矩阵的行列式大于 0，且迹小于 0，则该点为一个稳定均衡策略（即 ESS）；②若迹等于 0，则该点为鞍点。

弗里德曼提出，一个微分方程系统描述群体动态，其局部均衡点的稳定性分析可由该系统的雅可比矩阵的局部稳定性分析得到[87]：

$$\boldsymbol{J} = \begin{bmatrix} \dfrac{\partial f(x)}{\partial x} & \dfrac{\partial f(x)}{\partial y} \\ \dfrac{\partial f(y)}{\partial x} & \dfrac{\partial f(y)}{\partial y} \end{bmatrix} \tag{3.27}$$

建立一个一般两人非对称博弈模型，并推导出复制动态和演化稳定策略。假设博弈方 A、B 分别来自不同的两个群体 M、N，来自群体 M 的个体有两个可选策略，其中选择策略 1 的比例为 x，选择策略 2 的比例为 $1-x$，来自群体 N 的个体也有两个可选策略，其中选择策略 3 的比例为 y，选择策略 4 的比例为 $1-y$。本章以群体中选择相应策略的个体比例来近似地表示来自此群体中的个体选择相应策略的概率。如表 3.4 所列，博弈方 A（策略 1 和策略 2），博弈方 B（策略 3 和策略 4），对应的收益 (a, b)、(c, d)、(e, f)、(h, i)。

表 3.4 博弈方 A 和博弈方 B 的一般博弈矩阵

一般博弈矩阵	博弈方 B 策略 3	博弈方 B 策略 4
博弈方 A 策略 1	a, b	c, d
博弈方 A 策略 2	e, f	h, i

两个博弈方 A 和 B，分别有策略 1、2 和策略 3、4，不同的策略组合对应不同的收益组合。博弈方 A 选择策略 1 的概率为 x，选择策略 2 的概率为 $1-x$，相对应的，博弈方 B 选择策略 3 的概率为 y，选择策略 4 的概率为 $1-y$。

对于博弈方A和B，选择不同策略的收益和平均收益分别为

$$U_1 = ay + c(1 - y) \tag{3.28}$$

$$U_2 = ey + h(1 - y) \tag{3.29}$$

$$\overline{U_A} = U_1 x + U_2(1 - x) \tag{3.30}$$

$$U_3 = bx + f(1 - x) \tag{3.31}$$

$$U_4 = dx + i(1 - x) \tag{3.32}$$

$$\overline{U_B} = U_3 y + U_4(1 - y) \tag{3.33}$$

由此，博弈方A和B的复制动态方程分别为

$$\frac{dx}{dt} = x(U_1 - \overline{U_A}) \tag{3.34}$$

$$\frac{dy}{dt} = y(U_3 - \overline{U_B}) \tag{3.35}$$

3.3.3 服务供应商和服务消费者之间演化博弈论模型的构建

设定博弈存在两方参与人：服务消费者和服务供应商。假设在云计算服务中，有若干个服务消费者 M_1 和服务供应商 M_2 进行策略博弈，其中服务消费者存在两种不同的方式向服务供应商提供价格（高价和低价），即服务消费者的策略集为（高价型，低价型）；服务供应商的策略集为（高质量，低质量）。

假设仅存在两种类型：令服务消费者高价型概率为 q，低价型概率为 $1 - q$；服务供应商高质量概率为 p，低质量概率为 $1 - p$，则博弈矩阵见表3.5。

表3.5　服务消费者和服务供应商的博弈支付矩阵

博弈支付矩阵	服务消费者高价型（q）	服务消费者低价型（$1-q$）
服务供应商高质量（p）	$\pi_s + N_s + E - C_s$，$\pi_c + N_c + E - C_c$	$\pi_s + f + E - C_s$，$\pi_c + H_c - f$
服务供应商低质量（$1-p$）	$\pi_s + H_s - f$，$\pi_c + f + E - C_c$	π_s，π_c

其中，π_s 和 π_c 分别表示服务供应商和服务消费者采取低质量和低价格所获得的一般收益；N_s 和 N_c 分别表示服务供应商和服务消费者采取高质量和高价格所获得的直接收益，服务供应商和服务消费者在签订的协议上，如果任意一方违背了协议都会受到相应的处罚；f 表示对违背协议的一方给予的处罚；C_s 和 C_c 分别表示服务供应商和服务消费者在协议上承诺提供高质

量和高价格所付出的成本；H_s 和 H_c 分别表示服务供应商与服务消费者在违约后自己所得收益，其中，违约所获得的收益一定要大于损失；E 表示市场监控机制，为了营造良好的市场环境，鼓励合作方——服务供应商和服务消费者提供的各种优惠政策，而违约方无法获得这种优惠。

这样服务供应商选择高质量和低质量两类博弈方的期望收益 U_{11}、U_{12} 和整个服务供应商群的平均收益 $\overline{U}_1$ 分别为

$$U_{11} = q(\pi_s + N_s + E - C_s) + (1 - q)(\pi_s + f + E - C_s) \tag{3.36}$$

$$U_{12} = q(\pi_s + H_s - f) + (1 - q)\pi_s \tag{3.37}$$

$$\overline{U}_1 = pU_{11} + (1 - p)U_{12} \tag{3.38}$$

服务消费者选择高价型和低价型两类博弈方的收益 U_{21}、U_{22} 和整个服务消费者群的平均收益 $\overline{U}_2$ 分别为

$$U_{21} = p(\pi_c + N_c + E - C_c) + (1 - p)(\pi_c + f + E - C_c) \tag{3.39}$$

$$U_{22} = p(\pi_c + H_c - f) + (1 - p)\pi_c \tag{3.40}$$

$$\overline{U}_2 = qU_{21} + (1 - q)U_{22} \tag{3.41}$$

服务供应商策略演化稳定分析：由式（3.35）和式（3.37）可得服务供应商采用高质量分配策略的复制动态方程 $f(p)$。

$$\begin{aligned} f(p) = \frac{\mathrm{d}p}{\mathrm{d}t} &= p(U_{11} - \overline{U}_1) = p(1 - p)(U_{11} - U_{12}) \\ &= p(1 - p)(qN_s + f + E - C_s - qH_s) \end{aligned} \tag{3.42}$$

对 $f(p)$ 求导，则能满足 $f'(p) < 0$ 的点所对应策略即为演化稳定策略（ESS）。对 $f(p)$ 求关于 p 的一阶导数可得

$$f'(p) = (1 - 2p)(qN_s + f + E - C_s - qH_s) \tag{3.43}$$

式（3.42）中，$\frac{\mathrm{d}p}{\mathrm{d}t}$ 表明演化博弈的服务供应商群体动态，即选择高质量的概率随时间的变化情况。根据 $\frac{\mathrm{d}p}{\mathrm{d}t} = 0$，求出 $p^* = 0$，$p^* = 1$，则 $q^* = \frac{C_s - f - E}{N_s - H_s}$，此时所有的 p 都是稳定状态，但是不能确定其是否属于演化稳定策略 ESS，只有 $f'(p) < 0$ 的均衡点才是进化稳定策略（ESS）。当 $q = q^* = \frac{C_s - f - E}{N_s - H_s}$ 时，$\frac{\mathrm{d}p}{\mathrm{d}t} = 0$，即 p 的比例不会随时间而变化，所有区间［0，1］内的点都是进化稳定策略。此时的 q^* 就是混合策略均衡状态下服务消费者选择“高价型”策略的概率。若 $q > q^*$，则 $f'(0) > 0$，$f'(1) < 0$。此时

$p^* = 1$，是演化稳定策略，即服务供应商选择高质量策略。反之，$p^* = 0$，是演化稳定策略，即服务供应商选择低质量策略。具体变动趋势如图 3.12 所示。

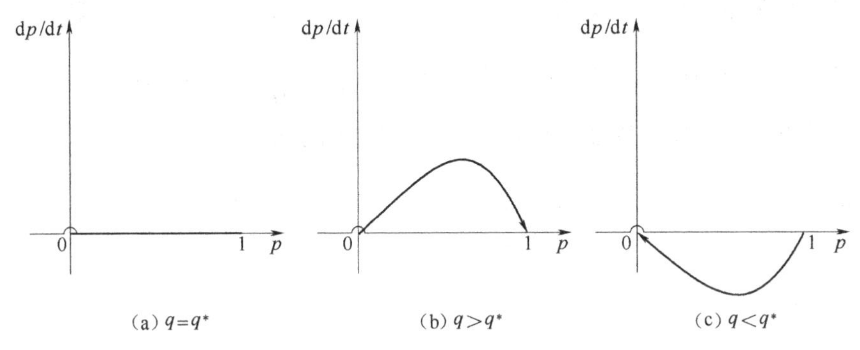

图 3.12 服务供应商群体复制动态图

从图 3.12 可以看出，当服务消费者选择高价型的比例高于临界点$\left(q^* = \dfrac{C_s - f - E}{N_s - H_s}\right)$时，服务供应商选择高质量的概率将会逐渐增加到 1。当服务消费者选择高价型的比例低于这一数值时，服务供应商选择低质量的概率将会逐渐增加到 1。

服务消费者演化稳定策略分析：由式（3.39）和式（3.41）可得服务消费者采用高价型分配策略的复制动态方程为$f(q)$。

$$f(q) = \frac{dq}{dt} = q(U_{21} - \overline{U_2}) = q(1-q)(U_{21} - U_{22}) \tag{3.44}$$

$$= q(1-q)(pN_c + f + E - C_c - pH_c)$$

对$f(q)$求导，则能满足$f'(q) < 0$的点所对应策略即为演化稳定策略（ESS）。对$f(q)$求关于 q 的一阶导数可得

$$f'(q) = (1-2q)(pN_c + f + E - C_c - pH_c) \tag{3.45}$$

式（3.43）中，$\dfrac{dq}{dt}$表明演化博弈的服务消费者群体动态，即选择高价型的概率随时间的变化情况。根据$\dfrac{dq}{dt} = 0$，求出 $q^* = 0$，$q^* = 1$，则 $p^* = \dfrac{C_c - f - E}{N_c - H_c}$，此时所有的 q 都是稳定状态，但是不能确定其是否属于演化稳定策略 ESS，只有$f'(q) < 0$的均衡点才是进化稳定策略（ESS）。当 $p = p^*$ 时，无论 q 为何值时，所有区间［0，1］内的点都是进化稳定策略。此时

的 p^* 就是混合策略均衡状态下服务供应商选择“高质量”策略的概率。若 $p>p^*$，则 $f'(0)>0$，$f'(1)<0$。此时 $q^*=1$，是演化稳定策略，即服务消费者选择高价型策略。反之，$q^*=0$，是演化稳定策略，即服务消费者选择低价型策略。具体变动趋势如图 3.13 所示。从图 3.13 中发现，服务供应商选择高质量的比例大于某临界点（$p^*=\dfrac{C_c-f-E}{N_c-H_c}$）时，服务消费者选择高价型的概率比会逐渐增加到 1，反之则趋向于 0。

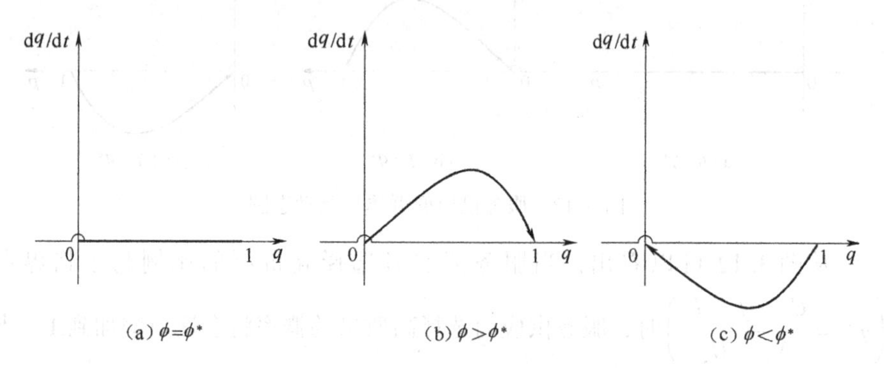

图 3.13　服务消费者群体复制动态图

3.3.4　服务供应商和服务消费者行为的动态演化

雅可比矩阵[88]反映了一个可微方程与给定点的最优线性逼近，通过分析系统的雅可比矩阵，可以判断系统稳定点是否为演化稳定策略[89]。由式（3.43）和式（3.45）可以得到系统的雅可比矩阵为

$$\boldsymbol{J}=\begin{bmatrix}\dfrac{\partial f(p)}{\partial p} & \dfrac{\partial f(p)}{\partial q}\\ \dfrac{\partial f(q)}{\partial p} & \dfrac{\partial f(q)}{\partial q}\end{bmatrix}$$

$$=\begin{bmatrix}(1-2p)(qN_s+f+E-C_s-qH_s) & p(1-p)(N_s-H_s)\\ q(1-q)(N_c-H_c) & (1-2q)(pN_c+f+E-C_c-pH_c)\end{bmatrix} \tag{3.46}$$

通过对式（3.43）和式（3.45）的分析可知，本章据此做出该博弈严谨的相位图，可以看出此演化博弈有 5 个局部均衡点，它们分别是 $(p^*, q^*)=(0,0)$、$(0,1)$、$(1,0)$、$(1,1)$、$\left(\dfrac{C_c-f-E}{N_c-H_c}, \dfrac{C_s-f-E}{N_s-H_s}\right)$。将

这5个局部均衡点带入 J，利用雅可比矩阵的局部分析法得到结果，见表3.6。

表3.6　系统局部稳定分析

均衡点	J 的行列式（符号）	J 的迹（符号）	结果
$p=0, q=0$	$(f+E-C_s)(f+E-C_c)$ (+)	$(2f+2E-C_s-C_c)$ (−)	稳定点
$p=0, q=1$	$-(N_s+f+E-C_s-H_s)*(f+E-C_c)$ (+)	$(N_s-C_s-H_s+C_c)$ (+)	不稳定点
$p=1, q=0$	$-(f+E-C_s)*(N_c+f+E-C_c-H_c)$ (+)	$(N_c-C_c-H_c+C_s)$ (+)	不稳定点
$p=1, q=1$	$(N_s+f+E-C_s-H_s)*(N_c+f+E-C_c-H_c)$ (+)	$(-N_s-2f-2E+C_s+H_s-N_c+C_c+H_c)$ (−)	稳定点
$p=\frac{C_c-f-E}{N_c-H_c}$, $q=\frac{C_s-f-E}{N_s-H_s}$	$\frac{(C_c-f-E)(N_c-H_c-C_c+f+E)}{(N_c-H_c)}*\frac{(C_s-f-E)(N_s-H_s-C_s+f+E)}{(N_s-H_s)}$	0	鞍点

由系统局部稳定分析可知，(0, 0)、(1, 1) 是系统的稳定点，也是系统的进化稳定策略，即ESS；(0, 1)、(1, 0) 为系统的不稳定点；$\left(\frac{C_c-f-E}{N_c-H_c}, \frac{C_s-f-E}{N_s-H_s}\right)$ 为系统的鞍点。

下面结合服务供应商和服务消费者的行为复制动态分析其稳定性。图3.14所示为系统演化博弈路径图[90]，它描述了服务供应商和服务消费者博弈的动态演化过程。由不稳定点 (0, 1)、(1, 0) 和鞍点 E 连成的直线式系统向不同状态演化的分界线，将整个区域划分为4个区域。(0, 0) 和 (1, 1) 是这个博弈的ESS，在没有强大外力的干扰下，图中的Ⅰ区和Ⅱ区为演化稳定区域，Ⅲ区和Ⅳ区为未达到稳定状态。

在Ⅱ区域时，会收敛到 (1, 1) 的稳定策略，即服务供应商会提供高质量的服务，服务消费者会选择高价型的策略，这让云计算中的服务供应商和服务消费者之间的交易进入良性的发展轨道；在Ⅰ区域时，会收敛到 (0,

0）的稳定策略，即服务供应商会提供低质量的服务，服务消费者会选择低价型的策略，此时云计算中的服务供应商和服务消费者之间的交易在自然状态下难以发展。

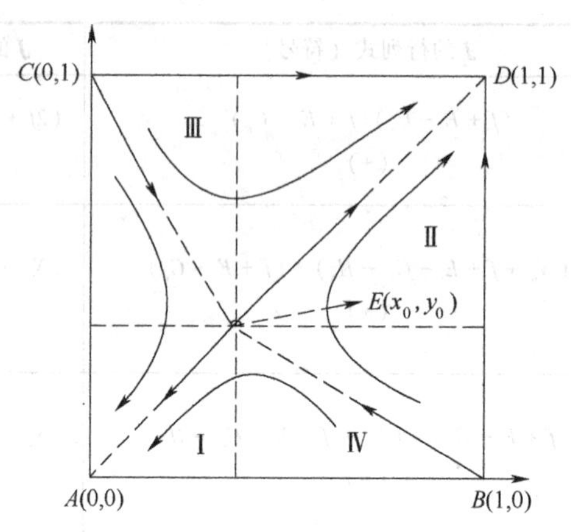

图 3.14　系统演化博弈路径图

因此可以看出，云计算中的服务供应商和服务消费者之间演化博弈的结果具有不确定性，主要受以下两个因素的影响：

（1）服务供应商和服务消费者在博弈发生时的初始状态。如果初始状态位于区域Ⅰ内，则系统状态收敛于（0，0），即服务供应商采取低质量的策略，服务消费者采取低价型的策略。如果初始状态位于区域Ⅱ内，则系统状态收敛于（1，1），即服务供应商采取高质量的策略，服务消费者采取高价型的策略。

（2）区域Ⅰ与区域Ⅱ的面积比。若区域Ⅰ与区域Ⅱ的面积比小于 1，则服务供应商和服务消费者在初始状态位于区域Ⅰ内的可能性高，从而选择高质量和高价型的概率更大；反之，若区域Ⅰ与区域Ⅱ的面积比大于 1，则服务供应商和服务消费者在初始状态位于区域Ⅰ内的可能性高，从而选择低质量和低价型的概率更大。而这两个区域的面积比是由鞍点的位置决定的。鞍点的位置则是由期望收益模型中的多种因素决定的。

由图 3.14 可知，在这 5 个均衡点中，E 点为鞍点，B 点和 C 点是不稳定的源出发点，A 点和 D 点是演化稳定状态。

3.3.5　演化博弈模型的仿真分析

本章通过对博弈支付矩阵赋值并运用 Matlab 软件进行仿真，分析在初始概率下随着各参数变化的动态演化过程[91]。假设博弈支付矩阵中的各参数值是（单位：万元）：在支付矩阵中，服务供应商和服务消费者采取高质量和高价格所获得的直接收益 $N_s=1\ 350$，$N_c=1\ 300$，对违背协议的一方给予的处罚 $f=300$，服务供应商和服务消费者在协议上承诺提供高质量和高价格所付出的成本 $C_s=900$ 和 $C_c=850$，服务供应商和服务消费者在违约后自己所得收益 $H_s=450$ 和 $H_c=400$，优惠补贴 $E=100$。在博弈过程中，构成博弈双方支付函数的某些参数的初始值及其变化将导致演化系统向不同的均衡点收敛。具体参数分析如下。

1. 服务供应商和服务消费者成本参数 C_s 和 C_c

图 3.15 分析了服务供应商和服务消费者成本参数 C_s 和 C_c 的增长对鞍点坐标的影响，继而对服务供应商和服务消费者的演化路径的影响。随着服务供应商的成本 C_s 从 900 依次递增到 1 400，且步长取 10，服务消费者的成本 C_c 从 850 依次递增到 1 300，且步长取 10，鞍点坐标最终由 $E(0.5, 0.5)$ 变到 $E'(1.0, 1.0)$，因而向着（高质量，高价型）的方向演化的面积 CDE 变成了 0（即 CDE' 面积为 0），面积减少了 CDE，使得系统收敛于均衡点；向着（低质量，低价型）的方向演化的面积 CEA 变成了 CAE'，面积增加了 CEE'，使得系统收敛于均衡点 D 的概率减少，收敛于均衡点 A 的概率增加，服务供应商和服务消费者向着（低质量，低价型）的方向演化。

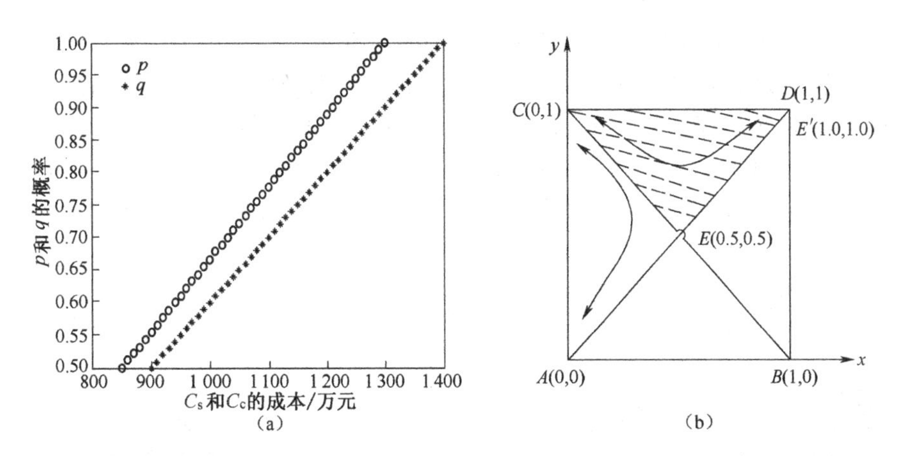

图 3.15　参数 C_s 和 C_c 的增加对服务供应商和服务消费者的演化路径的影响

2. 服务供应商和服务消费者违约收益参数 H_s 和 H_c

图 3.16 分析了服务供应商和服务消费者违约收益参数 H_s 和 H_c 的增长对鞍点坐标的影响。随着服务供应商的违约收益参数 H_s 从 350 依次递增到 750，且步长取 7，服务消费者的违约收益参数 H_c 从 400 依次递增到 800，且步长取 7，鞍点坐标最终由 $E(0.5, 0.5)$ 变到 $E'(0.898\ 2,$

0.831 9)，因而向着（高质量，高价型）的方向演化的面积 CDE 变成了 CDE'，面积减小了；向着（低质量，低价型）的方向演化的面积 CAE 变成了 CAE'，面积增加了 CEE'，使得系统收敛于均衡点 A 的概率增加，收敛于均衡点 D 的概率减少，服务供应商和服务消费者向着（低质量，低价型）的方向演化。

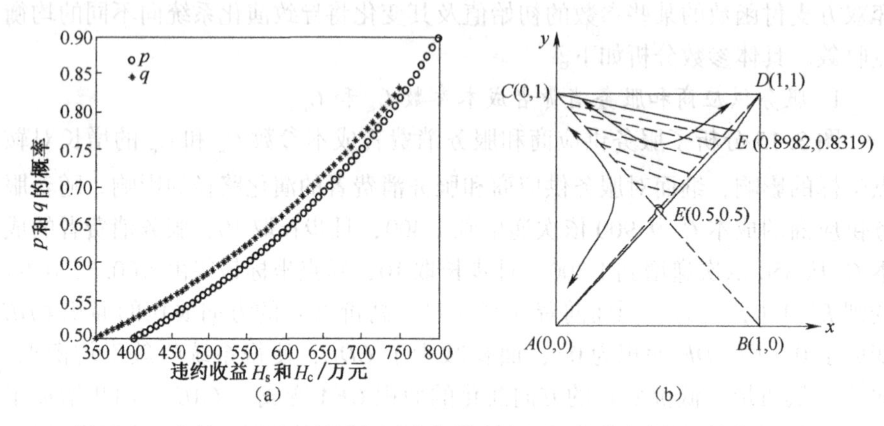

图 3.16 参数 H_s 和 H_c 的增加对服务供应商和服务消费者演化路径的影响

3. 对违背协议的一方给予的处罚参数 f

图 3.17 分析了服务供应商和服务消费者在签订的协议上，如果任意一方违背了协议都会受到相应的处罚 f 的增长对鞍点坐标的影响，随着处罚金额 f 从 300 依次递增到 750，且步长取 10，鞍点坐标最终由 $E(0.5, 0.5)$ 变到 $E'(0, 0.05)$，因而向着（高质量，高价型）的方向演化的面积 CDE 变成了 CDE' 面积增加；向着（低质量，低价型）的方向演化的面积 CAE 变成

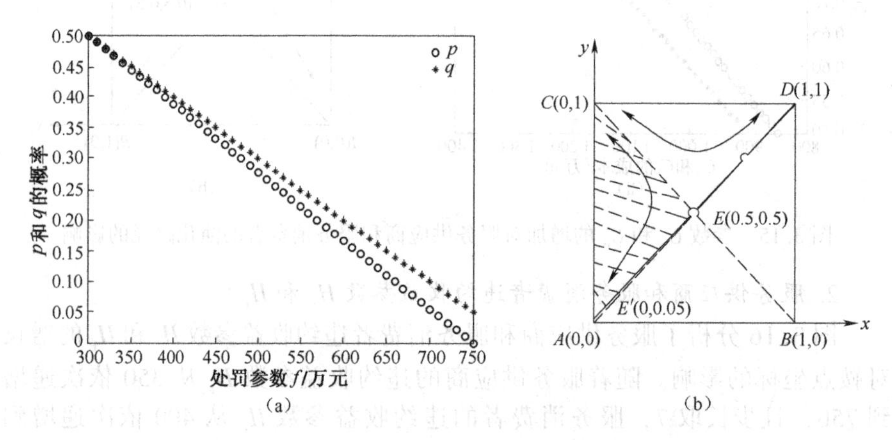

图 3.17 参数 f 的增加对服务供应商和服务消费者的演化路径的影响

了 0（即 CAE'面积为 0），面积减少了 CAE，使得系统收敛于均衡点 D 的概率增加，收敛于均衡点 A 的概率减少，服务供应商和服务消费者向着（高质量，高价型）的方向演化。

4. 优惠补贴参数 E

图 3.18 分析了优惠补贴参数 E 的增长对鞍点坐标的影响，随着优惠补贴 E 从 100 依次递增到 350，且步长取 5，鞍点坐标最终由 $E(0.5,\ 0.5)$ 变到 $E'(0.2222,\ 0.25)$，因而向着（高质量，高价型）的方向演化的面积 CDE 变成了 CDE'，面积有所增加；向着（低质量，低价型）的方向演化的面积 CAE 变成了 CAE'，面积减少了 CEE'，使得系统收敛于均衡点 D 的概率大幅增加，收敛于均衡点 A 的概率大幅减少，服务供应商和服务消费者向着（高质量，高价型）的方向演化。

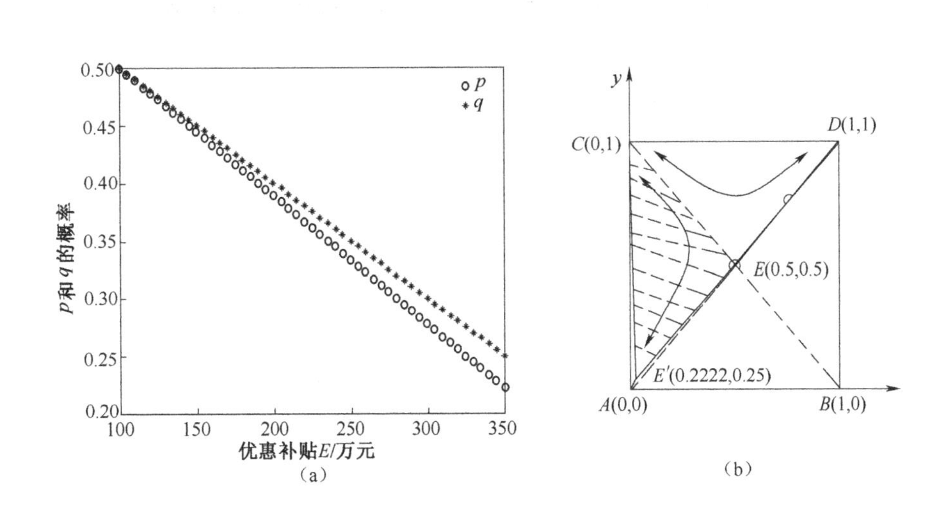

图 3.18　参数 E 的增加对服务供应商和服务消费者的演化路径的影响

5. 服务消费者采取高价格的直接收益参数 N_c

图 3.19 分析了服务消费者采取高价格的直接收益参数 N_c 的增长对鞍点坐标的影响，随着服务消费者的直接收益 N_c 从 1 300 依次递增到 1 500，且步长取 5，鞍点坐标最终由 $E(0.5,\ 0.5)$ 变到 $E'(0.4091,\ 0.5)$，因而向着（高质量，高价型）的方向演化的面积 CDE 保持不变；向着（低质量，低价型）的方向演化的面积 CAE 变成 CAE'，面积减少了 $AECE'$，使得系统收敛于均衡点 D 的概率不变，收敛于均衡点 A 的概率减少，服务供应商和服务消费者向着（高质量，高价型）的方向演化。

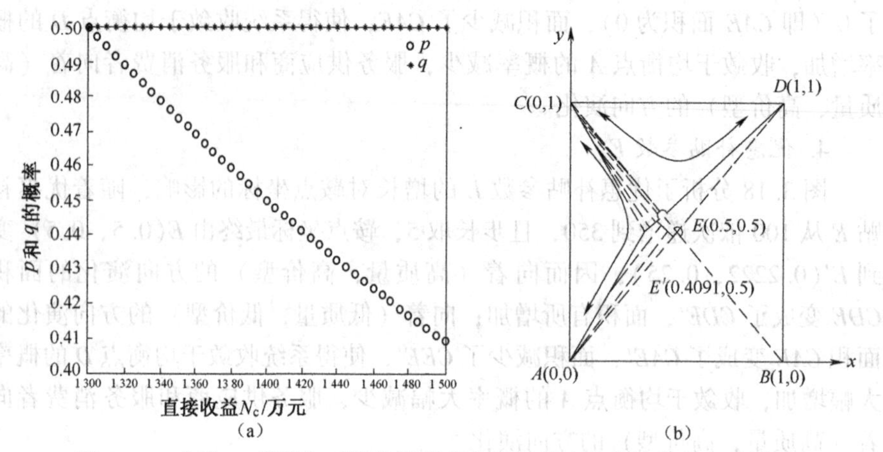

图 3.19 参数 N_c 的增加对服务消费者和服务供应商的演化路径的影响

第4章 基于排队论的SLA服务监视

4.1 云平台SLA监视研究现状

云用户依据其自身的资源请求，他们需要将服务需求应用于由多个云服务供应商组成的云市场，并通过云平台SLA监视处理这些需求。云平台需要对SLA进行监控、评估等管理，并根据评估结果对云资源进行优化。对云平台中虚拟资源的分配优化管理将会提高服务的高效性。不同SLA标准的服务可能提供相同的功能给用户，SLA的自动化管理就显得非常重要。考虑到云平台的SLA管理问题，排队论[92-93]有利于解决其SLA监视问题。

排队论可以应用于云平台、计算机网络等资源共享的随机服务系统，而当排队论应用于云平台这一资源共享的随机服务系统时，通过对服务对象的到来和服务时间进行统计研究，得到平均队长、平均排队长、平均逗留时间、平均等待时间等相关数量指标的统计规律。因此，考虑引入排队论研究解决云平台的SLA管理体系结构中的SLA监视问题。

文献［94］提出了一种基于排队论的模型来研究云计算中的QoS问题，由于提供有保证的QoS能力是云计算平台商业成功至关重要的因素，通过提出一种基于排队论的模型来研究云计算的计算机服务QoS，而云平台的建模与一个开放的杰克逊网络用来确定和测量在考虑响应时间的情况下的云计算的QoS保证，并根据不同的参数执行，如客户服务的到达率以及处理服务器的数量与服务率，给出了该模型的详细结果。

文献［95］针对虚拟化这一云计算的关键技术提高了资源的可用性，提供了高度的灵活性和成本效益，然而，基于驱动域的网络I/O虚拟化表现出较差的网络性能，给出了基于虚拟机的网络性能评估，提出了一种基于数据包聚合机制，并提出一种基于排队论的系统建模方法来改进云计算的网络

I/O 虚拟化，当 SLA 在协商时，考虑潜在用户的信息，使得云服务供应商能确定云用户的优先级（例如，内部用户优于外部用户，优惠用户优于普通用户），并介绍了两个协商策略。

文献［96］利用排队博弈模型，提出应用于 SaaS 云中的服务调度方案，其目标是通过控制服务请求是否加入或拒绝支付与控制入场费价值，以最大化云计算平台的回报，首先把云计算平台作为一个虚拟机，依据一个固定的入场费分布，分析队列的最佳长度，如果一个新的服务请求的位置数大于队列的最佳长度，它会被阻止，否则，它会被允许加入。

文献［97］应用排队系统实现云计算数据中心的性能分析，云计算模型的发展需要对云计算数据中心的精确绩效评价，由于云中心的本质和用户请求的多样性使得云中心的精确建模不可行，通过描述一种新的近似解析模型为云服务器性能评估，并获得请求响应的时间和其他重要的性能指标等的完全概率分布的精确估计，该模型允许云计算运营商确定服务器和输入缓冲区的大小的数目之间的关系，且与性能指标（例如，系统中的任务数、平均阻塞概率和任务获得即时服务的概率等）有关。

文献［98］考虑到自动分配的企业工作流负载资源可以通过预测不同分配的情况下的响应时间来增强，实验研究历史分层排队性能模型，并展示它们如何能够提供一个良好的支持水平，研究基于云工作流负载的资源管理算法，并通过实验来验证其有效性。

由国内外研究现状可知，对于云平台的 SLA 管理问题，在云平台 SLA 监视的工作流程中，有限的云服务代理要处理云市场中不同云用户对不同云服务供应商的大量服务请求，排队论将有利于具体研究解决云平台的 SLA 监视问题。通过应用排队论，提出适合 SLA 监视的排队方法，研究用于云平台 SLA 监视的排队系统，实现云用户排队和云服务代理处理。

4.2 用于云平台 SLA 管理的云服务代理

无论云计算采用哪种服务或其他层次服务，在云平台中，云服务提供商旨在为云用户提供 SLA 支持的服务质量 QoS 保证。而 SLA 作为合同的一种，它既可以用纸质合同展现出来，也可以通过电子文档来展现。在实际应用中，通常是将 SLA 中规定的参数写入 XML 文档中，就可以存入计算机中。为了定义 SLA 合同，需要 QoS 参数来定义 SLA 模版[99]。一般通过 QoS 参数建立 SLA 模版与 SLA 合同之间的映射规则[100]。这个模版既定义所有的服务参数，还包含完成合同的细节。QoS在Web服务中已经相当成熟，由于QoS在Web服务的整个生命周期中起着相当关键的作用，为了保证Web服务的服务等级，要对服务本身的输入/输出、功能及上下文环境等元素进行语义描述。

4.2.1　云平台的SLA管理

云计算环境下服务的本质与传统互联网的本质是完全不同的，用户对于服务的期望也是不同的，SLA虽然在Web服务端已经非常成熟，但是云服务需要一个不同于Web服务的SLA管理框架。对于云平台上应用程序的SLA管理，它一般包括以下5个阶段。

（1）可行性分析。云平台上的应用程序的可行性研究涉及技术可行性、基础设施的可行性、财务可行性3种。包括上述3个可行性研究结果在内的可行性报告是与云用户进一步沟通的基础。一旦云服务供应商和云用户同意该报告的调查结果，将进入下一个阶段。

（2）应用程序的启用。一旦云用户同意服务等级目标（Service Level Objective，SLO）的设置和成本开销，用于应用程序自动化管理的数据中心需要创建不同的策略。这意味着，当应用程序负载增加或减少，管理系统应自动推断系统资源应该分配或释放来自或到达应用程序的适当组件。这些策略包括业务策略、操作策略、配置策略3种类型。

（3）应用程序的试生产。一旦前阶段讨论完成的策略确定后，应用程序则会驻留在模拟生产环境。它有利于云用户确认和验证应用程序在运行时的动态特性和对SLA的认可。一旦云服务供应商和云用户双方同意SLA的成本、条款和条件，客户签署的结果便实际得到了。这一阶段成功完成后，应用程序便可以上线。

（4）应用程序的生产。在这个阶段，应用程序在约定的SLA情况下对于最终的云用户而言是可以访问的。然而，有可能的情况下，被管的应用程序在生产环境中的表现与预生产环境中的表现相比可能会有所不同。这反过来又可能导致在SLA提到条款和条件的持续违约。如果应用程序经常违反SLA或者云用户要求约定一个新的SLA，阶段（2）应用程序的启用需要重新进行。在前者的情况下，应用程序的启用进程是重复的分析和对SLA的实现其政策的应用。在后者的情况下，一套新的策略将被制定以满足SLA的新条款和条件。

（5）应用程序的终止。当云用户不希望继续使用应用程序，欲退出应用程序，将启动终止进程时。在启动终止进程时，所有的应用程序相关的数据传送给云用户，只有必要的信息从法律法规的角度被保留了。

图 4.1 给出云服务等级协议的基本框架，进而在已有的云服务等级协议（Cloud Service Level Agreement，CSLA）基本框架图的基础上，图 4.2 提出云服务等级协议的分层体系结构。

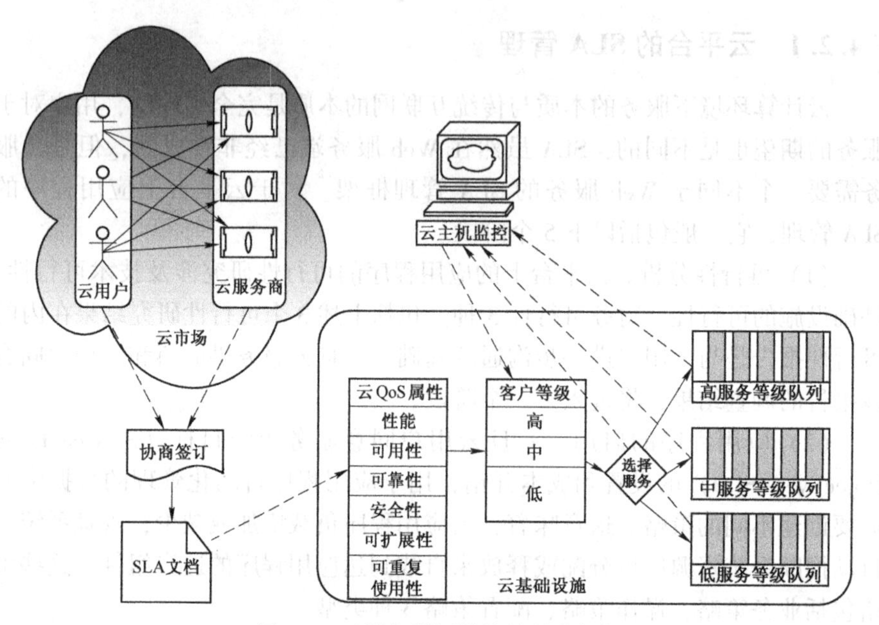

图 4.1 云服务等级协议的基本框架

如图 4.1 和图 4.2 所示，对于云服务等级协议而言，IaaS 层资源包括带宽资源、计算资源和服务资源等，并且 IaaS 层的资源可以被 PaaS 层资源调用，从而实现通用支持环境，通用中间件。SaaS 层资源实现行业公共服务、行业专业服务等多层次的管理和组合，直接为多用户的服务调用提供应用，满足用户的需要。在云平台上实现面向 SaaS 的 SLA 管理是保证云平台高效运行的重要一步。

图 4.3 给出面向 SaaS 的 SLA 模块框架图。如图 4.3 所示，云用户进入云平台后，根据自己的需求可以与云服务出租商之间进行 SLA 预协商，用户提交特定的 QoS 参数给 QoS 服务查询模块进行查询，包括提交待定的 QoS 参数和匹配 QoS 模块，通过 SLA 识别与抽取模块进行 SLA 抽取识别，反馈给 SLA 协商模块。生成的 SLA 协商文档通过 SLA 查询模块将云用户的需求与本地模型中已有服务的 SLA 模块进行比较，生成包含云服务参数的不完全的 SLA 文档。SLA 文档会反馈给双方进行反复协商，直到双方满意生成最终的 SLA 文档。

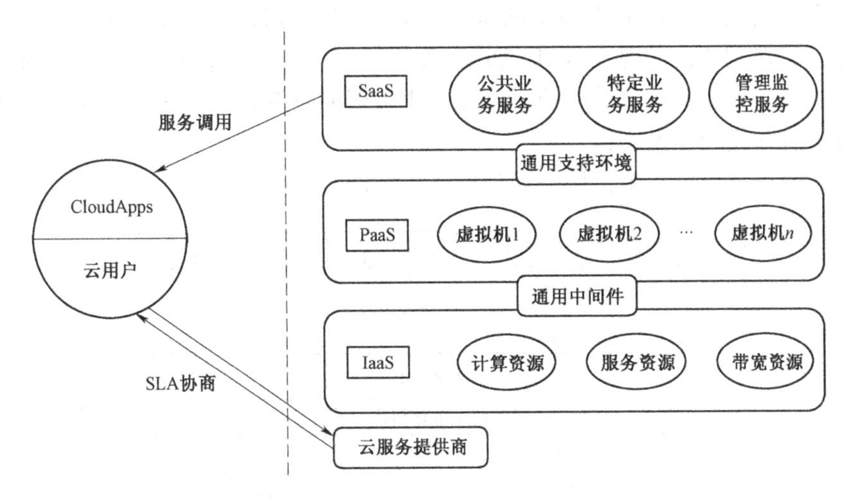

图 4.2　云服务等级协议的分层体系结构

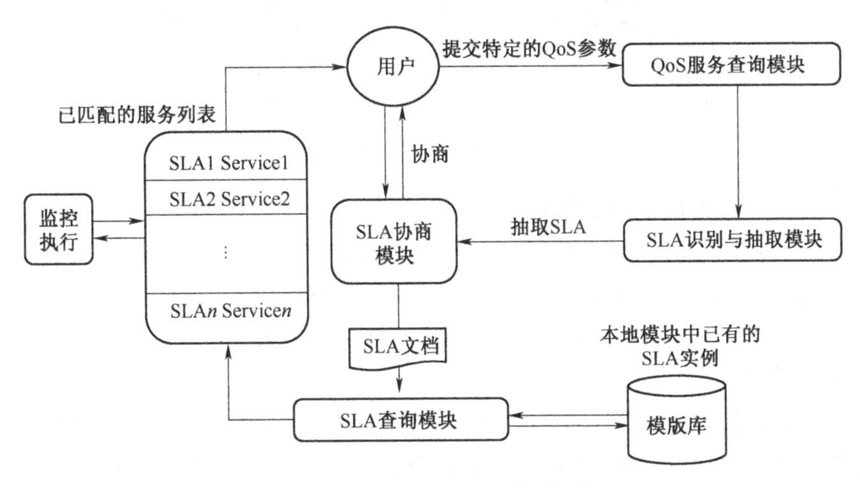

图 4.3　面向 SaaS 的 SLA 模块框架图

4.2.2　云服务代理的体系结构

现有研究表明，云平台的 SLA 管理是当前云计算领域的一个热点问题，而云服务需要一个不同于 Web 服务的 SLA 管理框架，云平台的 SLA 管理具有比较重要的研究意义，可以通过代理的方式实现。因此，在云平台 SLA 管理的背景下，引入云服务代理，它实际上是一个代理机构，使得云用户和云供应商之间的协商等服务关系更加优化。云服务代理的主要目标之一在于通过 SLA 参数的协商（价格和质量）为云用户找到最合适的云服务供应商。

云服务代理是处理不同类型的服务所必需的，为特定的用户选择适当的资源，管理SLA，发现SLA违规的服务监控。云用户如何选择最合适的云服务供应商，并且通过价格协商谁能提供最好的资源，在这里提出基于中间件的云服务代理体系结构。

图4.4给出一个云服务代理的体系结构。

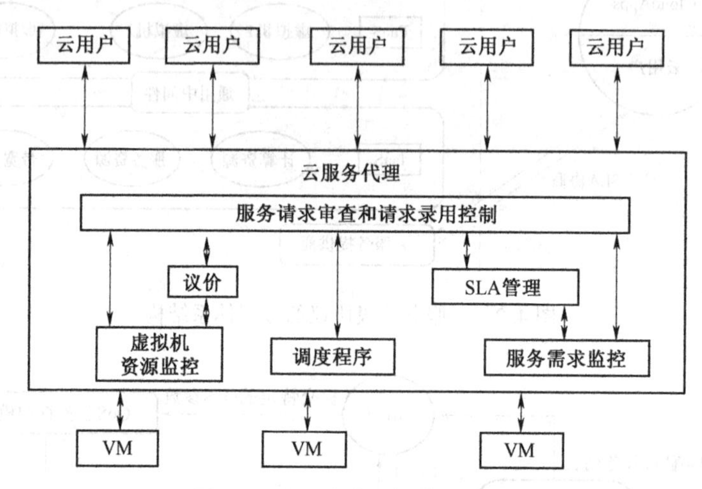

图4.4　云服务代理的体系结构

云服务代理包括以下角色：

（1）用户群体：企业用户、合作伙伴用户等。

（2）云端供应商：SaaS、IaaS、PaaS 、公有云、私有云、混合云等。

（3）云平台功能：服务目录、整合、配置、安全、管理、报告、支援、成本分析/账单等。

云服务代理应实现云平台SLA的统一描述。由IBM提出的WSLA是一种基于XML的可扩展的语言，具有较强的灵活性，是针对Web Service领域的一种规范。图4.5给出了典型的XML格式的SLA文档说明书。

如图4.5所示，在XML格式的SLA文档说明书中，各参数有一系列的数据类型和对象属性，这些数据类型和对象属性决定了SLA的特点。

首先，定义SLA的参数p的数据类型和对象属性的集合如下：

$$f(p)=\{p \mid t, vp\} \cup \{sd \mid sp, slo\} \cup \{vh \mid pd, ao\} \tag{4.1}$$

其中，集合$f(p)$中的t和vp分别表示SLA的租户和租期；集合sd中的sp表示服务描述参数，slo由集合$slap$和集合ep组成；集合vh中的pd和ao分别表示违例处理中的谓词和行为。

接着，定义SLA的参数p的服务等级集合如下：

```
<Property 属性>
  <Tenement>租户</Tenement>
  <Validity Period>有效期</Validity Period>
</Property>
<Service Description 服务描述>
  <Service Parameter>服务描述参数</Service Parameter>
  <Service Level Object 服务等级目标>
          <SLA Parameter SLA参数>
                 <Metrics>度量</Metrics>
                 <Function>功能函数</Function>
                 <Operand>操作数</Operand>
                 <Measurement Service>服务测量</Measurement Service>
          </SLA Parameter>
          <Expression 参数表达式>
                 <Threshold>参数阈值</Threshold>
          </Expression>
    </Service Level Object>
</Service Description>
<Violation Handing 违例处理>
     <Predicate>谓词</Predicate>
     <Action>行为</Action>
</Violation Handing>
```

图4.5　典型的XML格式的SLA文档说明书

$$slo(p) = \{slap \mid mt,\ f,\ op,\ ms\} \cup \{ep \mid th\} \tag{4.2}$$

其中，mt 表示度量尺度；f 为功能函数参数；op 为操作数；ms 表示服务测量；集合 ep 为参数表达式相，th 为参数阈值。$f(p)$ 为 SLA 的外部参数，$slo(p)$ 为内部参数。其中用户的输入的文本参数可表示为 $\bar{p} = (p_1,\ p_2,\ \cdots,\ p_n)$，则文本参数和 SLA 的 XML 参数的相似度可以表示为

$$\text{ParmSim}(f(p),\ \bar{p}) = \frac{k * |f(p) \cap \bar{p}|}{|f(p) \cap \bar{p}| + |f(p) \cup \bar{p}|} \tag{4.3}$$

评估文本参数和 SLA 的 XML 参数的相似度是非常必要的，因为云端的 SLA 识别和抽取模块需要从云用户的输入参数中提取相关的域，并设定 SLA 各个域的参数值。作为 SLA 识别和抽取模块的核心功能，上述公式首先评估云用户输入的文本参数，若该文本参数和 SLA 的 XML 模型本体相似度大于一个预先设定的阈值，则将云用户的文本参数赋值到相关域中，反之，则向云用户返回评估文本参数和 SLA 的 XML 参数的相似度过程中相关的错误状态，提示云用户：参数未被采纳。

4.2.3 云平台 SLA 协商的博弈过程

云平台的 SLA 协商涉及三类角色，即云用户、云服务代理和云服务提供商，其中，云服务代理用于优化云市场中的云用户与云服务提供商之间的协商流程，以便产生由双方共同决定的 SLA 文档。对于由云用户与云服务供应商组成的云市场而言，云服务代理扮演着重要角色，将处理云用户对云服务供应商的资源请求。具体而言，通过由云服务代理完成 SLA 文档管理、选择与协商的工作，最终实现云平台的 SLA 协商功能。本章将博弈论应用于云平台 SLA 协商中，提出的博弈方法旨在帮助云服务代理减低双方协商的复杂度。

云服务代理 SLA 协商可以看作是云用户和云服务供应商之间的议价过程，最后生成的协议由双方共同决定。如果双方仅仅是单一的交互过程，协商可能并不会有结果；反复协商直达最后目标的过程也是耗费财力和时间的。因此，不同的参数设置和双方利益的分歧使得双方很难轻易地达成一个共同的协议。云服务代理的出现可以为双方提供帮助，减少协商中不必要的浪费，提出一个双方同意的最优化方案。

目前，博弈论已经在计算机科学领域中发挥着越来越重要的作用，可以用于研究解决云平台 SLA 管理体系结构中的 SLA 协商问题。云服务代理旨在具体协商过程中的使用可以减少云用户和云服务供应商双方协商的复杂性，通过将博弈论应用于云平台 SLA 协商中，云服务代理估算 SLA 的最优值和双方的满意度，进而优化云用户与云市场中的云服务提供商之间的协商流程，以便产生由双方共同决定的 SLA 文档。通过由云服务代理完成 SLA 文档管理、选择与协商的工作，最终实现云平台的 SLA 协商功能。

图 4.6 给出云平台 SLA 协商的博弈过程。如图 4.6 所示，云市场中的云用户与云服务提供商分别将博弈策略实施提交给云服务代理，然后，由云服务代理完成 SLA 协商的博弈过程，制定由双方共同决定的 SLA 文档，最后将博弈结果反馈给云市场中的云用户与云服务提供商。

4.2.4 云平台 SLA 协商的工作流程

云服务的多样化也将带来商业经营模式的改革，云服务供应商和云用户在传统的供需关系上也将有进一步突破。云服务中常见的按需支付商业模式，由云服务供应商提供云用户需要租用的资源，云用户在控制成本最低的情况下租用实际需要的资源。云计算技术的一些特殊性能决定了它不同于传统的网络计算，SLA 在目前的云服务商业模型中依旧占据了重要的地位。在

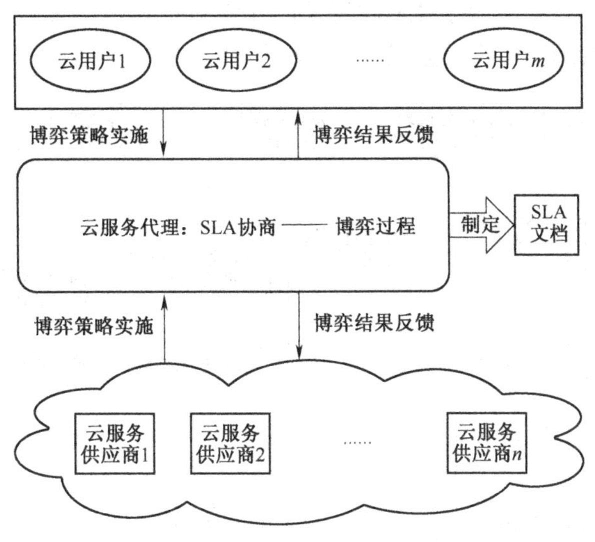

图 4.6 云平台 SLA 协商的博弈过程

SLA 的基础上建立云服务代理的模型，将会为云用户找到更适合自己的服务，也将会降低服务的成本。

现在的云用户可以有很多云服务选择，如亚马逊的 EC2、谷歌应用引擎等，它们都以特定的价格来完成云用户的需求。云用户对资源应该有适当的估值，但是他们只能定义需求，对于价格的评估是难以做到的。关于云计算中 SLA 标准化的工作已有一些研究工作，例如，IBM 提出的 Web 服务等级协议 WSLA 描述了 Web 服务的 SLA。但是，由于云具有的动态特性，这就需要不停地进行 QoS 参数监控来保障 SLA。图 4.7 给出云服务代理的 SLA 协商示意图。

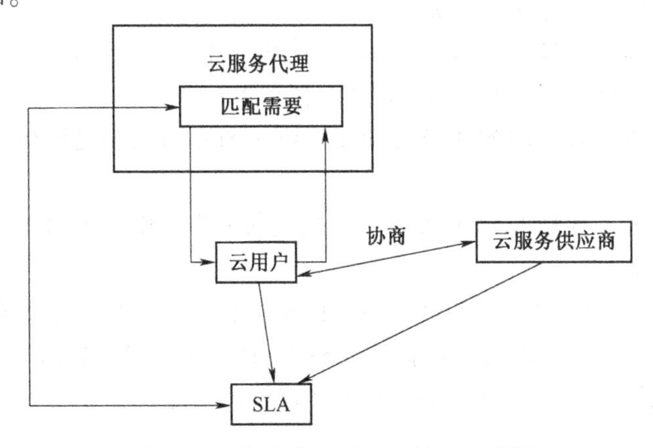

图 4.7 云服务代理的 SLA 协商示意图

图 4.8 给出云平台的 SLA 监视功能在实施过程中，云用户与云市场之间 SLA 文档管理、供应与监视的工作流程图。

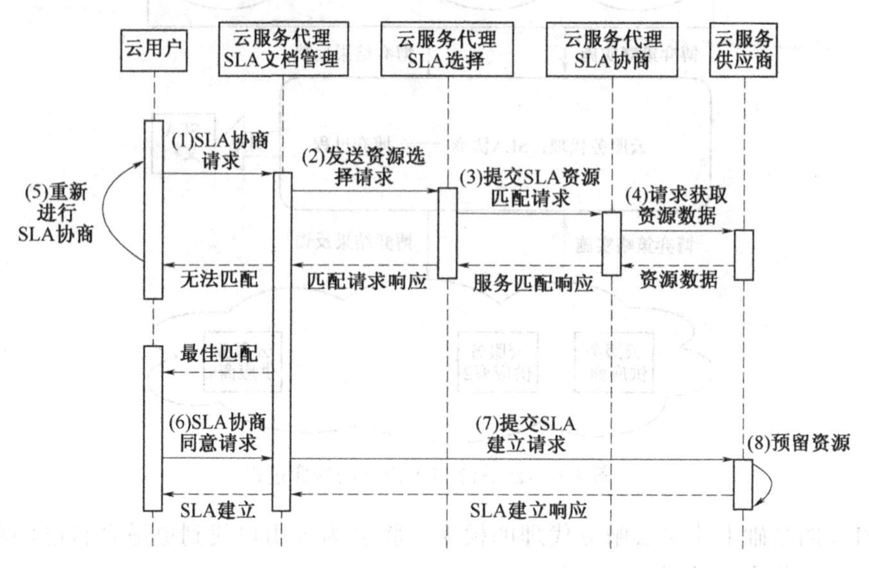

图 4.8　云平台 SLA 协商的工作流程图

如图 4.8 所示，云平台的 SLA 协商涉及三类角色，即云用户、云服务代理和云服务提供商，其中，由云服务代理完成 SLA 文档管理、选择与协商的工作，最终实现云平台的 SLA 协商功能，主要包括以下 8 个步骤：

（1）云用户向云服务供应商发送 SLA 协商请求，而 SLA 的签署都是一个云用户与云市场的云服务提供商双方博弈的过程，即云由云服务供应商提供云用户需要租用的资源，而云用户在控制成本最低的情况下租用实际需要的资源这种按需支付的商业模式。

（2）云服务代理的 SLA 文档管理功能模块向 SLA 选择功能模块发送云市场中云用户对云服务供应商的资源选择请求。

（3）云服务代理的 SLA 选择功能模块向 SLA 协商功能模块提交 SLA 资源匹配请求。

（4）云服务代理的 SLA 协商功能模块向云市场中的云服务供应商请求获取资源数据。

（5）云市场中的云服务供应商返回响应报文，如果是最佳匹配，转入步骤（6），否则无法匹配，重新进行 SLA 协商，转入步骤（1）。

（6）云用户向云服务代理的 SLA 文档管理功能模块发送 SLA 协商同意请求。

(7) 云服务代理的SLA协商功能模块向云市场中的云服务供应商提交SLA建立请求。

(8) 云市场中的云服务供应商按照云用户的SLA协商同意请求，预留资源，返回响应报文给云用户，最终建立SLA。

云平台是面向多种云用户的，不同云用户对于服务质量的水平要求各有差异。通过QoS的参数评估，也可以定义用于云平台的服务等级，对于高危用户的防御和系统的安全性有必要的作用。SLA的签署实际上是一个双方博弈的过程，在云用户和云供应商的SLA自动协商阶段需要博弈方法的支持。虽然博弈的环境不同，但本质是不变的，一些环境下需要博弈的双方互换位置。博弈论已经在计算机科学领域中发挥着越来越重要的作用，可以用于研究解决云平台的SLA协商问题。通过应用博弈论分析可知，云服务代理提供的SLA协商功能，实质上是云用户与云市场中的云服务供应商之间的博弈过程，包括博弈双方的策略实施与博弈结果的双向反馈，最终旨在制定SLA文档。

4.2.5 云服务代理的SLA监视功能

对于由云市场中的云服务供应商而言，云服务代理扮演着重要角色，将处理云用户的资源请求。图4.9给出云服务代理的云平台SLA监视模块。

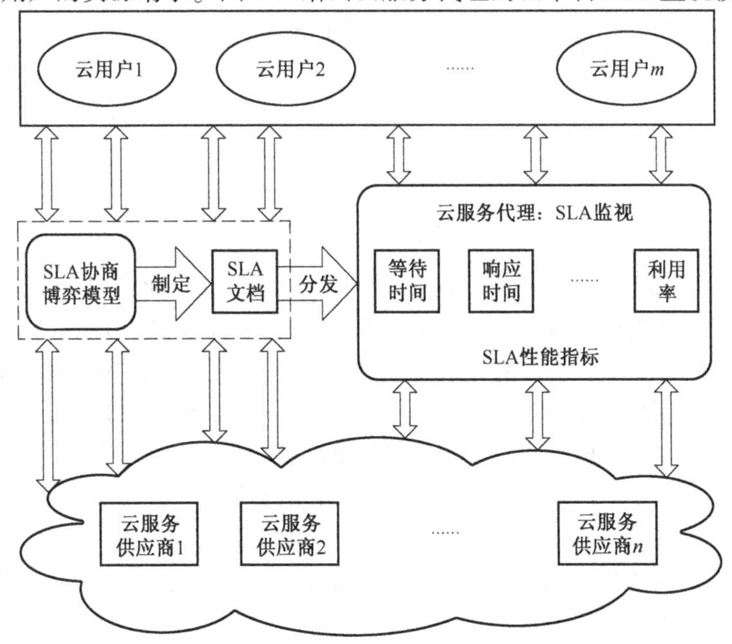

图4.9 云服务代理的云平台SLA监视模块

如图 4.9 所示，云服务代理的云平台 SLA 监视模块，利用 SLA 协商的博弈方法制定云服务供应商与云用户之间的 SLA 文档，通过分发，作为云服务代理 SLA 性能指标监视（包括等待时间、响应时间和利用率等）的依据。

图 4.10 给出云平台的 SLA 监视功能在实施过程中，云用户与云服务供应商之间 SLA 文档管理、供应与监视的工作流程图。

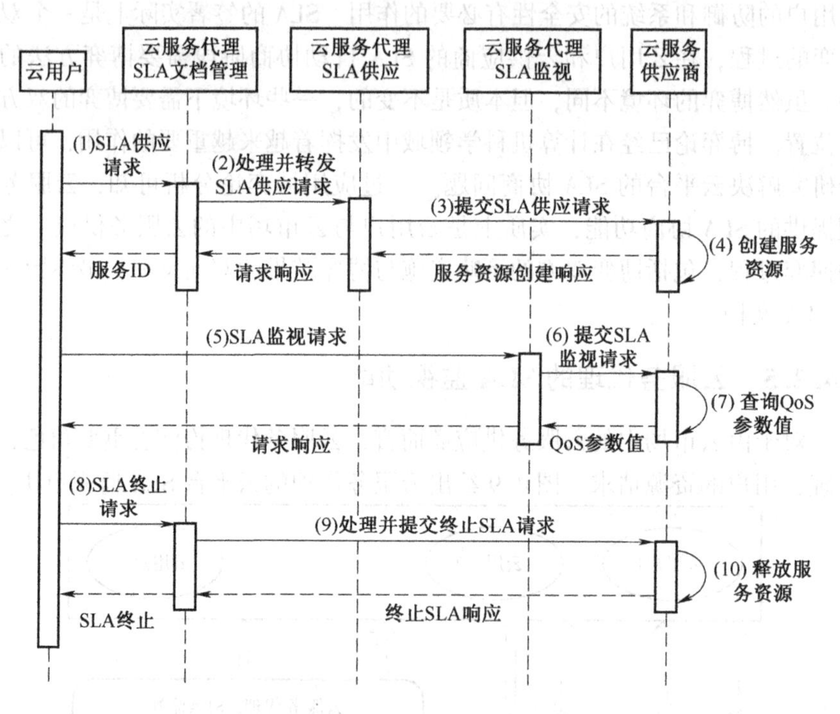

图 4.10　云平台 SLA 监视的工作流程图

如图 4.10 所示，云平台 SLA 监视涉及三类角色，即云用户、云服务代理和云服务供应商，其中，由云服务代理完成 SLA 文档管理、供应与监视的工作，最终实现云平台的 SLA 监视功能，主要包括以下 10 个步骤：

（1）云用户向云市场发送 SLA 供应请求，需要 SLA 供应的云用户根据自己的需求向云市场中的云服务供应商提出服务申请这个过程需要借助于云服务代理，云服务代理将处理云用户的 SLA 供应请求，并最终提交给云服务供应商。

（2）云服务代理的 SLA 文档管理功能模块处理并向 SLA 供应功能模块转发该 SLA 供应请求。

（3）云服务代理的 SLA 供应功能模块向云市场中的云服务供应商提交 SLA 供应请求。

（4）云市场中的云服务供应商按照云用户的 SLA 供应请求创建服务资源，并将该服务 ID 通过响应报文返回云用户。

（5）云用户发送 SLA 监视请求，需要 SLA 监视的云用户根据自己的需求向云市场提出服务申请这个过程需要借助于云服务代理，云服务代理将处理云用户的 SLA 监视请求，并最终提交给云市场中的云服务供应商。

（6）云服务代理的 SLA 监视功能模块向云市场中的云服务供应商提交 SLA 监视请求。

（7）云市场按照云用户的 SLA 监视请求，查询 QoS 参数值，并将 QoS 参数值通过响应报文返回云用户。

（8）云用户发送 SLA 终止请求，需要 SLA 终止的云用户根据自己的需求向云市场提出服务申请这个过程需要借助于云服务代理，云服务代理将处理云用户的 SLA 终止请求，并最终提交给云市场中的云服务供应商。

（9）云服务代理的 SLA 文档管理功能模块处理并向云市场中的云服务供应商提交终止 SLA 请求。

（10）云市场中的云服务供应商按照云用户的 SLA 终止请求，释放服务资源，并发送响应报文，最终终止 SLA。

在图 4.10 所示的云平台 SLA 监视的工作流程中，有限的云服务代理要处理大量云用户对云市场中云服务供应商的服务请求。因此，考虑应用排队论，提出适合 SLA 监视的排队系统，研究用于云平台 SLA 监视的排队系统，实现云用户排队和云服务代理处理。

4.3　云平台 SLA 监视的排队系统

在云服务代理中，一个重要功能是 SLA 监视功能。云用户依据其自身的资源请求，他们需要将服务需求应用于由包括多个云服务供应商的云市场，而云服务代理将处理这些需求。云平台 SLA 监视涉及三类角色，即云用户、云服务代理和云服务提供商，其中，由云服务代理完成最终实现云平台的 SLA 监视功能。在这种情况下，应用排队论来实现 SLA 监视。本章将提出适合 SLA 监视的排队系统，研究用于云平台 SLA 监视的排队系统，最终实现云用户排队和云服务代理处理。

4.3.1 用于云平台 SLA 监视的排队系统

目前，排队论已经应用于云平台、计算机网络等资源共享的随机服务系统，可以用于研究解决云平台的 SLA 管理体系结构中的 SLA 监视问题。在图 4.9 所示的云服务代理的云平台 SLA 监视模块与图 4.10 所示的云平台 SLA 监视的工作流程的基础上应用排队论，图 4.11 给出用于云平台 SLA 监视的排队系统，实现云用户排队和云服务代理处理。

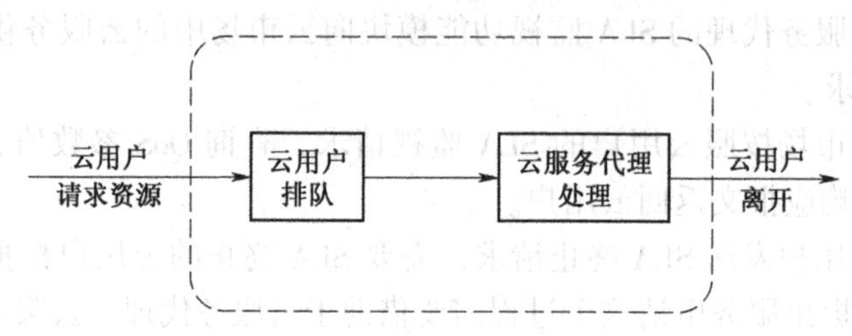

图 4.11 用于云平台 SLA 监视的排队系统

对于图 4.11 所示的用于云平台 SLA 监视的排队系统而言，它包括以下三个组成部分：

(1) 输入过程。在该排队系统中，具体指的是云用户请求资源的规律性。例如，云用户可能是有限的，也可能是无限的，或者云用户请求资源可能是相互独立的，也可能是相互关联的。

(2) 排队规则。具体指的是到达该排队系统的云用户将按照怎样的规则排队，以等待云服务代理处理。表 4.1 给出在该排队系统中云用户的三种排队规则。

表 4.1 云用户的三种排队规则

云用户的排队规则	说 明
等待制	当云用户到达时，如果所有的云服务代理均在处理中，云用户便排队等待，直到由云服务代理处理完成后才离开
损失制	当云用户到达时，如果所有的云服务代理均在处理中，云用户立刻离开
混合制	当云用户到达时，如果所有的云服务代理均在处理中，云用户既有等待也有损失

(3) 服务过程。在该排队系统中，具体包括云服务代理的服务机构和服务规则两部分。对于云服务代理的服务机构而言，主要有单个云服务代理、多个云服务代理并联（每个云服务代理同时为不同云用户服务）和多

个云服务代理串联（多个云服务代理依次为同一云用户服务）等类型。表4.2给出云服务代理的四种服务规则。

表4.2　云服务代理的四种服务规则

云服务代理的服务规则	说　明
先来先服务 FCFS	表示云服务代理首先处理先来的云用户的资源请求
后来先服务 LCFS	表示云服务代理首先处理刚来的云用户的资源请求
随机服务	表示云服务代理随机选择处理云用户的资源请求
优先服务	表示云服务代理首先处理级别高的云用户的资源请求

图4.12给出用于云平台SLA监视的资源队列。

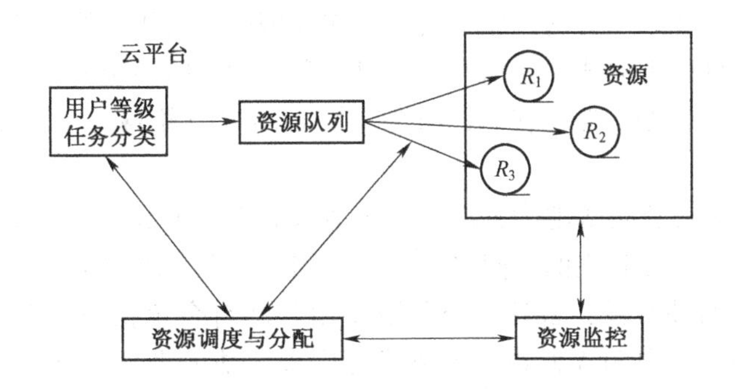

图4.12　用于云平台SLA监视的资源队列

如图4.12所示，用于云平台SLA监视的资源队列应用的基本思路如下：

（1）对于分级以后的客户，需要选择队列等候分配资源，在这里会使用排队论。排队的策略会依据客户的等级制定。

（2）构造多个队列排队的模型，分析系统的工作性能。

（3）根据给予的服务，资源管理系统可以保证服务性能的追踪以及不同服务等级资源的状况。

用于云平台SLA监视的排队系统通过对云用户的到来和服务时间进行统计研究，得出相关数量指标的统计规律，最终旨在用于云平台SLA监视的排队系统既能满足云用户的需要，又使得用于云平台SLA监视的排队系统的费用开销最为经济或者该排队系统中的某些具体数量指标达到最优。图4.13给出用于云平台SLA监视的排队系统的具体研究思路。

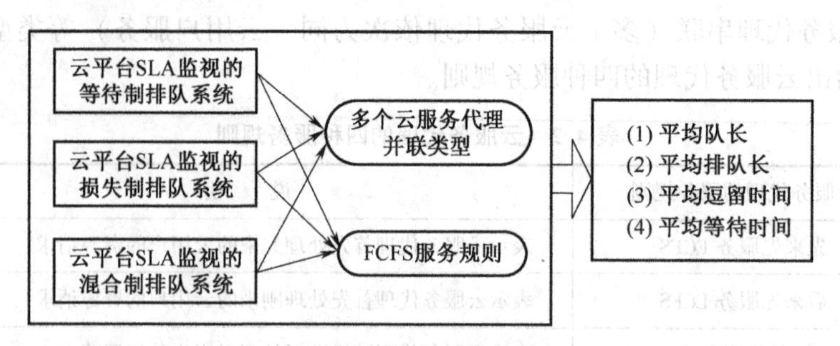

图 4.13 用于云平台 SLA 监视的排队系统的具体研究思路

4.3.2 云平台 SLA 监视的等待制排队系统

为了实现云平台 SLA 监视，当云用户的排队规则是等待制时，即当云用户到达时，如果所有的云服务代理均在处理中，云用户便排队等待，直到由云服务代理处理完成后才离开，提出的等待制排队系统采用：①多个云服务代理并联（每个云服务代理同时为不同云用户服务）类型；②FCFS 服务规则。

假设，云计算资源池为云用户资源请求提供 n 个云服务代理，且各云服务代理工作是相互独立的。同时假设，云用户资源请求按泊松流到达，到达强度为 λ 。另外假设，云计算资源池使用时间符合负指数分布，平均服务率为 μ 。为了实现 SLA 监视，需要确定用来评估云平台 SLA 监视的各种排队系统运行优劣的基本数量指标，见表 4.3。

表 4.3 排队系统运行优劣的基本数量指标

排队系统的基本数量指标	说　明
平均队长	排队系统内由云服务代理处理和等待的云用户的数学期望
平均排队长	排队系统内等待云服务代理处理的云用户的数学期望
平均逗留时间	云用户在排队系统内逗留时间（包括等待和接受云服务代理处理的时间）的数学期待
平均等待时间	云用户在排队系统内等待云服务代理处理的时间的数学期待

首先，考虑云平台 SLA 监视的等待制排队系统达到平稳状态后队长 D 的概率分布，记为 $p_d = P\{D = d\}$（$d = 0, 1, 2, \cdots$）。由于云平台 SLA 监视的等待制排队系统有 n 个云服务代理，因此

$$\lambda_d = \lambda,\ (d = 0,\ 1,\ 2,\ \cdots) \tag{4.4}$$

$$\mu_d = \begin{cases} d\mu,\ (d = 1,\ 2,\ \cdots,\ n) \\ n\mu,\ (d = n,\ n+1,\ \cdots) \end{cases} \tag{4.5}$$

记$\rho_n = \frac{\rho}{n} = \frac{\lambda}{n\mu}$，当$\rho_n < 1$时，云平台SLA监视的等待制排队系统处于一种统计平衡状态，即满足“流入=流出”原理。依据“流入=流出”这一原理，可得到云平台SLA监视的等待制排队系统中任意一个状态下的平衡方程，见表4.4。

表4.4　排队系统任意一个状态下的平衡方程

状态	平衡方程
0	$\mu_1 p_1 = \lambda_0 p_0$
1	$\lambda_0 p_0 + \mu_2 p_2 = (\lambda_1 + \mu_1) p_1$
…	…
d	$\lambda_{d-1} p_{d-1} + \mu_{d+1} p_{d+1} = (\lambda_d + \mu_d) p_1$
…	…

根据表4.4所列的排队系统任意一个状态下的平衡方程，可求得云平台SLA监视的等待制排队系统达到平稳状态后队长D的概率分布，见表4.5。

表4.5　排队系统达到平稳状态后队长D的概率分布

状态	概率分布
0	$p_1 = \frac{\lambda_0}{\mu_1} p_0$
1	$p_2 = \frac{\lambda_1 \lambda_0}{\mu_2 \mu_1} p_0$
…	…
d	$p_{d+1} = \frac{\lambda_d \lambda_{d-1} \cdots \lambda_0}{\mu_{d+1} \mu_d \cdots \mu_1} p_0$
…	…

记

$$C_d = \frac{\lambda_d \lambda_{d-1} \cdots \lambda_0}{\mu_{d+1} \mu_d \cdots \mu_1},\ d = 1,\ 2,\ \cdots \tag{4.6}$$

则云平台SLA监视的等待制排队系统达到平稳状态后队长D的概率分布为

$$p_d = C_d p_0,\ d = 1,\ 2,\ \cdots \tag{4.7}$$

由于 $\sum_{d=0}^{\infty} p_d = 1$，有

$$p_0 = \frac{1}{1 + \sum_{d=1}^{\infty} C_d} \tag{4.8}$$

因此，只有当级数 $\sum_{d=1}^{\infty} C_d < \infty$ 时，才能利用上面的公式计算云平台 SLA 监视的等待制排队系统达到平稳状态后队长 D 的概率分布。

于是，当 $\rho_n < 1$ 时，有

$$C_d = \begin{cases} \dfrac{(\lambda/\mu)^d}{d!},\ (d = 1,\ 2,\ \cdots,\ n) \\ \dfrac{(\lambda/\mu)^d}{n!\ n^{d-n}},\ (d \geqslant n) \end{cases} \tag{4.9}$$

因此

$$p_d = \begin{cases} \dfrac{\rho^d}{d!} p_0,\ (d = 1,\ 2,\ \cdots,\ n) \\ \dfrac{\rho^d}{n!\ n^{d-n}} p_0,\ (d \geqslant n) \end{cases} \tag{4.10}$$

其中，

$$p_0 = \left[\sum_{d=0}^{n-1} \frac{\rho^d}{d!} + \frac{\rho^n}{n!\ (1 - \rho_n)} \right]^{-1} \tag{4.11}$$

当云平台 SLA 监视的等待制排队系统中，请求资源的云用户数大于等于云服务代理数时，即 $d \geqslant n$ 时，再到达云平台 SLA 监视的等待制排队系统的云用户需要等待的概率可以通过下面的 Erlang 等待公式求得：

$$c(n,\ \rho) = \sum_{d=n}^{\infty} p_d = \frac{\rho^n}{n!\ (1 - \rho_n)} p_0 \tag{4.12}$$

在此基础上，可以求得云平台 SLA 监视的等待制排队系统的平均排队长 L_q 和平均队长 L_s，公式分别如下：

$$L_q = \frac{c(n,\ \rho)\rho_n}{1 - \rho_n} \tag{4.13}$$

$$L_s = L_q + \frac{\lambda}{\mu} \tag{4.14}$$

最后，利用 Little 公式求得云平台 SLA 监视的等待制排队系统的平均逗

留时间 W_s 和平均等待时间 W_q ，公式如下：

$$W_q = \frac{L_q}{\lambda} \tag{4.15}$$

$$W_s = \frac{L_s}{\lambda} \tag{4.16}$$

4.3.3　云平台SLA监视的损失制排队系统

为了实现云平台SLA监视，当云用户的排队规则是损失制时，即当云用户到达时，如果所有的云服务代理均在处理中，云用户立刻离开，提出的损失制排队系统采用：①多个云服务代理并联（每个云服务代理同时为不同云用户服务）类型；②FCFS服务规则。

由于当所有云服务代理都在工作时，刚到的云用户会立刻离开，实际的云用户到达强度将小于 λ ，记为 λ_s 。λ_s 与云平台SLA监视的损失制排队系统的损失概率 P_s 有关联，即

$$\lambda_s = \lambda(1 - P_s) \tag{4.17}$$

一方面，由于云用户采用损失制的排队规则，云平台SLA监视的损失制排队系统的平均排队长 $L_q = 0$。在此基础上，可以求得云平台SLA监视的损失制排队系统的平均队长 L_s ：

$$L_s = \frac{\lambda_s}{\mu} \tag{4.18}$$

另一方面，由于云用户采用损失制的排队规则，云平台SLA监视的损失制排队系统的平均等待时间 $W_q = 0$。在此基础上，可以求得云平台SLA监视的损失制排队系统的平均逗留时间 W_s ：

$$W_s = \frac{1}{\mu} \tag{4.19}$$

4.3.4　云平台SLA监视的混合制排队系统

为了实现云平台SLA监视，当云用户的排队规则是混合制时，即当云用户到达时，如果所有的云服务代理均在处理中，云用户既有等待也有损失，提出的混合制排队系统采用：①多个云服务代理并联（每个云服务代理同时为不同云用户服务）类型；②FCFS服务规则。

由于云平台SLA监视的混合制排队系统有 n 个云服务代理，而系统空间为 H ，则当云用户采用混合制排队规则时，有：

$$\lambda_h = \begin{cases} \lambda, (h = 0, 1, 2, \cdots, H-1) \\ 0, (h \geqslant H) \end{cases} \tag{4.20}$$

$$\mu_h = \begin{cases} h\mu, (0 \leqslant h \leqslant n) \\ n\mu, (n \leqslant h \leqslant H) \end{cases} \tag{4.21}$$

如果云平台 SLA 监视的混合制排队系统达到平稳状态后队长的概率分布记为 p_h ，有

$$p_h = \begin{cases} \dfrac{\rho^h}{h!} p_0, (0 \leqslant h \leqslant n) \\ \dfrac{\rho^h}{n!\ n^{h-n}} p_0, (n \leqslant h \leqslant H) \end{cases} \tag{4.22}$$

其中，

$$p_0 = \begin{cases} \left[\sum_{h=0}^{n-1} \dfrac{\rho^h}{h!} + \dfrac{\rho^n (1-\rho_n^{H-n+1})}{n!\ (1-\rho_n)} \right]^{-1}, \rho_n \neq 1 \\ \left[\sum_{h=0}^{n-1} \dfrac{\rho^h}{h!} + \dfrac{\rho^n}{n!} (H-n+1) \right]^{-1}, \rho_n = 1 \end{cases} \tag{4.23}$$

在此基础上，可求得云平台 SLA 监视的混合制排队系统的平均排队长 L_q：

$$L_q = \begin{cases} \dfrac{p_0 \rho^n \rho_n}{n!\ (1-\rho_n)^2} [1-\rho_n^{H-n+1} - (1-\rho_n)(H-n+1)\rho_n^{H-n}], \rho_n \neq 1 \\ \dfrac{p_0 \rho^n (H-n)(K-n+1)}{2n!}, \rho_n = 1 \end{cases} \tag{4.24}$$

另外，还可求得云平台 SLA 监视的混合制排队系统的平均队长 L_s ：

$$L_s = L_q + n + p_0 \sum_{h=0}^{n-1} \frac{(h-n)\rho^h}{h!} \tag{4.25}$$

最后，利用 Little 公式求得云平台 SLA 监视的混合制排队系统的平均逗留时间 W_s 和平均等待时间 W_q ：

$$W_s = \frac{L_s}{\lambda_s} \tag{4.26}$$

$$W_q = \frac{L_q}{\lambda_s} = W_s - \frac{1}{\mu} \tag{4.27}$$

4.3.5　多个云服务代理并联排队系统实验分析

以云平台SLA监视的等待制排队系统为例，实验分析采用多个云服务代理并联（每个云服务代理同时为不同云用户服务）类型和FCFS服务规则的该排队系统的基本数量指标。当云用户平均到达强度是4人/min，而每个云服务代理的平均服务强度是0.5人/min，表4.6给出等待制10个云服务代理并联排队系统的实验结果。

表4.6　等待制10个云服务代理并联排队系统的实验结果

排队系统的基本数量指标	数　值
平均队长	9.636 721 0
平均排队长	1.636 721 0
平均逗留时间	2.409 180 0
平均等待时间	0.409 180 2

如果将10个云服务代理并联排队系统改为10个单云服务代理排队子系统组成模式，即在云平台SLA监视的等待制排队系统采用的单云服务代理排队子系统中，云用户平均到达强度保持为4人/min，而每个云服务代理的平均服务强度仍是0.5人/min，则单云服务代理排队子系统实验结果见表4.7。

表4.7　等待制单云服务代理排队子系统的实验结果

排队系统的基本数量指标	数　值
平均队长	4.000 000
平均排队长	3.200 000
平均逗留时间	10.000 00
平均等待时间	8.000 000

通过表4.6和表4.7的实验结果比较，可以看出云平台SLA监视的等待制排队系统采用多个云服务代理并联排队系统比采用由多个单云服务代理排队子系统组成模式具有比较明显的优势。

4.3.6　云平台SLA监视指标排队系统实验分析

为了验证提出的用于云平台SLA监视的排队系统，假定有1个封闭网络、1个任务类（记作Class 1），以及Class 1中的10个节点（记作Node no. 1-10）。

当云用户需要请求资源等待云服务代理处理时，云服务代理资源池使用 Node no. 1（服务速率设为 4.0）平均地将服务进程分配给 Node no. 2-10。当 Class 1 有 500 个任务，Node no. 3-10 的服务速率都是 0.4 人/min 时，考虑到 Node no. 2 采用不同的服务速率（从 0.1 到 1.0、增幅为 0.1）时，Node no. 2 的等待时间、响应时间和网络吞吐量将相应地发生变化，分别如图 4.14~图 4.16 所示。

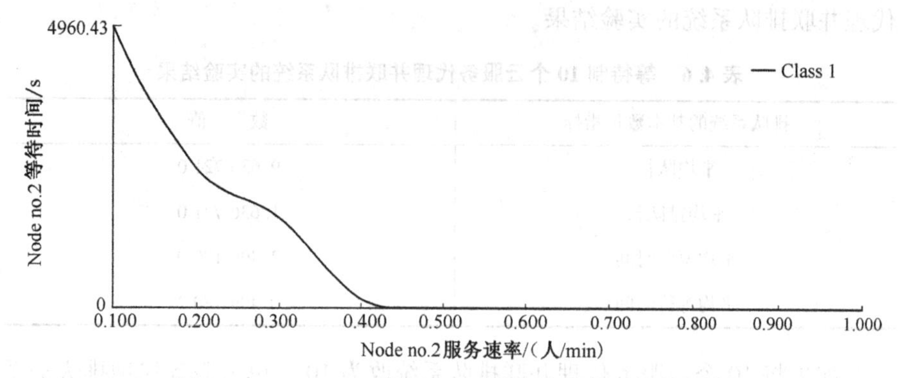

图 4.14 Node no. 2 服务速率对其自身等待时间的影响

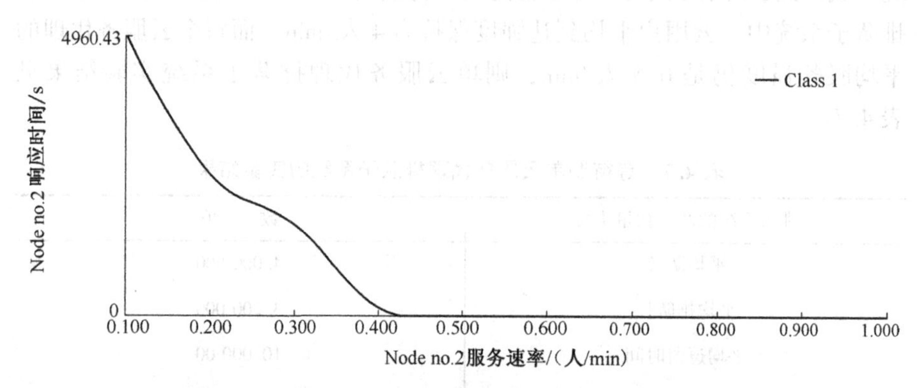

图 4.15 Node no. 2 服务速率对其自身响应时间的影响

而 Node no. 3-10 的这些指标也将相应地发生变化，图 4.17~图 4.19 分别给出 Node no. 3 的等待时间、响应时间和网络吞吐量的影响。

如图 4.14~图 4.19 所示，用于云平台 SLA 监视的排队系统通过对云用户的到来和服务时间进行统计研究，具体得到等待时间、响应时间和网络吞吐量等相关数量指标的统计规律，最终使得用于云平台 SLA 监视的排队系统既能满足云用户的需要，又能使用于云平台 SLA 监视的排队系统的费用开销更为经济。

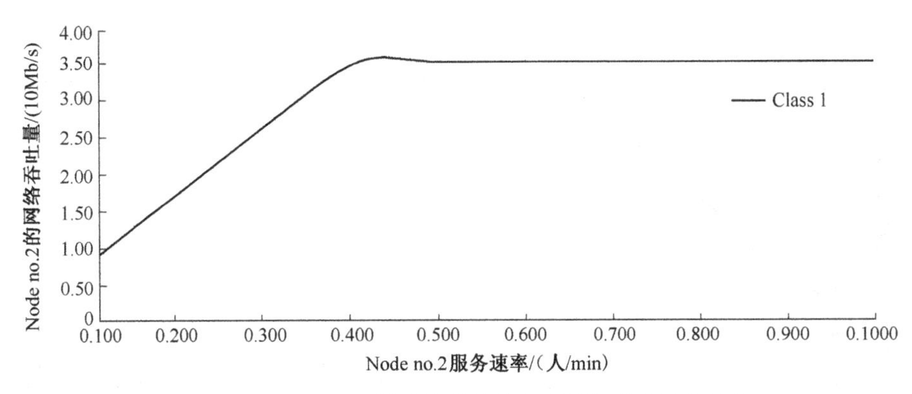

图4.16 Node no.2服务速率对其自身网络吞吐量的影响

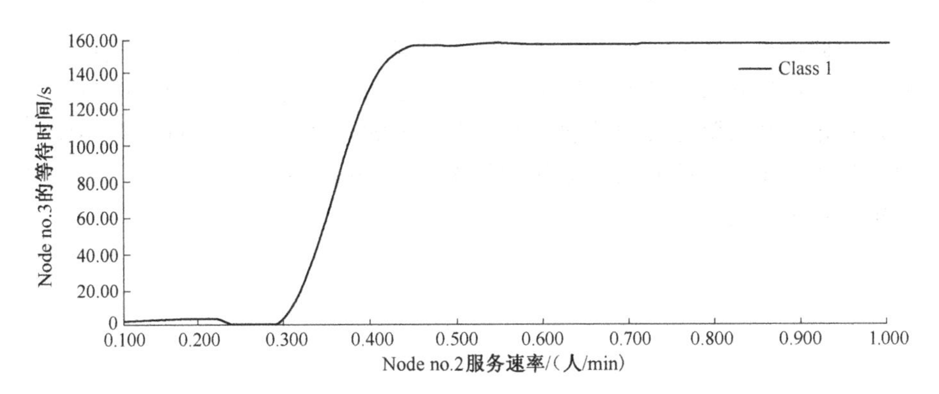

图4.17 Node no.2服务速率对Node no.3等待时间的影响

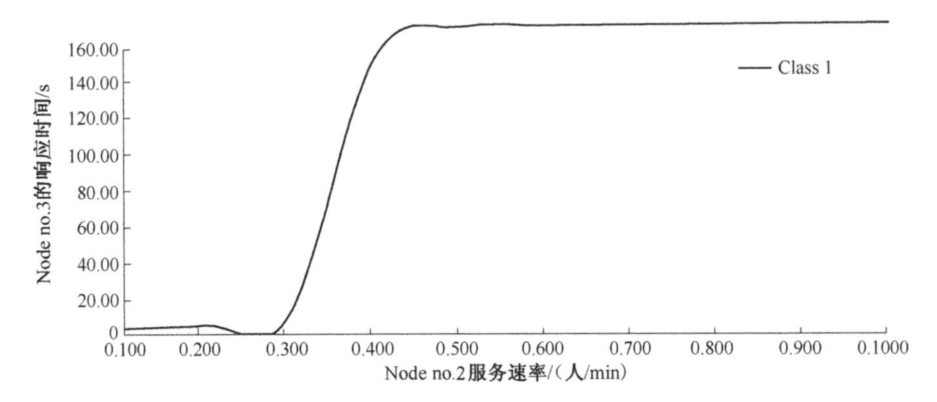

图4.18 Node no.2服务速率对Node no.3响应时间的影响

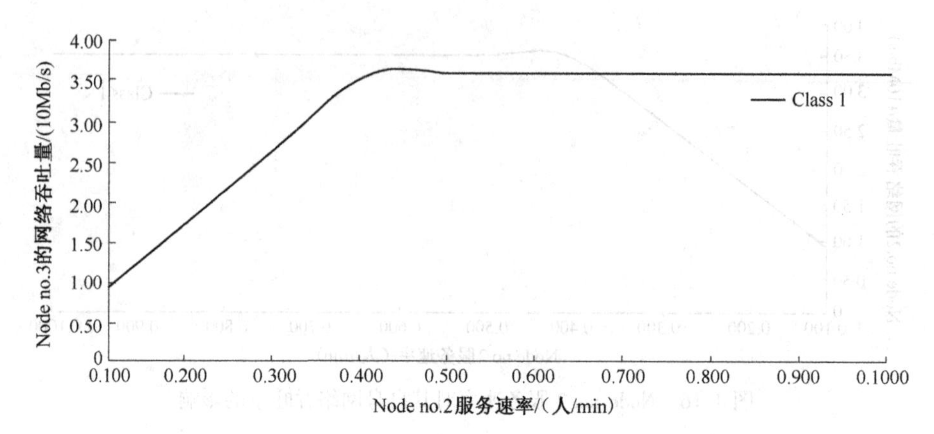

图 4.19 Node no. 2 服务速率对 Node no. 3 网络吞吐量的影响

由此可见，在云平台 SLA 监视的工作流程中，有限的云服务代理要处理大量云用户对云市场中云服务供应商的服务请求，排队论可用于研究解决云用户排队和云服务代理处理问题。而提出的适合 SLA 监视的排队系统有利于描述云用户排队和云服务代理处理的这一排队系统，实现云平台 SLA 性能的指标监视。

第5章 基于蚁群算法和DAG工作流的任务调度

5.1 云计算任务调度研究现状

任务调度和任务调度算法的研究无疑是云计算中的核心技术，在现今网络带宽有限的情况下，如何高效利用这些有限的带宽资源是云计算系统中的一个关键问题。在网格计算中，有许多的算法可以给云计算中的任务调度提供参考，但都必须结合云计算现有的一些特征去做相应的调整与改进。任务调度需要综合的考虑用户任务和资源本身的特性，然后合理、有效地将资源分配给用户使用。在网格计算的时代，有大批的学者对任务调度做了大量的研究，在这些研究中，有一部分可以直接应用于云计算环境下的任务调度，比如 Max-Min[101]、Min-Min[102]、Sufferage[103] 等。

Max-Min 算法是一种批处理算法与 Min-Min 非常类似。它总是先考虑长任务，这点与 Min-Min 算法非常不同。如果有两个任务匹配到相同机器，算法将偏向于将任务分配给就绪时间最大的任务。Max-Min 算法的目的就是为了最小化执行长任务所需要的时间。对任务最早结束的时间进行计算之后，优先将那些较大和较早完成的任务分配给相应的虚拟机，并更新任务集合中的期望结束时间，周而复始，直到所有的任务都进行了分配。在复杂的任务系统中，长度差异较大的任务可能会交错地到达系统进行分配，Max-Min 算法给出了一个平衡系统负载的方案，使得任务能够合理地匹配到相关的计算资源中。Max-Min 算法需要提前知道处理器处理能力和任务长度等参数。

Min-Min 算法在进行任务调度的时候总是优先选择较短的任务进行调度。Min-Min 算法中没有考虑系统负载的问题，所以运用其算法进行云计算任务调度的时候就会出现负载不均衡的现象。在异构分布式系统中，一个任务调度算法决定了系统中虚拟机的整体处理能力。在整个系统中，所有的任务都会被分配给计算能力大的那个虚拟机上面，而其他的虚拟机处在没有任务处理的状态，这就会造成系统的负载不均衡问题。

Sufferage 算法把获得最小执行时间作为最终目标，但也考虑到了每个相应的资源完成任务的时间和最早完成时间之间的差异，而这个差值就是 Sufferage 值。Sufferage 值说明最早的资源被分配给一个任务将会付出更大的代价。因此，要尽量分配 Sufferage 值大的任务到一个具有最小的完成时间的资源上，整个系统的效率将会更高。Sufferage 算法拥有获得最小跨度的优势，算法的实施也比较简单。然而，Sufferage 算法负载均衡性能不是很高，不能在最短的时间内找到最佳的解决方案。

云计算技术是在网格计算之后产生的一种新兴技术，云计算中的任务调度可以在一定程度上借鉴网格计算中的任务调度，但由于云计算拥有庞大的用户群体，用户提交的任务往往会存在一定的差异，并且云计算中的资源具有动态伸缩性，其变化大，故不能把网格计算中的任务调度与云计算中的任务调度完全等同起来。

在云计算任务调度过程中，由于云计算本身具有超大规模、虚拟化、负载动态变化等特征，并且任务调度在云计算环境中需要满足自适应和可扩展的特性，这使得云计算环境下的任务调度比一般的调度方式更加复杂。

基于反馈原理的调度算法中的反馈机制主要是一种负反馈，它更多的是考虑系统的负载均衡问题，这种算法考虑系统中每个节点的实时负载与响应能力，并通过这些参数不断地对任务重新进行调整，使任务的分布趋于平衡，有效避免在节点超载的情况下依然接收到大量的任务请求，从而提高系统的整体吞吐量，这种算法需要频繁采集各个节点状态，这会给节点带来负担，并且会增加网络负荷。

文献［104］提出了一种对动态和集成资源的调度算法 DAIRS（动态集成资源调度），不同于其他的负载均衡算法那样只考虑物理服务器 CPU 的负载，DAIRS 同时兼顾了物理机与虚拟机的 CPU、内存、带宽，算法在整体上提高了系统的负载均衡能力，但是这种均衡只体现在对物理资源的利用方面，而忽略了系统资源利用率和系统吞吐量的考虑。

文献［105］提出了一种基于基因遗传算法的云计算任务调度算法。在这个模型中的每一个任务调度周期里，任务调度程序都调用一次遗传算法的调度函数，这个调度函数从用户满意度和虚拟机的使用质量两个方面创建了一系列的调度机，然后通过基因遗传的迭代机制得出比较满意的调度方案。

文献［106］提出了一种基于价格和信任机制的调度模型，本章从货币成本和调度时间两个方面来扩展动态的任务调度机制，并从理论上分析了该机制的效率，通过大量的实验数据验证了云计算服务提供商的自私行为对整个云计算系统效率的显著影响。

基于QoS分类的调度方案。从云计算的定义中可以得知，云计算为用户提供各类的服务，满足人们不同的需求，而不同的用户对资源有着各自不同的要求，有的用户关注的是系统的实时性，有的用户则需要低廉的使用费用，有的用户则关心系统的安全性和稳定性。云计算的商业性特点决定了它需要为用户提供不同级别的服务。用户群体的多样性使任务调度和资源分配更加困难，基于QoS分类的调度算法将任务进行分类，然后将任务准确、及时地分配到合适的虚拟机上处理。

传统的任务调度往往只考虑任务的响应时间或者是安全性因素，并且实现负载均衡采用的是静态方法。文献[107]综合考虑任务的分配和性能QoS，提出了一种云计算环境下的任务调度机制，采用虚拟化的迁移技术来实现动态的负载均衡。最后通过对仿真实验数据的分析和比较，发现该任务调度方案不仅可以提高用户的QoS，而且可以高效实现平衡系统的负载。

文献[108]基于云计算商业化及虚拟化特性，首次提出了一种伯杰模型任务调度算法，该算法建立了一种双重公平性约束。第一个约束是通过QoS特性对用户任务进行分类，然后根据任务分类建立一个期望函数来抑制资源的公平性选择过程；第二个约束是定义资源的评价函数来判断资源分配的公平性。实验表明，该算法能够有效地执行任务并体现更好的公平性。

任务调度问题作为组合问题的一种，它不能被当作一种线性规划问题来处理，并且没有简单的规则或者算法能够在有限的时间内找出最优解。文献[109]提出了一种基于遗传算法和成本花费的多目标QoS任务调度算法。通过基因的交换和插入突变在有限的时间范围内寻找问题的优化解。

5.2 任务调度仿真体系架构

云计算是一个比较庞大的商业体系结构，基于规模和成本的考虑，对任务调度研究不能在真实的云计算环境中进行。CloudSim作为一个比较成熟的云计算仿真工具，对任务调度算法的移植与扩展有很好的支持作用。本章中所有的调度算法都围绕CloudSim展开。本章主要对CloudSim进行介绍，并给出扩展其仿真框架和移植任务调度算法的方法。

5.2.1 CloudSim 概述

CloudSim[110]是澳大利亚墨尔本大学 Rajkumar Buyya 教授领导开发的一个云计算仿真工具，它的目的是在云基础设施上，对不同的服务模型进行调度，对资源分配策略的性能进行量化和比较。云计算仿真工具的出现，使得用户在部署云计算服务之前能够进行大量的测试，从而节约大量的资金，给开发工作带来极大的便利。

云计算的主要任务是对基于互联网的应用程序或者服务提供可靠、安全、可持续与扩展的基础设施，然而，不同的应用存在不同的结构、配置和部署需求，并且部署在云端的应用的负载、性能、系统规模等都在不断地发生变化。为了简化这些问题，墨尔本大学的研究人员设计了这个云计算仿真工具 CloudSim，它是一个通用、可扩展的仿真框架，能进行各类云计算基础设施和管理服务的试验。

CloudSim 采用分层的体系结构，早期的 CloudSim 使用 SimJava 作为离散事件模拟引擎，支持的核心功能有事件的排队和处理、云系统实体（在 CloudSim 环境下，实体是组件的一个实例，CloudSim 组件可以是一个类，或是由多个类组成的 CloudSim 模型，如服务、主机、数据中心、代理和虚拟机）的创建、组件之间的通信以及模拟时钟的管理等。在 CloudSim 2.0 以上的版本中，为了支持一些 SimJava 不支持的高级操作，已经将 SimJava 从 CloudSim 的架构中移除。GridSim 原本是 CloudSim 的一个组成部分，但是 GridSim 将 SimJava 库作为事件处理和实体间通信的框架，而 SimJava 在创建可伸缩仿真环境时暴露出如下不足：

（1）不支持运行时通过编程方式重置仿真。

（2）不支持在运行时建立新的实体。

（3）SimJava 的多线程机制导致性能开销与系统规模成正比，线程之间过多的上下文切换导致性能严重下降。

（4）多线程使调试变得相对繁复。

为了克服这些限制并满足更为复杂的仿真场景，墨尔本大学的研究小组开发了一个全新的离散事件管理框架。

CloudSim 仿真层为云数据中心环境的建模和仿真提供支持，包括虚拟机、内存等专用管理接口。该层主要负责处理一些基本问题，如主机到虚拟机的调度、管理应用程序的执行、监控动态变化的系统状态。对于想对不同虚拟机调度（将主机分配给虚拟机）策略的有效性进行研究的云计算提供商来说，他们可以通过这一层来实现自己的策略，以编程的方式扩展其核心的虚拟机调度功能。这一层的虚拟机调度有一个很明显的特点，即一个云端主机可以同时分配给多台正在执行应用的虚拟机，且这些应用满足 SaaS 提供商定义的服务质量等级。这一层也为云应用开发人员提供了接口，只需要扩展相应的功能，就可以实现复杂的工作。

CloudSim 可以细化为 5 层，即网络层、云资源层、云服务层、虚拟机服务层和用户接口结构层，如图 5.1 所示。

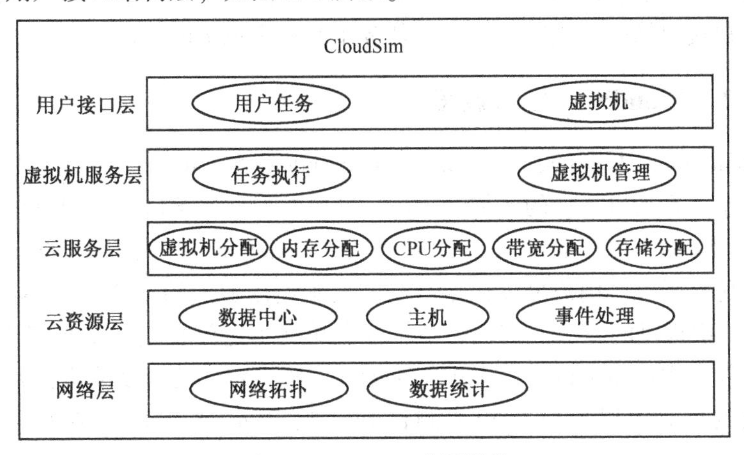

图 5.1　CloudSim 分层结构

网络层为连接仿真的云计算实体（主机、存储器、终端用户），对全面的网络拓扑建模是非常重要的。又因为消息延时直接影响用户 QoS，它决定了一个云提供商的服务质量，因此在云系统仿真架构中需要设计一个模拟真实网络拓扑及模型的工具。CloudSim 中云实体（数据中心、主机、SaaS 提供商和终端用户）的内部网络建立在网络抽象概念之上。在这个模型下，不会为模拟的网络实体提供真实可用的组件，如路由器和交换机，而是通过延时矩阵中存储的信息来模拟一个消息从一个 CloudSim 实体（如主机）到另一个实体（如云代理）过程中产生的网络延时。

云资源层的数据中心用于模拟与云相关的核心硬件资源。数据中心实体由一系列主机组成，虚拟机在其运行期间的大量操作由主机管理。云计算中的物理计算节点被定义为主机，它会被预先设置一些参数，如处理能（用 MIPS 表示）、内存、存储器及对虚拟机资源进行分配处理的策略等，而且主机组件实现的接口支持单核和多核节点的建模与仿真。

云服务层主要是对云计算环境中的各类资源进行分配。虚拟机分配描述的是主机生成虚拟机的流程。在数据中心，分配控制器的作用是把特定的虚拟资源分配给合适的主机。该组件为研究和开发人员提供了一些自定义的方法，帮助他们实现基于优化目标的新策略。默认情况下，VmAllocationPolicy实现了一个相对直接的策略，即按照先来先服务的策略将虚拟机分配给主机，这种调度的基本依据是硬件要求，如处理核的数量、内存和存储器等。在 CloudSim 中，要模拟和建模其他的调度策略是非常容易的。

虚拟机服务层提供了对虚拟机生命周期的管理，如将主机分配给虚拟机、虚拟机创建、虚拟机销毁以及虚拟机的迁移等，以及对任务单元的操作。用户接口结构层则定义了建立任务单元和虚拟机的接口。

5.2.2 CloudSim 任务调度

CloudSim 是开源的，它可以运行在 Windows 和 Linux 操作系统上，为用户提供了一系列可扩展的实体和方法，通过扩展这些接口实现用户自己的调度或分配策略，以进行相关的性能测试。CloudSim 是一个很好的云计算调度算法仿真平台，用户可以根据自身的要求调用适当的 API。如 DatacenterBroker 类中提供的方法，实现将一个任务单元绑定到指定的虚拟机上运行。除此之外，用户还可以对该类进行扩展，实现自定义的调度策略，完成对调度算法的模拟，以及进行相关测试和实验。CloudSim 仿真流程如图 5.2 所示。

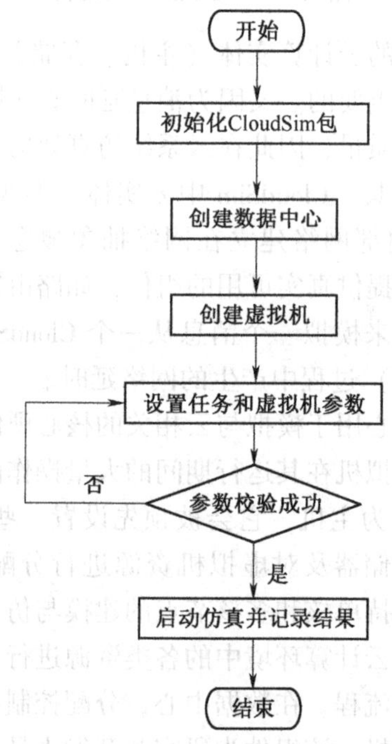

图 5.2 CloudSim 仿真流程

（1）初始化CloudSim包。每次进行仿真实验时，必须先进行初始化工作。这个过程主要是在其他实体创建前对CloudSim的参数进行初始化，包括用户数量、日期和跟踪日志。

（2）创建数据中心。在CloudSim仿真平台，数据中心在VM的生命周期内负责管理VM的一组主机，一个数据中心由一个或多个主机组成，一个主机是由一个或者多个PE或者CPU组成。通过调用API函数，可以轻易地完成创建数据中心的工作。

创建数据中心的实现步骤如下：创建主机列表；创建PE列表；创建PE并将其添加到上一步创建的PE列表中，可对其ID和MIPS进行设置；建立主机，并将其添加到主机列表中，主机配置的参数有ID、内存、带宽、存储、PE及虚拟资源的分配策略；创建数据中心特征对象，用来存储数据中心的属性，包括体系结构、操作系统、机器列表、分配策略、时区以及各项费用；最后，创建一个数据中心对象，它的主要参数有名称、特征对象、虚拟机分配策略、用于数据仿真的存储列表以及调度间隔。

（3）创建数据中心代理。数据中心代理负责云计算中根据用户的QoS要求协调用户及服务供应商的部署服务任务。数据中心代理函数对虚拟机的建立、任务调度、虚拟机销毁等做了高度的抽象，便于对代理策略进行相关的扩展，用户可以自定义策略来进行相关的任务调度，但前提是按照既定的规则提交虚拟机和云计算请求，结果会以数据中心代理数据类型返回给用户。

（4）建立虚拟机，对虚拟机各类参数进行配置，其包括ID、用户ID、MIPS、CPU数量、内存、虚拟机监控器、带宽、外存、调度方案，并提交给代理。

（5）建立云任务，生成指定参数的任务，设定任务的用户ID，并提交给任务代理。在这一步可以配置云任务的数量以及每个任务的大小等信息。

（6）按照自定义的任务调度方案，将任务匹配到合适虚拟机，启动仿真，最后对仿真返回的数据进行统计和分析。

图5.3展示了CloudSim采用自带调度策略对一个包含5个虚拟机、10个任务的简单系统进行的任务调度结果，其中虚拟机和任务的参数见表5.1。

```
broker is shutting down...
simulation:No mare future events
CloudInformationService:Notify all CloudSim entities for shutting down.
Datacenter_0 is shutting down...
broker is shutting down...
Simulation complted.
Simulation conpleted.
========OUTPUT========
Cloudlet ID   STATUS    Data center ID   VM ID   Time   Start Time   Finish time
0             SUCCESS   2                0       1.96   0.1          2.06
3             SUCCESS   2                3       2.07   0.1          2.17
2             SUCCESS   2                2       2.17   0.1          2.27
4             SUCCESS   2                4       2.17   0.1          2.27
1             SUCCESS   2                1       2.36   0.1          2.46
5             SUCCESS   2                0       1.72   2.06         3.77
8             SUCCESS   2                3       1.75   2.17         3.91
9             SUCCESS   2                4       1.91   2.27         4.19
7             SUCCESS   2                2       2.12   2.27         4.39
6             SUCCESS   2                1       2.22   2.46         4.68
*****Datacenter:Datacenter_0*****
User id       Debt
3             562
**********************************
```

图 5.3　调度结果

表 5.1　虚拟机和任务参数

虚拟机编号	虚拟机处理能力	任务编号	任务长度
0	399	0	781
		1	729
1	308	2	752
		3	779
2	346	4	780
		5	685
3	388	6	684
		7	734
4	372	8	679
		9	712

从图 5.3 可以清楚地看到任务的分配情况，其中第一列表示了任务的编号、第四列表示虚拟机的编号。第一行数据的含义即为：0 号任务分配给 0 号虚拟机进行处理，在 0.1 时刻开始处理，处理任务用了 1.96 个单位时间，在 2.06 时刻该任务调度结束。5 个虚拟机在处理任务时是并发执行的，图 5.3 中前 5 个任务的开始执行的时间相同可以充分说明这一点。系统完成任务调度的总时间为 4.68，也就是最后一个任务的结束时间。

5.2.3　CloudSim 调度模型的扩展

云任务调度就是把云计算中用户提交的任务有序并且高效地转交给云平台数据中心处理的过程。CloudSim 下的云计算任务调度模型如图 5.4 所示。

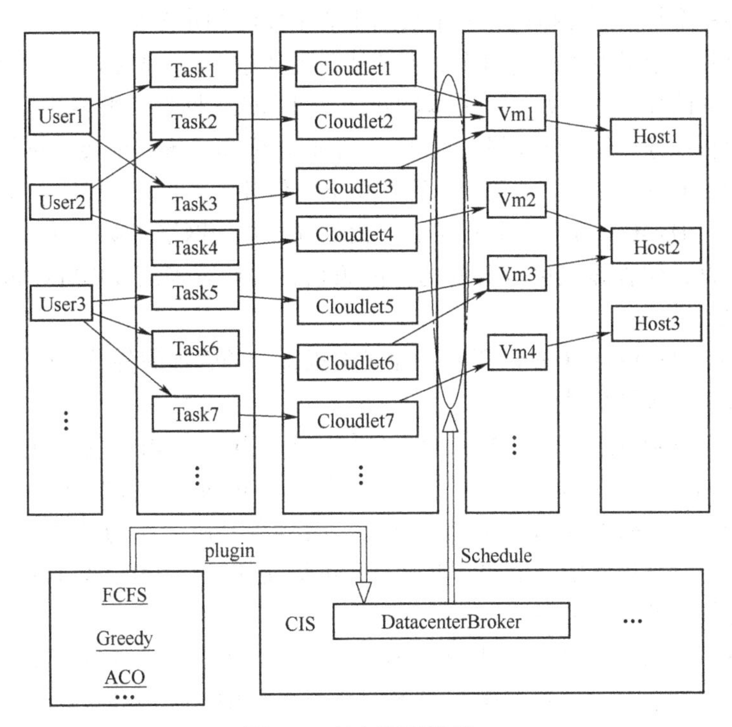

图5.4 任务调度模型

图5.4所示模型包含5个主要的部分：Users、Tasks、Cloudlet、Virtual Machines、CIS。Users即为云计算平台的终端用户，这是一个庞大的集群，他们不需要了解云计算平台的技术实现细节，只需要通过终端接入云计算平台提供的接口能够使用其提供的服务即可。Tasks指的是用户向云计算平台提交的基本任务单元，一个用户可以提交多个任务单元，但一个任务只隶属于一个用户。Cloudlet即微云，用户的任务最终都会放到微云上进行处理。

Virtual Machines是虚拟机，它运行在Host实体上，其拥有虚拟化的处理器、内存和带宽，能够处理实际的用户任务。Datacenter即数据中心，它里面封装了Host实体。

云信息服务（Cloud Information Service，CIS）是提供资源注册、索引的实体。CIS支持两个基本操作：publish( ) 允许实体使用CIS进行注册；search( ) 允许类似于云协调器和代理的实体发现其他实体的状态和位置，该实体也会在仿真结束时通知其他实体。CIS里面封装了数据中心代理、虚拟机调度器和虚拟机调度策略。

从图5.4的模型中可以看出，一个用户可以提交多个任务，一个任务只能分发给一个特定的虚拟机，一个数据中心中能够创建多个主机，一个主机中又能创建多个虚拟机。当用户请求的任务到达系统时，数据中心代理会通过根据不同的算法将任务交由虚拟机处理。CloudSim 框架下很多的类通过协作才得以将任务顺利地分发到虚拟机中。下面介绍 CloudSim 框架下的主要类。

（1）Cloudlet 类：创建云计算环境下的任务。

（2）DataCenter 类：数据中心，提供虚拟化的网络资源，处理虚拟机信息的查询，包含虚拟机对资源的分配策略，云计算采用 VMProvisioner 处理虚拟机。

（3）DataCenterBroker 类：抽象了对虚拟机的管理的各类操作，如创建、任务提交、虚拟机销毁等。

（4）Host 类：扩展了机器对虚拟机除处理单元（PE）之外的参数分配策略，如带宽、存储空间、内存等，一台 Host 可对应多台虚拟机。

（5）VirtualMachine 类：虚拟机类，运行在 Host 上，与其他虚拟机共享资源，每台虚拟机由一个拥有者所有，可提交任务，并由 VMScheduler 类定制该虚拟机的调度策略。

本章中以插件的方式对 CloudSim 平台进行扩展，图 5.4 标出了插件插入并整合到系统的位置。在 CloudSim 仿真平台中，任务和虚拟机参数的初始化、任务的分配等一些核心的操作都是在 DataCenterBroker 中进行。在任务调度过程中，依次会调用 DataCenterBroker 类中的方法如图 5.5 所示，本章对 DataCenterBroker 中任务的调度策略进行扩展。把 FCFS、Greedy、ACO 算法以插件的形式插入 DatacenterBroker 中，实现调度仿真的部分代码见表 5.2。

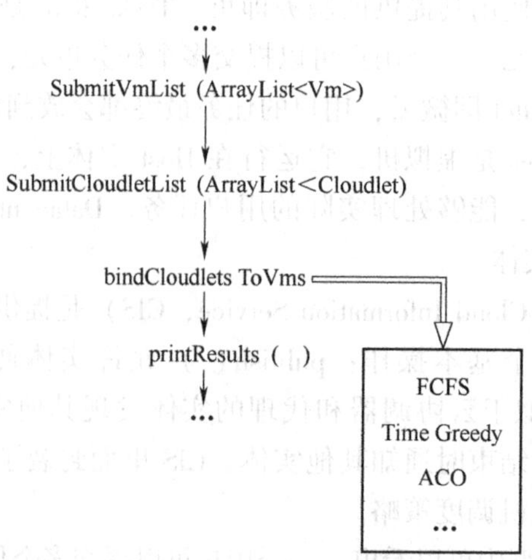

图 5.5 DacenterBroker 扩展

表 5.2　调度仿真部分代码

算法 5.1　调度算法实现的部分代码

```
public void simulate( int vmNum, int[ ] vmsMips, int cloudletsNum,
        int[ ] cloudletsLength, String policy) {
        vList<Vm> vmList;
        List<Cloudlet> cloudletList;
        int num_user=1;
        Calendar calendar=Calendar. getInstance( );
        boolean trace_flag=false;
        CloudSim. init( num_user, calendar, trace_flag);
        Datacenter datacenter0=createDatacenter( "Datacenter_0" , vmNum);
        DatacenterBroker broker=createBroker( );
        int brokerId=broker. getId( );
        long size=10000; int ram=2048; long bw=1000; int pesNumber=1;
        String vmm="Xen" ; vmList=new ArrayList<Vm>( );
    for( int i=0; i<vmNum; i++) {
            vmList. add( new Vm( i, brokerId, vmsMips[ i], pesNumber, ram,
                    bw, size, vmm, new CloudletSchedulerSpaceShared( ) ) );
            }
            broker. submitVmList( vmList);
            long fileSize=300;
            long outputSize=300;
            UtilizationModel utilizationModel=new UtilizationModelFull( );
            cloudletList=new ArrayList<Cloudlet>( );
            for( int i=0; i<cloudletsNum; i++) {
            Cloudlet cloudlet=new Cloudlet( i, ( long) cloudletsLength[ i],
                    pesNumber, fileSize, outputSize,
                  utilizationModel, utilizationModel, utilizationModel);
                cloudlet. setUserId( brokerId);
                cloudletList. add( cloudlet);
            }
            broker. submitCloudletList( cloudletList);
            if( policy=="FCFS" )
                broker. bindCloudletsToVmsSimple( );
            if( policy=="Time Greedy" )
                broker. bindCloudletsToVmsTimeAwared( );
            if( policy=="Ant Colony Optimization" )
                broker. bindCloudletsToVmsAntColonyOpimization( );
            CloudSim. startSimulation( );
```

续表

算法 5.1　调度算法实现的部分代码
List<Cloudlet> newList=broker. getCloudletReceivedList( );
CloudSim. *stopSimulation*( );
printCloudletList(newList);
datacenter0. printDebts( ); }

5.3　蚁群算法在任务调度中的应用

本章首先介绍了蚁群算法的发展，然后对蚁群算法的基本原理进行了分析，同时介绍了蚁群算法在工业生产等各方面的应用，提出与云计算任务调度问题相对应的蚁群算法模型，描述了蚁群系统在任务调度的具体操作方法，最后将蚁群算法与传统的先来先服务（FCFS）等算法进行了比较。

5.3.1　蚁群算法概述

觅食行为是蚁群活动中一个重要且有趣的行为。根据昆虫学家的研究发现，生物界中的蚂蚁可以在没有任何可见性提示的情况下找到蚁穴到食物源的一条最短路径，并且能够随着环境变换来动态地搜索新的最短路径，产生新的选择。究其原因，是蚂蚁觅食的过程中能够在其走过的路径上分泌一种它们族群能够感知的物质——信息素，其他的蚂蚁可以通过路径上信息素的强度来选择行走路径，这使得蚂蚁都倾向于朝着信息素浓度高的方向移动。信息素可以帮助蚂蚁找到返回蚁穴或者食物源的路径，也能够让其他的蚂蚁找到同伴并发现食物源的位置。

事实上，蚁群是蚂蚁个体之间利用特殊物质彼此进行交流之后，调整自己的行为模式形成的集群。当蚂蚁数量达到一定规模后，通过彼此协调来完成一些比较特殊的任务。蚁群寻找食物的过程是一种典型的自组织行为，蚂蚁彼此协作，找到去往食物源的路径。

自然界中蚂蚁的觅食行为很早就引起了昆虫学家们的注意。Deneubourg 等人通过双支桥实现对蚁群的觅食行为进行了研究，蚁群通过两个路径长度相等的双支桥与食物源连接起来，实验环境如图 5.6 所示。在实验开始前，两个对等的路径上并不包含信息素。将蚂蚁置于蚁穴中并处于可以自由移动的状态，实验开始后蚂蚁开始沿着路径寻找食物源，经过一段时间之后统计两条路径上蚂蚁的数量，得出两个分支上蚂蚁的比例。统计结果显示，蚂蚁更倾向于沿着相同的路径前进。

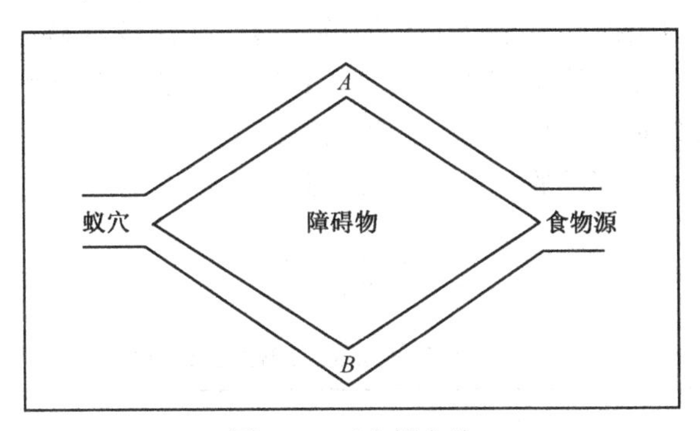

图 5.6　双支桥实验

Deneubourg 等人开发了一个信息素模型，蚂蚁的行为与实验的观察十分吻合。在不考虑信息素挥发的情况下，假定一个分支上的信息素与这个分支桥的蚂蚁数量成正比。在这个模型里，假定蚂蚁选择某条路径的概率正比于已经走过该分支的蚂蚁数量。更确切地说，设 A_i 和 B_i 是第 i 只蚂蚁过桥后已经走过分支 A 和分支 B 的蚂蚁数，第 $i+1$ 只蚂蚁选择分支的概率为

$$P_A = \frac{(k+A_i)^n}{(k+A_i)^n + (k+B_i)^n} = 1 - P_B \tag{5.1}$$

式（5.1）表明，经过分支 A 的蚂蚁数量越多，选择分支 A 的概率越大。参数 n 决定了式（5.1）的非线性程度，当 n 取较大值时，如果某一分支的信息素比另一分支稍多一些，则后续蚂蚁更倾向于选择这个分支。参数 k 表示对未标记的分支的吸引力程度，k 越小，就有越少的信息素使得蚂蚁在选择路径时表现出随机化。文献 [111] 给出了适合实验测量标准的参数值 $n \approx 2, k \approx 20$，如果 A_i 远大与 B_i，则 $P_A \rightarrow 1$。A_i 和 B_i，由式（5.2）和式（5.3）给出。

$$A_{i+1} = \begin{cases} A_{i+1} + 1 & , \sigma \leqslant P_A \\ A_i, & 其他 \end{cases} \tag{5.2}$$

$$B_{i+1} = \begin{cases} B_{i+1} + 1, & \sigma \leqslant P_A \\ B_i, & 其他 \end{cases} \tag{5.3}$$

其中，$A_i + B_i = i$，且 σ 是一个在 [0，1] 范围的随机变量。

5.3.2　基本蚁群模型

本节采用 TSP 旅行商问题来说明蚁群模型，旅行商问题就是指给定 n 个

城市和两个城市之间的距离，要求确定一条当且仅当经过各城市一次的最短路线。选择 TSP 问题来描述蚁群模型的主要原因有：①它是一个最短路径问题，蚁群模型能很好地贴合 TSP 周游模型。②比较容易理解，不会因为系统过于复杂而使得算法难于理解。③TSP 问题是一个典型的组合优化问题，可以用来验证算法的有效性，便于比较。

用于描述 TSP 问题的符号含义见表 5.3。其中，

$$m = \sum_{i=1}^{n} b_i(t) \tag{5.4}$$

表 5.3　TSP 问题描述的标记符说明

符　号	含　义
m	蚁群中蚂蚁总数目
$b_i(t)$	t 时刻城市 i 上蚂蚁的数目
d_{ij}	城市 $i \to j$ 的距离
η_{ij}	在城市 i 选择城市 j 的启发值，与距离相关
τ_{ij}	边 (i, j) 上的信息素浓度
$\Delta\tau_{ij}$	蚂蚁在边 (i, j) 留下的单位长度的信息素
P_{ij}^k	蚂蚁 k 从城市 i 转移到城市 j 的概率

蚁群在求解 TSP 时具有以下特征：①为了满足约束条件，蚂蚁在遍历所有城市的过程中，其不能挑选已经经过的城市。②蚂蚁从一个城市转移到另一个城市的概率是两个城市间距离和信息素相关的函数。③蚂蚁完成一次周游之后在经过的边上留下信息素。

简单蚁群算法的流程如图 5.7 所示。

初始时刻，设定各路径上的信息素为同一值，假定 $\tau_{ij} = C$（C 表示常数)。蚂蚁 k 在运动过程中根据信息素来决定移动方向，在 t 时刻，蚂蚁 k 在城市 i 转移到城市 j 的转移概率为 p_{ij}^k，其定义如下：

$$p_{ij}^k(t) = \begin{cases} \dfrac{\tau_{ij}^{\alpha}(t)\,\eta_{ij}^{\beta}(t)}{\sum\limits_{m \in \text{allowed}_k} \tau_{im}^{\alpha}(t)\,\eta_{im}^{\beta}(t)}, & j \in \text{allowed}_k \\ 0, & j \notin \text{allowed}_k \end{cases} \tag{5.5}$$

其中，$\text{allowed}_k = \{0, 1, 2, 3, \cdots, n-1\}$ 表示蚂蚁在 t 时刻可以挑选的城市集。由式（5.5）可以看出蚂蚁移动的概率是一个城市距离和信息素相关的函数。α 和 β 分别表示了蚂蚁移动过程中信息素与启发信息的相对重要性。经过 n 个单位时间后，蚂蚁完成了一次循环，路径上的信息素通过式

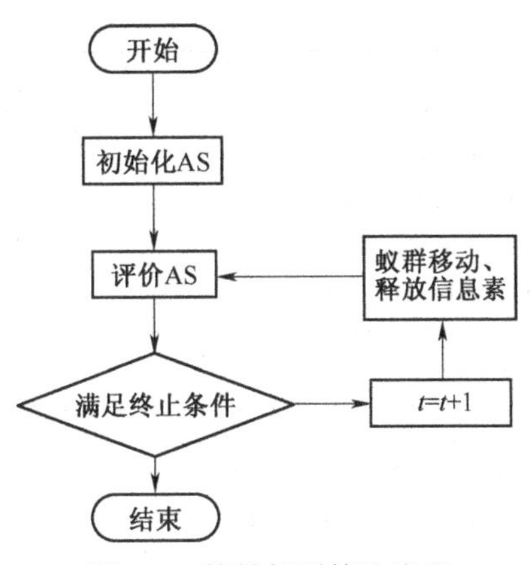

图 5.7　简易蚁群算法流程

(5.6) 和式 (5.7) 来更新。

$$\tau_{ij}(t+1) = (1-\rho)\tau_{ij}(t) + \Delta\tau_{ij}(t, t+1) \tag{5.6}$$

$$\Delta\tau_{ij}(t, t+1) = \sum_{k=1}^{m} \Delta\tau_{ij}^{k}(t, t+1) \tag{5.7}$$

其中，$\Delta\tau_{ij}^{k}(t, t+1)$ 表示蚂蚁 k 在时刻 $(t, t+1)$ 留在边 (i, j) 上的信息素，其值视蚂蚁的优劣程度而定，路径越短释放的信息素越多；$\Delta\tau_{ij}(t, t+1)$ 表示在本次遍历中边 (i, j) 上信息素的增量；$\rho(\rho < 1)$ 指信息素的挥发系数。

5.3.3　蚁群算法的研究现状

蚁群算法最初提出来是为了解决 TSP（旅行商问题），该算法在 TSP 和工件排序问题上得到优化解之后被陆续地应用到图着色问题、大规模集成电路设计、路由以及负载均衡问题。蚁群算法在许多领域都取得了成功，其中最为突出的是在组合优化问题中的应用。这类组合优化问题可以分为两类：一类是静态的优化问题，其包括 TSP、二次分配、车间调度等；另一类是动态优化，比如网络路由优化。表 5.4 列举了蚁群优化算法的一些典型应用。

表 5.4　蚁群算法的典型应用

问题名称	作　者	算法名称	文献索引
旅行商问题	Ghafurian S, Javadian N	CABC	[112]
	Chen L, Sun H Y, Wang S	PACO	[113]
	Chen S M, Chien C Y	PGACS	[114]
	Hlaing Z C S S, Khine M A	Improved ACO	[115]

续表

问题名称	作　者	算法名称	文献索引
调度问题	Yagmahan B, Yenisey M M	MOACSA	[116]
	Xing L N, Chen Y W, Wang P	KBACO	[117]
	Li K, Xu G, Zhao G	LBACO	[118]
	Pan Q K, Fatih Tasgetiren M	DABC	[119]
二次分配问题	Jingwei Z, Ting R, Husheng F	ASAC	[120]
	Wong K Y, See P C	Hybrid ACO	[121]
网络路由问题	Cheng D, Xun Y, Zhou T	EAACA	[122]
	Zhao D, Luo L, Zhang K.	IACO	[123]
图着色问题	Fister Jr I, Fister I, Brest J	HABC	[124]
	Plumettaz M, Schindl D, Zufferey N	Ant Local Search	[125]
	Lintzmayer C N, Mulati M H, Silva A F	CA-RT-RA	[126]
多重背包问题	Ren Z, Feng Z, Zhang A	ACO with LR	[127]
	Ke L, Feng Z, Ren Z	Max-min AS	[128]
车辆路线问题	Yu B, Yang Z Z	Improved ACS	[129]
	Balseiro S R, Loiseau I, Ramonet J.	ACS	[130]

二次分配问题解决的问题是将多个设备分配到多个位置，使分配的代价最小化。蚁群算法可以用于解决此类问题，Maniezzo 等人将最小-最大启发信息引入到蚁群算法中用于求解此类问题，在经过一系列标准的测试以后发现，改进的蚁群算法求得的解要优于其他的一些方法。蚁群算法在车间调度问题（JSP）的研究中也初步取得了成果，因为 JSP 与 TSP 模型具有一定的相似性，所以可以用蚁群算法来求解 JSP 问题。Costa 等人将蚁群算法进行了改进，提出了一种求解分配类型问题的一般模型，并在着色问题的研究中取得了较好的成效。蚁群算法还可以用于求解连续空间优化问题。

蚁群算法在动态组合优化上的应用研究主要集中在网络通信方面，这是由网络优化本身所具有的一些特性所决定的，比如分布计算、异步的网络状态更新等，这些特性地能够很好地与蚁群算法的优化特性贴合。蚁群算法已经被成功地应用于网络路由上，惠普公司是最早利用蚁群算法来优化网络路由的公司之一，蚂蚁个体根据它在网络上周游的经验，动态地对路由表进行更新。

5.3.4　TSP 模型与任务调度模型的比较

TSP 问题可以描述为：假设有 n 座城市，现在要找出一条最短且封闭的路径使得每座城市都被访问并且只访问一次。用传统的穷举算法一定可以找出一条最短路径，但算法的时间复杂度将以阶乘的形式增加，其效率十分低下。蚁群作为一种启发式算法在解决这类问题中体现出来巨大的优势。用蚁群算法解决此问题的操作步骤如图5.8所示。

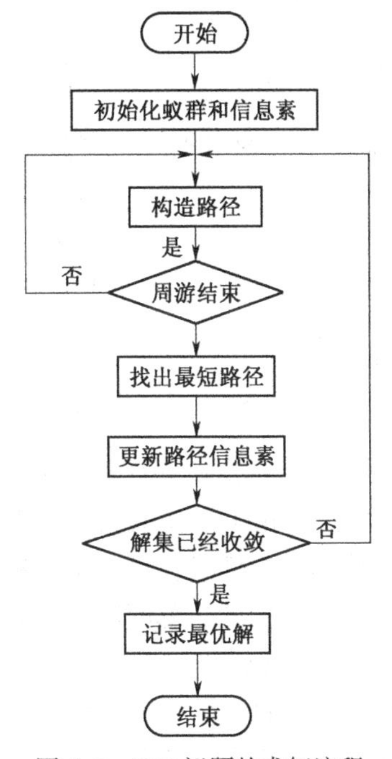

图5.8 TSP问题的求解流程

(1) 对所有路径上的信息素赋予初始值。

(2) 将蚂蚁随机放置到一个城市进行遍历，当其找到解以后，计算遍历时间。之后，根据该时间对蚂蚁经过路径进行信息素更新。

(3) 进行有限次迭代（迭代次数一般与城市的多少有关）后得出一条收敛的路径即为最优解。

传统的蚁群算法能很好地解决TSP问题，其必定能经过有限次的迭代之后找出一条收敛的路径，但是传统的蚁群算法不能直接用于解决任务的分配问题。TSP和任务分配的模型如图5.9（a）的TSP模型中可以看出，只需要找到一条不重复经过某个城市节点的闭合回路便能作为一个解，一个城市的节点既是一条路径的终点也是另一条路径的起点，并且蚂蚁构建的解都是连续的；但是任务的分配不像TSP只需要考虑各城市间的距离，它需要同时兼顾任务的长度和虚拟机的处理能力，这是一个多目标的最优匹配问题，当用蚁群来解决此问题时，本章规定蚂蚁从某个任务节点开始循环遍历完所有任务为其找到的一个解，从图 5.9（b）的任务分配模型可以看出，蚂蚁找到的解都是间断而非连续的。

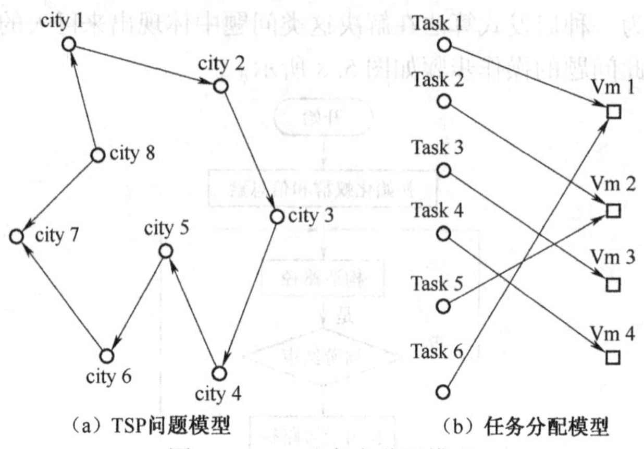

（a）TSP问题模型　　（b）任务分配模型

图 5.9　TSP 和任务分配模型

蚁群是按一定的规则来循环遍历所有任务的节点，而不是随机任意的遍历。图 5.10 中设定了 6 个任务和 4 个虚拟机并给出了两种不同的循环遍历方式，图 5.10（a）为正确的匹配模式，可以将其称为蚂蚁在遍历所有任务中找到的一个解。而图 5.10（b）的二部图匹配模式有两点错误：首先，一个任务不能同时分发给多个虚拟机，图 5.10（b）中将 1 号任务同时分发给 1 号和 2 号虚拟机，这是不合理的，会导致任务长期处于等待状态而得不到执行且有虚拟机处于空闲状态而降低了系统的性能。其次，当系统中存在空闲虚拟机的时候，应该首先将任务分配给空闲虚拟机，在图 5.10（b）中，将 1 号任务分配给 1 号虚拟机，当处理 2 号任务时，应该将 2 号任务分配给 2 号虚拟机或其他虚拟机而非 1 号虚拟机。

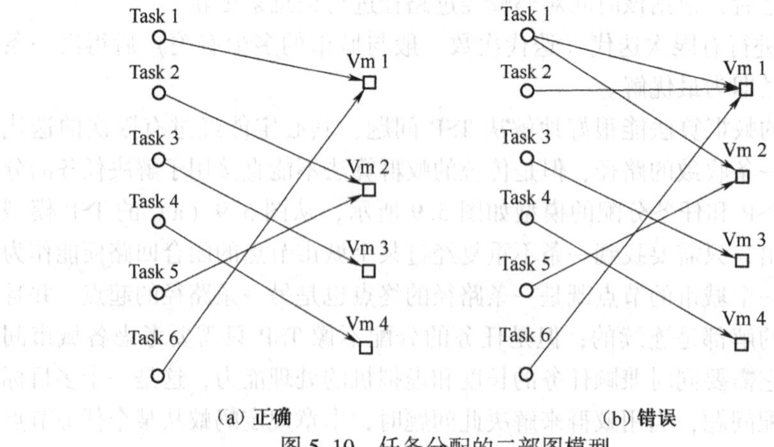

（a）正确　　（b）错误

图 5.10　任务分配的二部图模型

5.3.5　蚁群算法的数学模型

TSP（旅行商问题）是蚁群算法中一个最为典型的应用。下面以 TSP 为例来说明蚁群算法的数学模型。在 TSP 问题中，蚁群找出的解是一条闭合的路径，如图 5.9（a）所示，假定该图 $G=(V, E)$，其中 V 表示图中的顶点集合，E 表示边集。用 d_{ij} 表示顶点 V_i 到顶点 V_j 之间的距离，也就是城市 i 到城市 j 的距离，若蚁群在对所有节点 $V=\{V_1, V_2, V_3, \cdots, V_n\}$ 的一个访问顺序为 $S=\{S_1, S_2, S_3, \cdots, S_n\}$，其中

$$S_i \in V\{i=1, 2, 3, \cdots\} \tag{5.8}$$

则旅行商问题的数学原型可以描述为

$$L=\sum_{i=1}^{n} S_i S_{i+1} \quad (S_{n+1}=S_1) \tag{5.9}$$

式中，L 表示路径的总长度，TSP 问题目标就是要找到这样一个访问序列 S 使得 L 最小。

云计算中的任务调度是一个并行计算模型，它的目标是将多个任务有效地分配到虚拟机中进行处理，使任务在最短的时间内得以调度和执行的情况下，极大地提高了系统的吞吐率。假定任务调度系统中有一个 n 个任务的集合 $T=\{T_1, T_2, T_3, \cdots, T_n\}$，$m$ 个虚拟机的集合 $V=\{V_1, V_2, V_3, \cdots, V_m\}$，用一个矩阵 n 行 m 列的矩阵 $\boldsymbol{C}$ 来表示任务分配到各虚拟机的代价（也就是调度时间），例如 c_{ij} 表示任务 T_i 分配到虚拟机 V_j 的调度时间。要找到一个任务到虚拟机的对应关系 M：$T \rightarrow V$，使得函数

$$f=\sum_{i=1}^{n} \sum_{j=1}^{m} C_{M(i) M(j)} \tag{5.10}$$

的值最小，其中 $M(i)M(j)$ 表示任务 i 到虚拟机 j 的一个有效映射。

5.3.6　蚁群算法的实现

蚂蚁的觅食行为实质上是蚂蚁个体通过彼此协同分工所表现出来的一种高效群体智能行为。蚁群算法有两个重要的特征：①蚁群的行为是通过一种正反馈机制来指导的，正反馈机制使得蚂蚁找到的每一个优化解都得以加强，而且通过不断地迭代，解会更加趋近于最优解。②体现在它的分布式并行计算。算法可以在全局的多个地方设置搜索点，并发的进行运算，从而有效地防止解集陷入局部最优。从此也可以看出蚁群算法在求解非线性问题方面具有较好的效果。

蚂蚁周游一圈就是蚂蚁遍历完所有任务节点构造一个解的过程。当系统中存在虚拟机时，蚂蚁在 i 任务节点选择虚拟机 j 的概率为

$$p_{ij}=\begin{cases}\dfrac{\rho_{ij}[\mathrm{time}_{ij}]^{\alpha}[\eta_{ij}]^{\beta}}{\sum\rho_{ij}[\mathrm{time}_{ij}]^{\alpha}[\eta_{ij}]^{\beta}}, & j\in \mathrm{allowed}_k\\ 0, & \text{其他}\end{cases} \tag{5.11}$$

其中，$\mathrm{time}_{ij}=\mathrm{task\_length}_i/\mathrm{vm\_mips}_j$，$\mathrm{task\_length}_i$ 表示任务 i 的长度，$\mathrm{vm\_mips}_j$ 表示虚拟机 j 的处理能力；η_{ij} 表示边 ij 上的信息素的值；allowed 表示蚂蚁能够移动到的虚拟机；α 表示时间因子的重要性；β 表示信息素的重要性；ρ_{ij} 表示将任务 i 分配给虚拟机 j 的奖励系数。在调度程序运行的过程中，更倾向于将任务分配给空闲的虚拟机，当系统中没有空闲虚拟机时，则倾向于将任务分配给处理能力强的虚拟机。任务 i 在调度时，通过查询系统中虚拟机的状态，可以得到一个处于工作状态的虚拟机链表 S，该链表的长度为 m，当系统中虚拟机的数量越多、任务越少的时候，m 值会越小。由此给出 ρ_{ij} 的定义：

$$\rho_{ij}=\begin{cases}1-\dfrac{\mathrm{time}_{ij}}{\sum\limits_{i=1}^{m}\mathrm{time}_{ij}}, & i\in S\\ 1, & i\notin S\end{cases} \tag{5.12}$$

从这个定义可以看出，处理能力越强的虚拟机使得 time_{ij} 的值越小，最终使得奖励系数 ρ_{ij} 越大。

图 5.11 给出了蚂蚁周游一圈的流程。在这个流程图中，i 代表任务的编号，j 代表虚拟机的编号。蚂蚁周游一圈的大致过程如下：

(1) 将蚂蚁随机放到一个任务节点，虚拟机处于第一个待分配位置。对每条边上的信息素赋予初值。

(2) 判断虚拟机编号是否大于最大的虚拟机编号，如果当前虚拟机编号大于最大的虚拟机编号则表明系统中无空闲虚拟机。

(3) 在第一次遍历时，由于系统中的信息素都初始化为一个常数，蚂蚁对系统还不可知，蚂蚁随机地选择虚拟机来处理任务，之后则根据概率模型来选择相应的虚拟机。

(4) 让任务下移，并判断任务编号是否大于最大的任务编号，如果当前任务编号大于最大的虚拟机编号则表明所有的任务都已经遍历。

(5) 重复步骤 (2)~(4)，直到所有的任务都已经匹配到合适的虚拟机。

(6) 计算系统完成蚂蚁构造的这个任务匹配所花费的总时间 total_time。并根据公式 $\mathrm{pheromone}(t+1)=\mathrm{pheromone}(t)+D/\mathrm{total\_time}$ 来对蚂蚁走过的路径进行信息素的更新。其中 $\mathrm{pheromone}(t+1)$ 表示更新之后路径上的信息素值，$\mathrm{pheromone}(t)$ 表示更新之前的路径上的信息素值，D 表

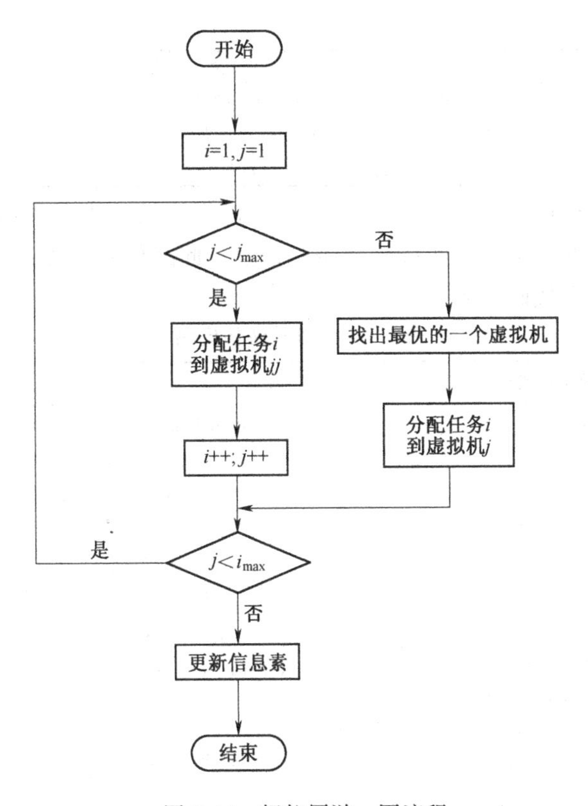

图5.11 蚂蚁周游一圈流程

示激励因子，其根据不同的应用程序作不同的设定。

蚁群算法伪代码相关参数说明见表5.5。

表5.5 蚁群算法伪代码相关参数说明

参数	含义
vm	虚拟机
tl	系统中将任务串联起来的链表
vl	系统中将虚拟机串联起来的链表
taskNumber	任务的总数目
vmNumber	虚拟机的总数
VmTimeUsage	用于记录虚拟机运行时间的数组变量
record	用于记录各任务所匹配到的虚拟机
pheromone	记录每条边上信息数的数组
solutions	记录蚂蚁构建的解
optimalSolution	通过对各个解比较后得出的优化解
time	记录任务分配到每个虚拟机上所耗费的时间的二维数组

续表

参　数	含　义
alpha	蚁群概率模型中 time 的相对重要性
beta	蚁群概率模型中 alpha 的相对重要性
iterationTimes	蚂蚁周游的迭代次数，一般取经验值

把蚁群随机地安置到不同的任务节点进行周游，当经过有限次迭代之后，蚂蚁构建的解会逐渐收敛到一条路径上，此路径便是找到的最优解。蚁群算法实现的伪代码见表 5.6。

表 5.6　蚁群算法伪代码

算法 5.2　蚁群算法伪代码

```
public class Solution {
public void initial( ) {
  initial tl and vl;
  for( int i=0;i<vl. getlength( );i++) {
    set VmTimeUsage→0;
    set idle→true;            }
  }
private void updatePheromone( ) {
  for( int i=0;i<tl. getLength( );i++) {
    Δpheromone=D/finishTime( );
    // build the path by ants
    if( path ∈ solution)
      pheromone+=Δpheromone; }
}
private int findTheOptimalVm( int taskNumber) {
  for( int i=1;i<vl. getlength( );i++) {
    if( VmTimeUsage( i) +time( i)= =min)
      assign the task→vm( i); }
}
private int finishTime( ) {
  for( int i=1;i<vl. getlength( );i++) {
    if( VmTimeUsage( i)= =min)
      finishTime=VmTimeUsage( i);   }
}

private void setToPrimary( ) {
  for( int i=0;i<vl. getlength( );i++) {
    set VmTimeUsage→0;
    set idle→true;        }
}
```

```
private void antTour( ) {
    //set the beginner randomly
    record(1) ∈ [1,tl. length];
    for( int j=1;j<vl. getlength( );j++) {
      if ( ρj [timej]^α [ηj]^β / [timej]^α [ηj]^β = max)
        assign the first task→vm(j); }
    while( tl! =null) {
      if( flag=true) {
        find the vm let ρj [timej]^α [ηj]^β / [timej]^α [ηj]^β =max;
        assign thet task→vm(j);          }
      else   findTheOptimalVm( int taskNumber);
        move to the next task;           }
    record( last member)= finishTime( );
    updatePheromone( );
}
public void findTheSolution( ) {
    for( int i=0;i<iterationTimes;i++) {
      antTour( );
      for( int j=0;j<tl. getLength( )+2;j++) {
        output record( j);
        setToPrimary( );                 }
      for( int i=iterationTimes-2;i>=0;i--) {
        if ( solution( i)= =min)
          optimalSolution=solution( i); }
      for( int i=0;i<tl. getLength( );i++)
        output pheromone value;          }
}
```

5.3.7　仿真与分析

云计算与网格计算环境相同，对任务调度策略要求高，良好的任务调度策略，可以高效利用系统资源，平衡系统负载提高利用率，它对提高服务云计算的质量是很重要的。云计算的目标是将大量资源集合在一起，并充分利用这些资源，更好地满足用户提出的各类要求，提供更优质的服务。因此，任务调度是云计算研究中的核心工作之一。然而，在云计算系统中，网络带宽是受到限制的资源之一，因此，任务调度算法需要充分考虑数据的局部性。但是，当网络状态良好，而大部分的处理器不能在一个较短的时间内响应时，过度追求高数据局部性对任务的调度与执行产生负面影响，因此，如何在响应时间和数据本地性之间找出一个折中方案是非常重要的。

先来先服务算法（FCFS）的优点在于它容易实现，其缺点在于其没有考虑虚拟机的处理能力和任务的长度等一系列的属性。贪心调度算法（Time Greedy）很好地避免了将长任务分配给处理能力弱的情况，但是这个算法是一个局部最优的算法，它没有考虑系统的整体执行效率。

蚁群算法作为一种启发式算法在解决NP难问题上体现出了优势。传统的蚁群算法在旅行商问题、着色等问题上表现优异。本章在传统蚁群算法的基础上提出了改良的蚁群算法来解决云任务调度问题。

改进的蚁群算法将会用CloudSim工具包进行模拟仿真。CloudSim是在离散事件模拟包SimJava上开发的函数库，它沿用了GridSim的编程模型，支持云计算的研究和开发，并提供了以下新的特性：

（1）支持大型云计算建模与仿真。

（2）一整套的完善的仿真体系，包含了数据中心、代理、调度策略等，方便自定义扩展。

其中，CloudSim特有的功能有：①提供虚拟化引擎，这使得在数据中心创建多元化的服务成为可能；②在给虚拟化服务分配处理器时能够根据不同的情形在时间和空间共享策略上灵活转变。

本实验用到的主要工具为Eclipse和CloudSim，这个可视化的模拟仿真系统在Windows 7操作系统下编写运行。最后将蚁群算法以传统的FCFS和贪心算法进行比较并得出相应的结论。

在这个可视化的云仿真系统中设置了三种不同的参数设置方式，其分别是XML配置、平均随机和高斯随机。其中，第一种配置方式手动地设置虚拟机和任务的参数，第二种和第三种配置方式则通过随机的方式来获取虚拟机和参数的值。

表5.7给出了虚拟机和任务的一个简单的XML配置文件。从这个配置文件中可以看出，在云仿真系统中，虚拟机需要配置其数量、ID、处理能力（以MIPS为单位）；任务需要配置其数量、ID、长度。

表5.7 虚拟机和任务的配置文件

虚拟机和任务的xml配置

```
<? xml version="1.0" encoding="UTF-8"? >
<config>
    <Vms total_Vms="  1"  >
            <Vm>
                <Vm_ID>0</Vm_ID>
                <Vm_mips>278</Vm_mips>
            </Vm>
    </Vms>
    <Cloudlets total_Cloudlets="  1"  >
            <Cloudlet>
                <Cloudlet_ID>0</Cloudlet_ID>
                <Cloudlet_length>19365</Cloudlet_length>
            </Cloudlet>
    </Cloudlets>
</config>
```

在平均随机的情形下，虚拟机要配置其数量、处理能力最低值、处理能力最高值；任务需要配置其数量、长度最大值、长度最小值。通过这样随机得到的参数会随机分布到上下限之间。

在高斯随机的情形下，虚拟机要配置其数目、处理能力标准差σ；任务需要配置其数目、处理能力平均值μ、长度标准差σ、长度平均值μ。根据正态分布的3σ定律，随机出来的数据会大致分布在［$\mu-3\sigma$，$\mu+3\sigma$］这个区间。当设置平均随机的下限值为200，上限值为400；高斯随机的平均值为300，标准差为25时产生400个数据的散点图，其中三角形的点是平均随机的结果，正方形的点是高斯随机的结果。

从图5.12中可以看出，平均随机得到的点均匀分布在给定的区间［200，400］中，而通过高斯随机的点则主要集中在300上，其取值区间收敛在［225，375］。

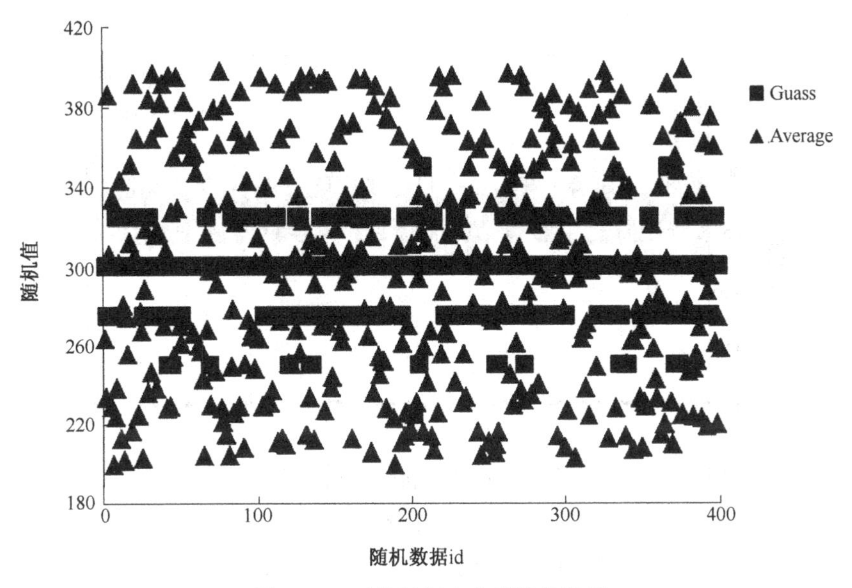

图 5.12　平均随机和高斯随机结果

本章通过三种不同的方式来获取虚拟机和任务的参数。表 5.8 给出了不同随机方式下虚拟机和任务的参数值，Lower 表示取值的下限，Upper 表示取值的上限，Number 表示数量，Average 表示高斯随机的平均值，SD 表示方差。表 5.9 给出了 XML 配置的虚拟机和任务参数。用蚁群算法进行实验的结果，如图 5.13 所示。

表 5.8　随机参数设定

类　型	Vm（MIPS）			Task		
Average Random	Lower 100	Upper 300	Number 300	Lower 10000	Upper 30000	Number 500
Gauss Random	Average 200	SD 10	Number 300	Average 10000	SD 300	Number 500

表 5.9　XML 配置参数

VM	No.	0	1	2	3	4
	Value（MIPS）	278	289	132	209	286
Task	No.	0	1	2	3	4
	Value	19360	49819	31218	44156	16752
	No.	5	6	7	8	9
	Value	18436	20145	31593	30717	31018

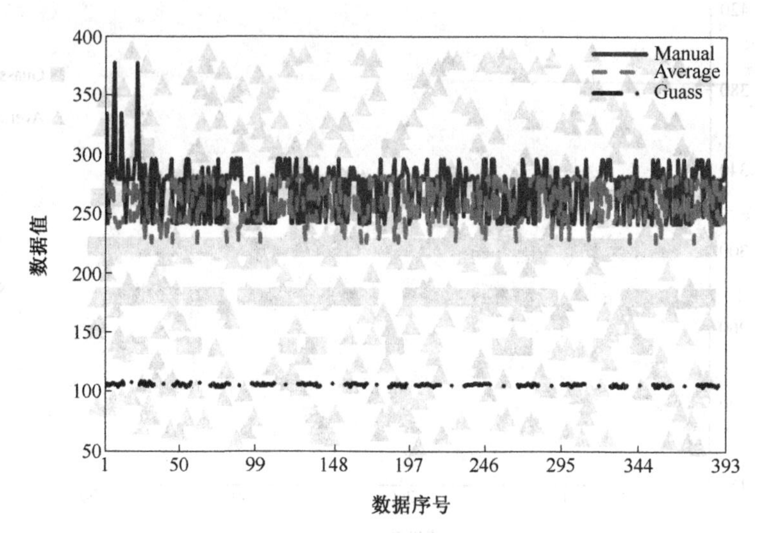

图 5.13 不同参数配置下的实验结果

图 5.13 中，实线是通过 XML 配置参数得到的结果，虚线通过平均随机得到虚拟机和参数，黑色的半虚线通过高斯随机得到虚拟机和参数。从图 5.13 中可以看到半虚线趋于水平，这主要是因为高斯随机中，虚拟机处理能力和任务的长度都如同图 5.12 中正方行的点集中在一条线上，以至于参数波动比较小；而用平均随机和 XML 配置得到的参数会相对的散乱，其仿真的结果也会在 250 这条线上下波动。

上面分析了不同配置方式获取虚拟机和参数情形下的蚁群调度。下面通过三种不同的方式来配置参数，在参数相同的情况下用不同的策略进行任务调度，结果见表 5.10。

表 5.10 不同调度方案下的实验结果

调度方案	Average	Guass	Manual
FCFS	264	99	358
Greedy	255	96	283
ACO	245	92	237

蚁群算法在解决云计算任务调度时实现了简单的负载均衡。例如，通过表 5.9 的 XML 配置参数时，蚁群算法的调度结果为（5→4，4→3，0→2，1→2，9→3，7→4，3→0，2→1，8→4，6→2），在这个匹配结果中，0 号和 1 号虚拟机上分别分配了 1 个任务，3 号虚拟机分配了 2 个任务，2 号和 4 号

虚拟机上分别分配了 3 个任务。而从表 5.9 的虚拟机参数中可以看出，2 号和 4 号虚拟机的处理能力强从而分配到较多的任务，0 号和 1 号虚拟机的处理能力弱则分配到较少的任务。图 5.14～图 5.17 描述了在 α、β、任务参数和虚拟机参数对三种调度算法的影响。

当设定 α 的变化区间为［1，3］，β 的变化区间为［2，4］时，通过三种不同调度策略所用的时间如图 5.14 所示。

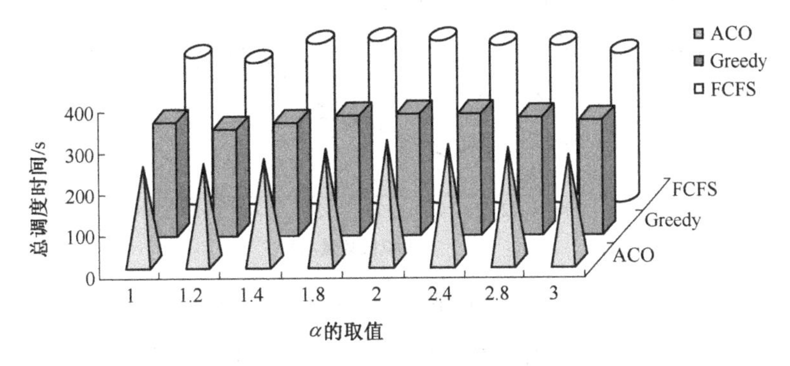

图 5.14　α 值对调度的影响

当采用平均随机进行调度，设定虚拟机数量在 200～400 之间波动、Mips 在 200～400 之间变化、任务数量在 400～800 之间变化、任务长度在 10 000～20 000 之间变化，三种不同策略调度消耗的时间如图 5.15 所示。

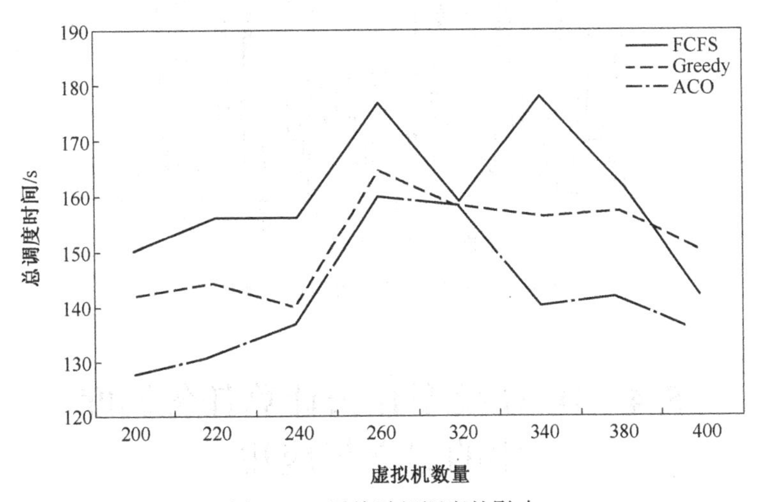

图 5.15　平均随机调度的影响

采用高斯随机调度，设定虚拟机数量在 200～400 间波动，Mips 在平均值为200、方差为50，任务数量在400~800之间变化，任务长度平均值为15 000、标准差为500时，三种不同策略调度消耗的时间如图5.16所示。

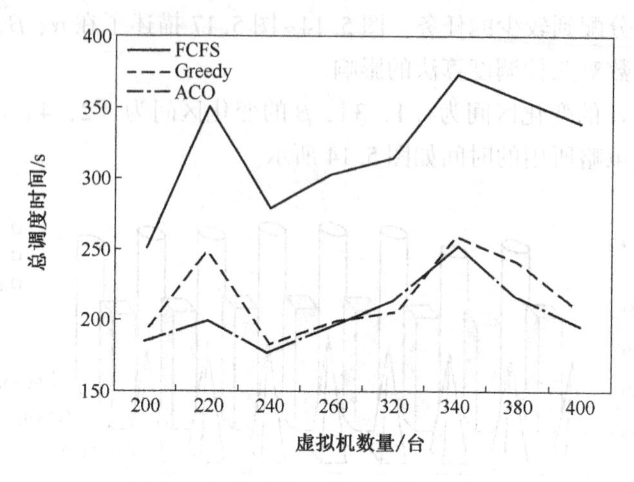

图5.16 高斯随机对任务调度的影响

图5.17是通过XML固定参数配置时三种不同策略完成调度的时间。

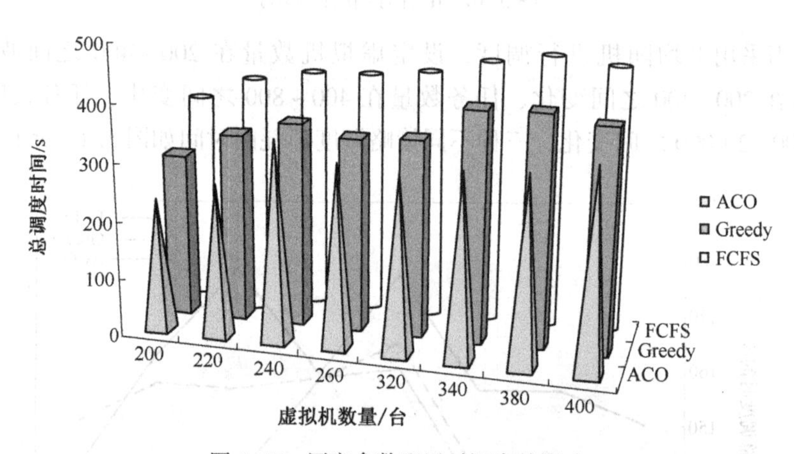

图5.17 固定参数配置对调度的影响

5.4 DAG模型在云计算任务调度中的建立与应用

云计算环境中的任务往往可以切割成一系列存在依赖关系的子任务，本章用 DAG（有向无环图）工作流模型来描述这种任务调度模型，本章首先介绍了 DAG 工作流调度中的一些基本假设和数学模型。然后用优先级调度算法、融合优先级调度的蚁群算法来对 DAG 任务调度问题进行研究，最后通过仿真实验来比较和验证算法的有效性。

5.4.1　DAG 调度算法概述

在实际的云计算环境中，任务调度的绝大部分工作都集中在对依赖任务优化问题的解决上。由于任务本身的一些特性，根据任务划分方案的不同，任务之间往往存在各种各样的联系，也正是由于这种关联关系的制约，导致任务只有在它所有的前驱任务都执行完毕的情况下才能被调度执行，这给任务调度带了很多的问题，需要根据任务的特性设计合适的调度算法。

在云计算的环境下执行一个大任务时，可以将任务裂变成一系列存在依赖关系的子任务，进而可以在云计算环境下将这些任务分配到不同的虚拟机中进行处理。然而，互联网的快速发展导致网络计算机资源的联系越来越紧密，同时也使得互联网资源的结构变得越来越复杂，如何有效地利用这些资源来处理这些子任务是一个值得关注的问题。

具有依赖关系的任务一般可以用 DAG（有向无环图）来加以表示，与无依赖关系的独立任务调度问题相比较，带依赖关系的任务调度在解决任务分配的同时还需要额外考虑任务分配到虚拟机上的时间。前驱任务的调度会对后面的任务执行产生较大的影响，因此，带依赖关系的任务调度问题是非常复杂的。

国内外的学者早在上世纪就开始了对 DAG 任务的调度研究，在早期的一些研究中，学者们对任务图作了一些特定的假设，比如他们考虑的都是一些树类型的任务图。然而，在实际的任务调度中，一些应用程序用 DAG 构建以后，并没有树形结构那么规则，因此，学者们后期的研究开始偏重于对无规则 DAG 任务调度的研究。对于那些存储共享的并行计算模型，任务调度的时间远远高于任务之间通信的时间，因而可以忽略任务之间的通信代价，但是，在网络环境下的并行计算，网络延迟是并行计算中一个不得不考虑的因素，这使得任务调度中需要进一步考虑任务之间的通信开销。

现有的 DAG 调度算法如图 5.18 所示。DAG 调度技术可以分为两类，第一类是性能优先类调度算法，这类调度算法在设计的过程中，优先考虑任务的完成时间。另一类是基于 QoS 分类的调度算法，此类的算法在设计时需要考虑获取资源的各类约束，比如时间、预算等，文献 [131] 提出了一种启发式算法来解决存在依赖关系和 QoS 要求的复杂任务的调度。文献

[132] 给出了一种基于信任机制的调度算法来解决 DAG 任务调度问题，基于任务执行效率和用户实际需求来提高 QoS。

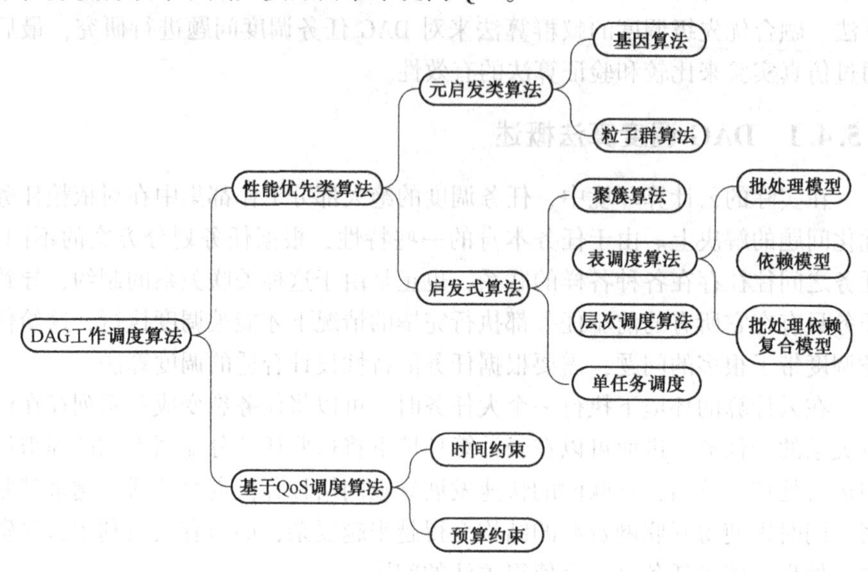

图 5.18 DAG 调度算法分类

性能优先类算法又可以分为两类，一类是基于元启发式的调度算法，主要包括基因遗传算法和粒子群算法，文献 [133-135] 利用基因算法解决异构系统中 DAG 任务调度问题；文献 [136-138] 利用 PSO 来优化云计算环境下的任务调度。另一类是基于启发式的调度算法，启发式算法可以分为聚簇算法[139-140]、层次调度算法[141]、单任务调度算法和表调度算法[142]，表调度算法中又包含批处理模型[143]、依赖模型[144]和批处理依赖复合模型[145]。

贪心算法也可以用于处理 DAG 工作流任务的调度，贪心算法总是选择目前最优的虚拟机进行匹配。这表示贪心算法不会基于全局最优的角度考虑，它所做出的抉择只是在某种规则下的局部最优解。当然，贪心算法在设计之初也是为了得到整体最优解。贪心算法在求解 DAG 问题的过程中，首先找出某一时刻具有相同并发度的任务，然后根据任务的长度来进行分配，将任务分配给使得虚拟机总调度时间最小的虚拟机。在本章的仿真实验部分，会把贪心算法与本章提出的调度算法进行比较。

5.4.2 DAG 调度模型

在本章的研究中，用 DAG（有向无环图）来描述一系列存在依赖关系的子任务。将这些任务分配到合适的虚拟机上处理，使得系统的调度时间最短、开销最小、吞吐量最大。这是一个 NP-hard 问题，在本章的后续章节中，会提出不同的算法来对任务进行调度，期望能得到一个近似的最优解。

在本章中，将一个大型任务分割成的一系列子任务称为一个 DAG 工作流（图 5.19），用 $G(V_i, E_i)$ 这样一个二元组来表示一个 DAG 工作流，其中，$V=\{n_1, n_2, n_3, \cdots, n_k \mid k \in Z, k<\infty\}$，$n_i$ 表示工作流的一个节点，也可以理解成一个子任务，$E=\{(n_i, n_j) \mid n_i, n_j \in V\}$，它表示各子节点之间的关联关系。如果 DAG 中的某个节点不存在任何的父节点则称该节点为入节点；如果某节点不包含任何的子节点，则称该节点为出节点，在图 5.19 中 1 为入节点，5 为出节点。

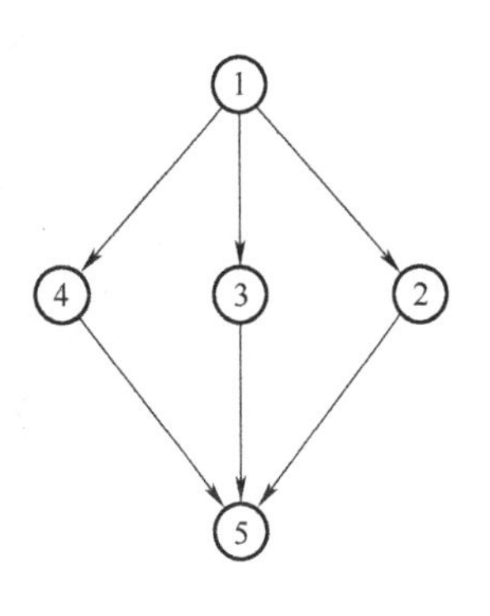

图 5.19　DAG 工作流

下面用一个示例来说明 DAG 调度模型，假定图 5.19 中一个工作流包含 5 个子任务，包含 2 个处理机 P1 和 P2，每个子任务只包含一个单位指令。表 5.11 给出了一个合乎情理的调度方案。

表 5.11　调度方案

处理机 P1	处理机 P2
1	
2	3
4	
	5

从表 5.11 中可以看出，由于子任务依赖关系和处理机数量的限制，只有 2 号和 3 号任务是并行处理的，调度所有的任务共耗费 4 个单位时间。如果系统中存在两个相同的工作流，这两个工作流相互独立，可以用一个伪入节点和一个伪出节点来将这两个工作流进行合并，合并结果如图 5.20 所示。其中，与伪入节点和伪出节点相连的边并不真实存在。

假设两个工作流的属性完全相同，表 5.12 给出了合并的工作流的一个合理调度方案。从表 5.12 可以看出，两个工作流中所有任务能够在 5 个单位时间内完成。

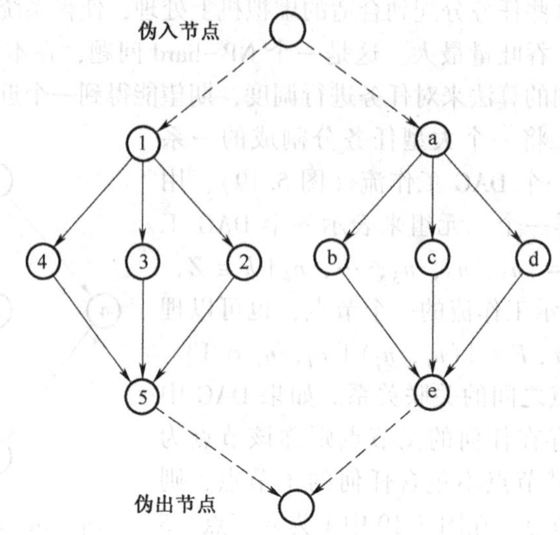

图 5.20 工作流合并图

表 5.12 多任务工作流调度方案

处理机 P1	处理机 P2
1	a
2	3
4	b
c	d
e	5

一个大任务分割成不同的子任务之后，在任务的执行过程中，子任务间的通信会占用一定的时间并增加一定的系统开销，这部分时间虽然不需要算入到总的任务调度时间，但是它在综合考评系统性能和分配虚拟机的过程中是一个必须考虑的因素。在 DAG 工作流中，用各边的权值来表示这部分时间，例如图 5.21 中 A、B 子任务的通信时间为 1.04。

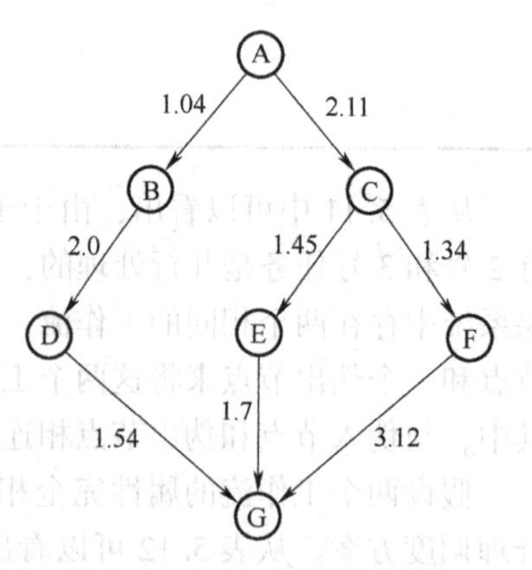

图 5.21 DAG 工作流示意图

假定子任务的长度为 $L_i(i = 1, 2, 3, \cdots)$，虚拟机的处理任务的能力为 $P_j(j = 1, 2, 3, \cdots)$，则将子任务 i 分配到虚拟机 j 上所耗费的时间为

$$t(V_i,\ \mathrm{Vm}_j) = \frac{L_i}{P_j} \tag{5.13}$$

则子任务 V_i 在虚拟机上运行的平均值为

$$\bar{t} = \sum_{j=1}^{n} \frac{t(V_i,\ \mathrm{Vm}_j)}{n} \tag{5.14}$$

进而可以得到所有任务在虚拟机中运行完成的平均值为

$$\bar{T} = \sum_{k=1}^{s} \frac{\bar{t}_k}{S} = \sum_{k=1}^{s}\sum_{j=1}^{n} \frac{t(V_i,\ \mathrm{Vm}_j)}{ns} \tag{5.15}$$

其中，s 表示子任务的总数；n 表示虚拟机的总数，由于任务的依赖关系，子任务可以分层进行调度，如果每一层任务在执行的过程中能够保证足够的并发度，也就是说每一层中的子任务能够几乎同时开始在虚拟机中运行，则每一层任务完成的平均时间即为 $\bar{T}$。

而系统完成一个 DAG 工作流，总的调度时间应该是从入节点分配到虚拟机上处理开始，直到出节点任务完成。定义总调度时间的期望值为

$$E(T) = D\bar{T} = D\sum_{k=1}^{s}\sum_{j=1}^{n} \frac{t(V_i,\ \mathrm{Vm}_j)}{ns} \tag{5.16}$$

其中，D 表示 DAG 工作流中的子任务的深度，例如图 5.21 中子任务的深度为 4。假定系统中所有的子任务等长，并且所有虚拟机的处理能力也相等，则每一层的任务总是能保证并发，则总的调度时间等于 $E(T)$，并且 DAG 工作流中的每一条路径的执行时间也相等。

在 DAG 工作流的调度过程中最长的一条路径为关键路径 CP，任务调度完成实际所花费的时间即为关键路径的长度，可以将实际的调度时间定义为

$$FT = \sum_{i=1}^{n} t(V_i,\ \mathrm{Vm}) \quad \{V_i \in \mathrm{CP}\} \tag{5.17}$$

其中，n 表示关键路径 CP 中包含子任务的数量；Vm 表示系统分配给子任务所对应的虚拟机。

5.4.3　优先级调度算法

优先级调度算法旨在通过一定的策略来计算每个子任务的优先级，然后通过优先级的大小将任务有序地分配给虚拟机进行处理。在本章中，用任务的平均完成时间 $\bar{t}$ 和 DAG 图中边的权值 w 来定义优先级：

$$p_i = \bar{t}_i + \max\{p_j + w_{ij} \mid j \in i\_\mathrm{next}\} \tag{5.18}$$

其中，$\bar{t}_i$ 表示 DAG 图中的第 i 个子任务在虚拟机上执行平均时间；i_next

表示子任务 i 的后续任务集合；w_{ij} 表示 DAG 图中边（V_i，V_j）的权值。需要注意的是，只包含一个节点的 DAG 工作流或者是 DAG 工作流中的出节点，它并没有与之对应的子节点，其优先级为

$$p_i = \bar{t_i} = \sum_{j=1}^{n} \frac{t(V_i,\ \mathrm{Vm}_j)}{n} \tag{5.19}$$

假定系统中存在图 5.21 所示的一个 DAG 工作流，且每个子任务的长度见表 5.13。

表 5.13　任务长度

任务名	长度	任务名	长度
A	30 218	E	40 325
B	44 157	F	29 856
C	25 698	G	32 568
D	31 562		

系统中存在 3 个虚拟机，其各自的处理能力见表 5.14。

表 5.14　虚拟机处理能力

虚拟机编号	虚拟机能力（MIPS）
1	3 000
2	3 500
3	4 000

根据上面的数据可以计算出每个子任务在各虚拟机上的处理时间和优先级信息，运算结果见表 5.15。

表 5.15　DAG 子任务优先级

任务	Vm_1	Vm_2	Vm_3	平均值	优先级
A	10.07	8.63	7.55	8.75	44.70
B	14.72	12.62	11.04	12.79	34.91
C	8.57	7.34	6.42	7.44	31.71
D	10.52	9.02	7.89	9.14	20.12
E	13.44	11.52	10.08	11.68	22.82
F	9.95	8.53	7.46	8.65	21.21
G	10.86	9.31	8.14	9.44	9.44

在计算出各子任务的优先级关系之后，接下来就是将任务进行分配到虚拟机上处理。这部分操作分为两个阶段，第一个阶段是计算各任务的优先级，任务之间存在依赖关系，在父节点任务没有完成之前，子节点任务必须等待，根据优先级的定义式为

$$p_i = \bar{t_i} + \max\{p_j + w_{ij} \mid j \in i\_\mathrm{next}\} \tag{5.20}$$

可以看出 DAG 工作流中越上层的任务具有越高的优先级，这能保证父节点任务的优先执行。第二个阶段是根据优先级关系将各个任务分配到合适的虚拟机中处理，其大致执行的流程如图 5.22 所示。优先级算法伪代码见表 5.16。

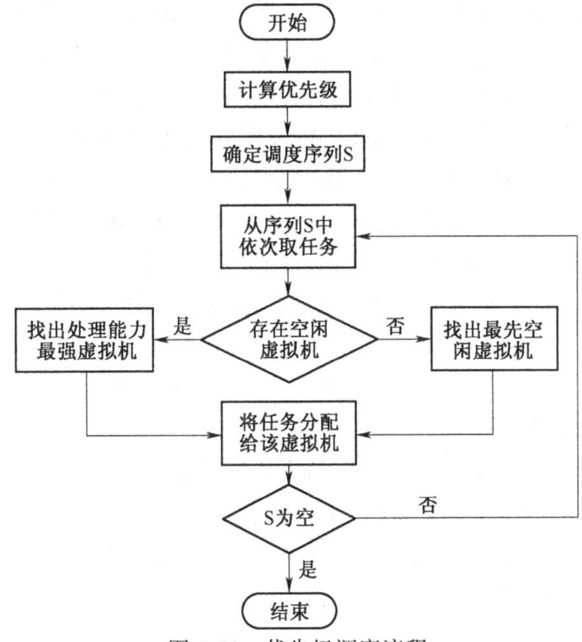

图 5.22　优先级调度流程

表 5.16　优先级算法伪代码

算法 5.3　优先级调度算法

Input the DAG workflow G（V，E）
Initial the parameters of $V_i \in V$ and Vms
1. Compute priority of V_i upward
2. Sort V_i by ascending，save V_i to List L
For node $V_i \in L$ do
if V_i→parent→state ＝＝ Finished
　For each $Vm_i \in$ Vms do
　if Vm_i→status ＝＝ idle save Vm_i to set S
　　choose the powerful Vm_j in S
　　Let $V_i \rightarrow Vm_j$
　End For
End For
Calculate total Schedule Time

(1) 根据优先级的定义式，求出每一个子任务的优先级。

(2) 将DAG工作流中的任务按照其优先级进行降序排列。

(3) 依此从DAG工作流中取出任务，按照任务的依赖关系将优先级高的任务分配到当前处于空闲且处理能力强的虚拟机中，如果当前所有虚拟机都处于忙的状态，则将任务分配到会最先空闲的虚拟机上处理。

下面介绍如何寻找某一时刻的空闲虚拟机。某任务在被调度之前，假设计算该任务的实际开始时间为BT，比较比其优先级高的各任务实际结束调度的时间CT。如果在这个高优先级任务的序列中存在某任务使CT>BT，则调度该任务的虚拟机处于忙的状态；如果使CT>BT的任务数量比虚拟机的数量多，则可以通过CT计算出最先空闲下来的虚拟机。

按照这种分配策略计算，则图5.21的各任务的匹配过程如下：

(1) 计算各任务的优先级，得到按其降序排列的任务列表：ABCEFDG。

(2) 取A任务，此时，系统中的三台虚拟机都处于空闲状态，将其分配到当前空闲的且处理能力最强的3号虚拟机。

(3) 取B任务，A任务完成以后可以同时对B、C进行分配，由于B优先级高，将其分配到3号虚拟机，C分配到2号虚拟机。

(4) 取E任务，由于C任务（需要7.34个单位时间）先于B任务（需要11.44个单位时间）完成，当前空前虚拟机为1、2，将其分配到2号虚拟机。

(5) 取F任务，当前只剩下1号虚拟机，将任务F分配到1号虚拟机。

(6) 取任务完成以后，只剩下3号虚拟机空闲，故将D任务分配到3号虚拟机。

(7) 取任务G，当任务D、E、F都完成以后它才能执行，此时1、2、3号虚拟机都已处于空闲状态，将其分配到3号虚拟机上处理。

用A→1的形式表示A任务分配到了1号虚拟机。根据上面的调度过程，可以得知最终的任务调度结果：A→3，B→3，C→2，D→3，E→2，F→1,G→3。

根据这个调度结果可以看出，处理能力强的3号虚拟机上运行了3个子任务，而虚拟机处理能力比较弱的2号虚拟机和1号虚拟机则分别只运行了2个和1个任务，处理能力强的虚拟机处理了更多的任务。

这种算法的一个很大的优点就是其有效地降低或者避免了子任务的忙等时间。所谓忙等，就是子任务在其调度过程中将其分配到某个虚拟机上，而在此任务具备运行条件的时候，虚拟机在处理DAG工作流中的其他任务，此任务需要等待一段时间才能得以处理。如果系统的虚拟机数量大于DAG

工作流中子任务能够并发执行的数量，则可以通过一些算法，比如优先级算法，来降低甚至避免忙等现象；否则忙等现象一定会存在于 DAG 工作流的调度过程中。

假定系统中存在图 5.23 所示的一个比较复杂的 DAG 工作流，如果 A ~ L 的所有任务具有相同的长度，并且系统中只有 3 个处理能力相同的虚拟机，那么该系统具有很高的并发度，处于 DAG 工作流第二层的 B、C 任务能够同时执行并且能够同时结束；当任务执行到第三层的时候，D ~ H 这 5 个子任务同时请求虚拟机，可系统中当前只存在 3 个虚拟机，这将导致其中 2 个任务必须等待其他任务执行完毕才能得到虚拟机资源，也就是说系统中虚拟机数量小于系统中子任务的最大并发度，忙等显现一定会出现，并且很难避免。

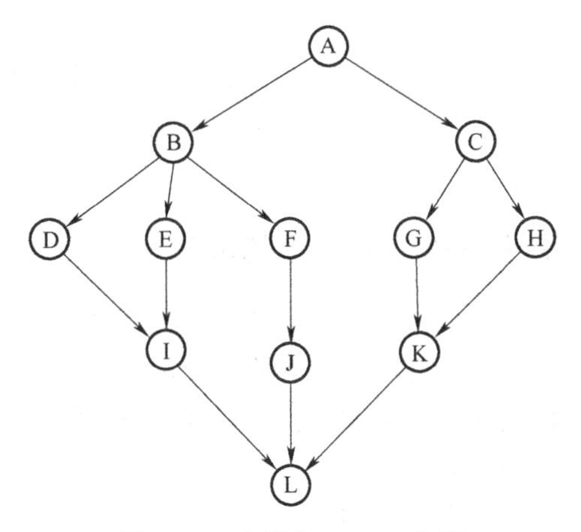

图 5.23 多任务 DAG 工作流

上面讨论的是一种理想的情形，实际的情况可能比这个更加复杂，不过，从这个例子中已经能够很清晰地看出，在虚拟机不足的时候，忙等现象确实存在，并且很难避免。此算法之所以能够有效避免忙等，是因为在调度某个任务时，通过精确计算可以找出系统中所有的空闲虚拟机，如果有空闲虚拟机，会将空闲虚拟机分配给该任务；如果系统中没有空闲虚拟机，忙等不可避免，则将最先空闲下来的虚拟机分配给任务，从而使得忙等的时间变得最小。

完成任务调度的总时间即为 DAG 中关键路径中各节点所耗费的时间总和。此 DAG 中的起始点为 V_1，定义从 V_1 到 V_i 的最长路径长度为事件 V_i 最早开始时间。这个时间标示了所有的以 V_i 为尾的其他节点任务的最早开始时间。定义最迟开始时间为在不延缓整个调度进程的前提下，任务 V_i 必须开始执行的时间。如果用 $s(i)$ 表示任务 V_i 的最早开始时间，用 $l(i)$ 表示该任务的最迟开始时间，两者之差 $l(i)-s(i)$ 是任务 V_i 的时间节余，也就是该任务在上文中提到的忙等时间。

如果存在某个任务是 $l(i)=s(i)$，则称此任务为关键任务。显然关键路径上的所有任务都是关键任务，因此，非关键任务的提早完成，并不能加快任务调度的进程。求解关键路径的方法如下：

(1) 构建 DAG 图，并建立 DAG 图的存储结构。

(2) 从源节点 V_1 出发，按拓扑有序地求出其余各个节点的最早发生时间，如果得到的拓扑有序序列中顶点个数小于图中顶点总数，则说明 DAG 图中存在环，不能求关键路径。

(3) 从 DAG 图中的出节点按逆拓扑有序地求出各个节点的最迟发生时间。

(4) 依次比较各节点的最迟发生时间和最早发生时间，如果存在某活动使得这两个时间相等，则其为关键活动，在确定了所有关键活动以后，将其连接得到的便是关键路径。

5.4.4 蚁群算法在 DAG 调度中的应用

由数量巨大的蚂蚁组成的蚁群在集体行为上表现出一种正反馈效应，蚂蚁在其运动的时候，可以在它所走过的路径上留下一种能够被其他同伴所感知的信息素，这种物质在群体活动中指导蚂蚁前行：如果一条路径上经过的蚂蚁数量越庞大，后面的蚂蚁则更愿意选择此条路径前行，蚂蚁的觅食行为就是通过这样的一种机制来运作的。

蚁群在进化的初级阶段，每条边上的信息素浓度差别不大，信息素还不足以来指导蚂蚁的运动，这时候蚂蚁的行动表现出极高的随机性，在经过一个较长的时间之后，由上面提到的正反馈机制的作用，各边上的信息素浓度才表现出差异，使得优化路径上的信息素浓度明显高于其他路径。经过一段时间的进化，蚂蚁行走的路径会越来越收敛，这也就是蚁群找到的优化解。这很好地解释了当问题规模变大时，蚁群很难在短时间内找出问题优化解的原因。

大量的实验结果表明，蚁群算法是一种基于全局最优的算法，不容易陷入局部最优。这是因为该算法本质上是一种并行算法，蚂蚁之间能够高效的协同合作、传递信息，而且基于这种正反馈效应，加快了蚁群进化的脚步。单个蚂蚁容易陷入局部最优，蚁群个体间通过合作，很快收敛于某一个解集，有利于对解集的进一步搜索，有利于发现优化解。

蚁群算法在求解 DAG 问题时，借鉴了优先级调度算法和处理任务调度时的优势，分配虚拟机时，综合考虑任务的优先级和虚拟机的状态。如果一个任务可以分配到多个虚拟机上进行处理，每一种分配方案都会使得总体的调度时间发生较大的差异，本节中的蚁群算法充分地考虑了这种调度差异性，将某一任务分配到虚拟机上的最长处理时间与最短处理时间之差定义为差异常数 dc。

$$dc = \max\{t(v_i, Vm_j)\} - \min\{t(v_i, Vm_j)\} \tag{5.21}$$

$t(v_i, Vm_j)$ 表示任务 i 在虚拟机 j 上的运行所耗费的时间。任务优先级计算公式为

$$p_i = (\bar{t_i} + \max\{p_j + w_{ij} \mid j \in i\_next\}) * a + dc * b \tag{5.22}$$

其中，$\bar{t_i}$ 表示任务 i 在所有系统中所有虚拟机上处理的平均时间；w_{ij} 表示 DAG 图中节点 i 到节点 j 所在边的权值。i_next 表示节点 i 后续节点的集合，a、b 是弹性系数，它分别表示了任务平均处理时间和差异常数在任务调度中的相对重要度，且 $0 < a < 1$，$0 < b < 1$，$a + b = 1$。如果在系统调度时设置 $a = 0.7$，$b = 0.3$，则可以得出各个任务的优先级、差异常数，见表 5.17。

表 5.17　子任务优先级

任务号	平均处理时间	差异常数 dc	优先级
A	8.75	2.52	32.05
B	12.79	3.68	25.54
C	7.44	2.15	22.84
D	9.14	2.63	14.87
E	11.68	3.36	16.98
F	8.65	2.49	15.59
G	9.44	2.72	7.42

通过上面的表可以确定一个按优先级排序的调度序列：ABCEFDG。在确定了调度序列之后，蚂蚁个体开始周游寻找解，在找到解之后更新信息素，其中蚂蚁移动过程中匹配虚拟机的概率为

$$pb_i = \frac{[phr(i, j)]^{\alpha}[ins(i.j)]^{\beta}}{\sum_{j=1}^{n}[phr(i, j)]^{\alpha}[ins(i.j)]^{\beta}} \tag{5.23}$$

其中，$ins(i.j)$ 表示任务 i 能够在虚拟机 j 上最早得以运行的启发值。它的定义如下：

$$ins(i, j) = t(V_i, Vm_j) + \max_{k \in i\_next}\{t(V_k, Vm_j) + w_{ik}\} + EST_{ij} \tag{5.24}$$

式中，EST_{ij} 表示任务 i 在虚拟机 j 上能够运行的最早时间。$phr(i, j)$ 表示信息素的值，本章用一个矩阵来记录每个任务到每个虚拟机的信息素信息（蚁群在迭代之前会对此矩阵进行初始化）。当蚂蚁构建了一个解以后，对信息素矩阵进行更新。蚁群寻找优化解的伪代码见表 5.18。

表 5.18 DAG 任务调度的蚁群实现伪代码

算法 5.4 DAG 任务调度的蚁群实现

```
1. Set random parameters of tasks and Vms
2. Create DAG  G (V, E) workflow and save the structure
3. Compute the priority of Vi ∈ V
4. Order Vi by priority and save it to list L
5. initial the Ant colony and the pheromone matrix M to C
For i=1→ m (number of ants)
    For j=1→ n (length of list L)
        Look Mij (pheromone value edge (i, j) ∈E) in M
        if Mij ==C
            Randomly choose a Vmj ∈ Vms
        else
            choose a best Vmj by formula (4-10)
        Let Vi→Vmj
    End for
        Calculate the total scheduling time T
        Update M by T
End for
```

在 DAG 图中，任务 i 在虚拟机 j 上能够运行的最早时间是根据路径来求解的，假定任务调度过程中，虚拟机 i 正在处理任务 j，则在 DAG 图中必定存在一条从根节点到任务 j 的 L 最长任务路径 $tour_j$，规定 $tour_j$ 上所有任务在系统中运行的总时间为路径长度 Len_j；如果此时任务 k 请求系统调度，计算 DAG 图中任务 k 的最长路径长度 Len_k，则将任务 k 分配给虚拟机 j 的延迟时间为 $|Len_j - Len_k|$。

蚁群算法寻找优化解的方法如图 5.24 所示。蚁群算法求解 DAG 任务调度的过程如下：

（1）自上而下求得 DAG 图中每个子任务的优先级。

（2）将 DAG 中每个子任务按照其优先级进行排序，初始化各节点到虚拟机的信息素矩阵。

（3）让蚂蚁依次遍历上面的任务序列，并按照给出的概率模型将任务分配到虚拟机上处理，蚂蚁在遍历的过程中，如果当前的信息素值为初始常数，说明此条路径之前并没有蚂蚁经过，蚂蚁则随机地寻找一个虚拟机来处理任务。

（4）蚂蚁在遍历完所有的任务之后，求得所用的总时间，并根据这个时间来更新信息素矩阵。

（5）重复步骤（3）~（4）进行多次迭代，迭代次数可以取一个经验值，当迭代达到一定次数之后，蚂蚁遍历的解集会收敛。

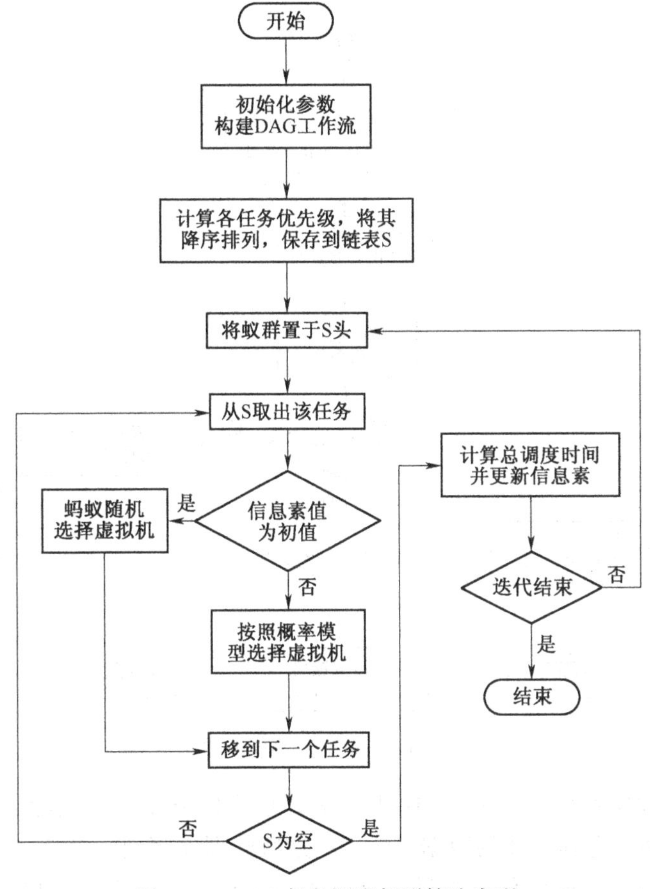

图 5.24　DAG 任务调度蚁群算法实现

5.4.5　仿真与分析

为了验证调度算法的有效性，本章将贪心算法、优先级调度算法与蚁群算法嵌入到 CloudSim 3.0 中，对它们的性能作比较并得出相关的实验数据。

本节中的所有实验都在 Windows 7 操作系统下进行，采用的编程工具为 Eclipse，其中 JDK 版本为 1.6，编程语言为 Java。

仿真实验的基础是 DAG 工作流的建立，由于在实验过程中，任务的规模比较大，采用 XML 的方式手动配置任务和虚拟机参数会比较耗费时间。本章中的试验采用高斯随机的方式来设置这些参数，通过高斯随机出来的参数服从正态分布。最后，采用分层的方式来构建 DAG 工作流，其构建的流程如图 5.25 所示。

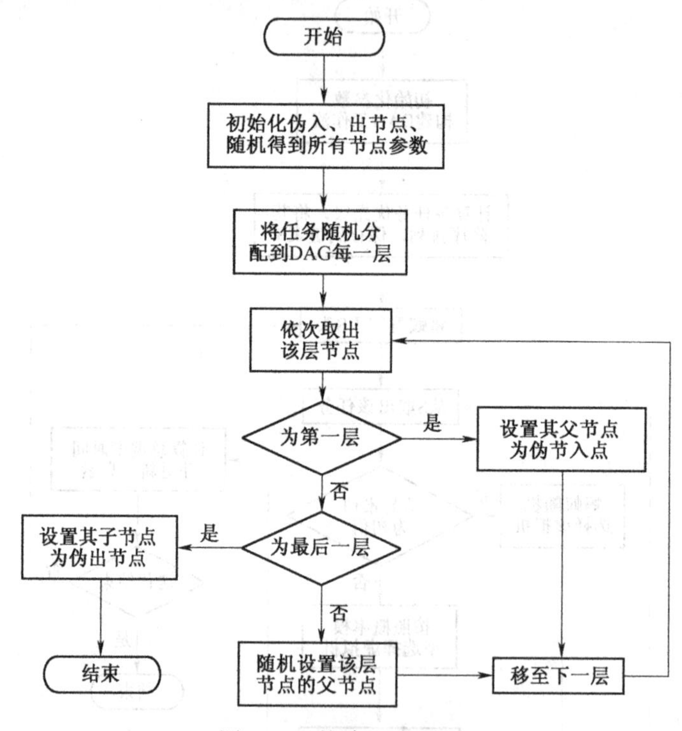

图 5.25 构建 DAG 流程

（1）设定系统中虚拟机的数目、处理能力的方差和处理能力的平均值。通过高斯随机得到具体的数据之后，将这些数据保存到一个链表中。

（2）设定系统中任务的数量、长度、平均值、方差，以同样的随机方式得到任务的参数。将这些任务保存到一个临时的链表中。

（3）将这些任务进行关联，形成 DAG 工作流。由于 DAG 工作流中的子任务可以同时拥有多个父节点和多个子节点，为了让这些节点在初始化的过程中不形成环，本章采用分层的方式来建立关联。

（4）设定 DAG 工作流的层数，随机设定 DAG 工作流中每一层所包含的节点数量（第一层通常只包含一个根节点），并使各层任务数量之和为之前设定的任务总数。用步骤（2）中得到的临时链表来依次填充每一层任务。在初始化过程中，随机设置某节点的父节点。

在 DAG 的生成过程中，对于每一层的节点都采用随机方式设置父节点而不是设置子节点，因为，采用设置子节点的方式将有可能导致 DAG 图中的非首层节点因为不包含父节点而成为实际的入节点，使得各层节点之间不能产生强关联，其生成的图可能如图 5.26（a）所示；而用设置父节点的方式能保证各层节点之间产生强关联，如图 5.26（b）所示。

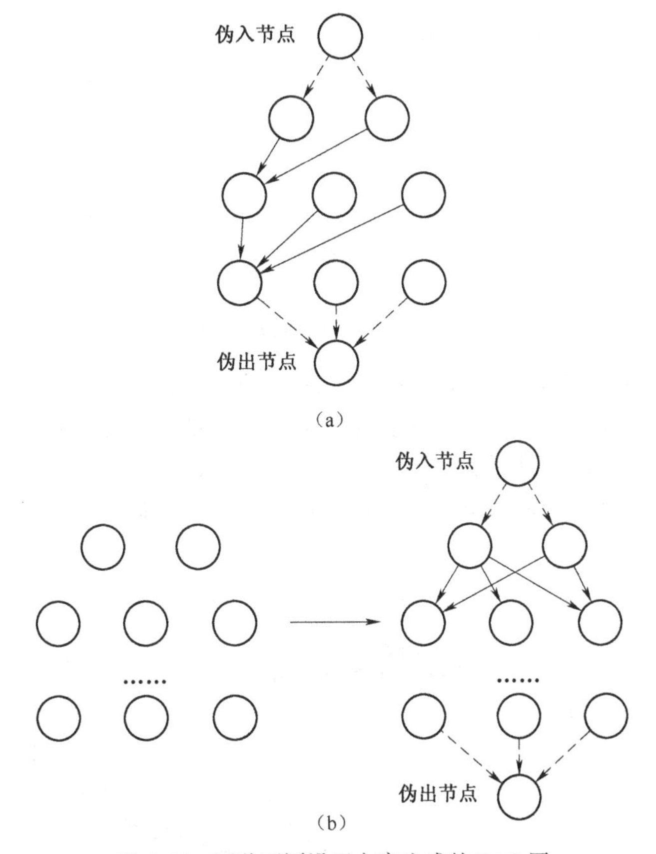

图 5.26　两种不同设置方案生成的 DAG 图

在云计算任务调度系统中设置 30 个虚拟机，虚拟机处理能力的平均值设为 1 000，方差为 200；实验过程中设置任务的数量为［200，400］，任务长度的平均值为 10 000，方差为 100；在构建 DAG 工作流的层数为 10，任务随机的分布在每一层，按照上面描述的方法随机构建子任务间的依赖关系。

图 5. 27 展示了本章中设置虚拟机和任务随机参数的窗口。

图 5. 27　随机参数设置窗口

调度结果如图 5. 28 所示。从图 5. 28 的仿真实验结果可以看出，当任务数量少于 300 时，每一层的任务数量相对较少，系统中有足够的虚拟机来处理任务，3 种调度算法的总调度时间相差不是太大，但随着任务规模的增加，3 种调度算法的表现出来的差异较大，蚁群算法能够更好地在全局范围内构建优化解。

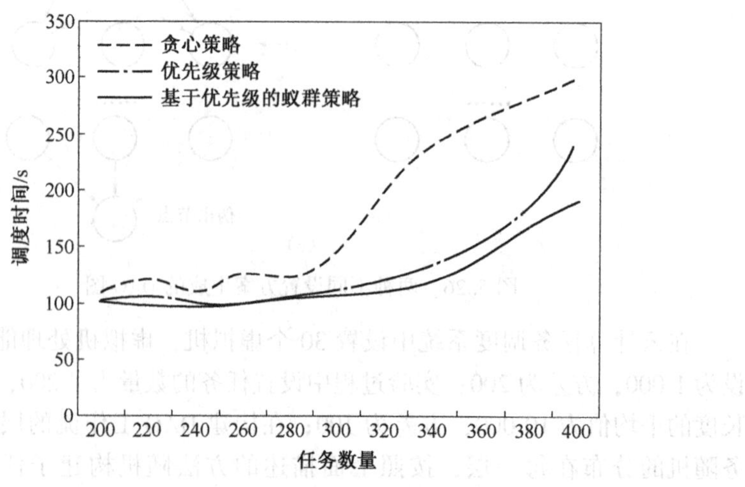

图 5. 28　3 种调度方案的实验结果

采用蚁群算法来进行任务调度时，蚁群迭代次数的选择对实验至关重要。如果迭代次数过少会导致蚁群寻找的解表现出随机性；如果迭代次数过多，会影响算法的执行效率。采用高斯随机的方式来设置虚拟机和任务参数，设定虚拟机数量为 30，处理能力的平均值设为 1 000，标准差为 200；设定任务长度平均值为 10 000，标准差为 100；在构建 DAG 工作流的层数为 10，任务随机的分布在每一层，按照图 5.27 描述的方法随机设置子任务间的依赖关系。当任务数量分别为 200、300、400 时，迭代次数对任务调度的影响如图 5.29 所示。

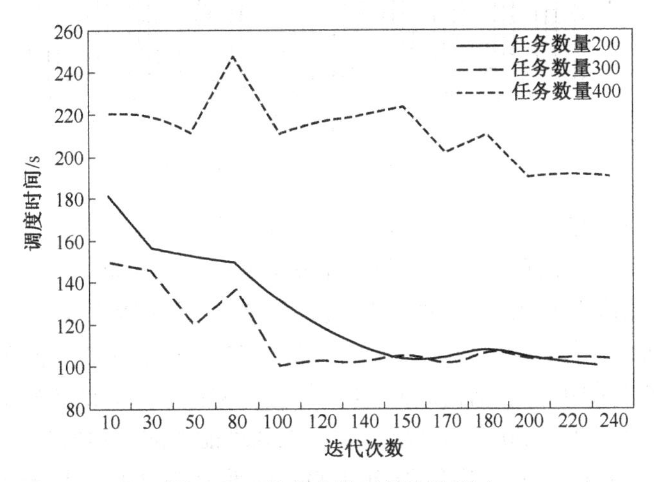

图 5.29 迭代次数对算法的影响

从图 5.29 中可以看出，当任务数量为 200 时，蚁群迭代到 100 次左右开始收敛；当任务数量为 300 时，迭代到 150 次左右时，蚁群求的解开始收敛；当任务数量为 400 时，当蚁群搜索 200 次左右时才开始收敛。任务数量为 400 时任务的调度总时间明显加长，这主要是由于部分任务在执行的过程中存在忙等现象，其具备运行条件时需要等待虚拟机就绪。

本章提出的蚁群算法通过让空闲虚拟机优先运行的方式实现了简单的负载均衡。本章定义虚拟机上运行的总任务数量的标准差为负载因子，如果部分虚拟机上分配了大量任务，而另一些则比较空闲，则系统的负载是不均衡的。采用 10 层结构的 DAG 工作流模型进行实验；采用高斯随机来设置虚拟机和任务参数，配置 20 个虚拟机，虚拟机处理能力的平均值为1 200，标准差为 150；任务长度的平均值为 15 000，标准差为 200，任务数量为 100~400。实验结果如图 5.30 所示。从图中的数据可以看出，蚁群算法实现了简单的负载均衡。

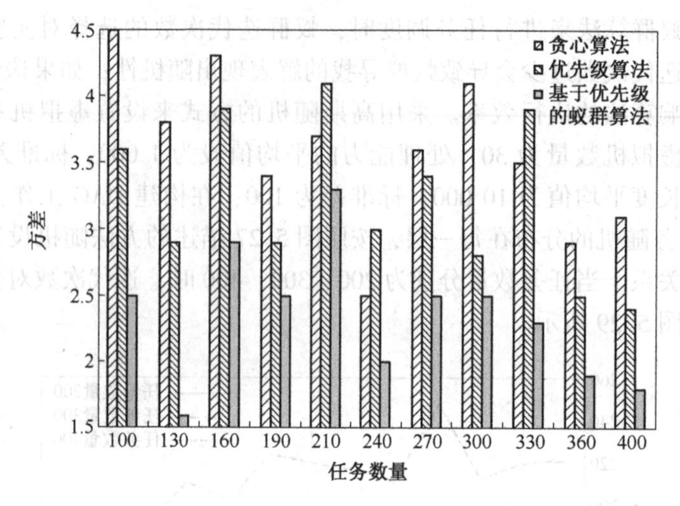

图 5.30　负载均衡因子对算法的影响

蚁群算法求解调度问题时，首先要计算优先级，定义弹性因子 a 和 b 来表示任务平均处理时间与差异常数在任务调度中的相对重要度。在上面的实验中，a 都取值为 0.7。a 值的不同会使任务的优先级发生变化，从而对 DAG 工作流的整体调度产生较大影响，图 5.31 显示了 a 的取值对仿真实验的影响。实验采用 10 层结构的 DAG 工作流模型；采用高斯随机来设置虚拟机和任务参数，配置 20 个虚拟机，虚拟机处理能力的平均值为 1 500，标准差为 100；任务长度的平均值为 20 000，标准差为 250，任务数量分别为 100、200、300。从图 5.31 中可以看出当 a 在 0.6 附近取值时蚁群搜寻的解较优。

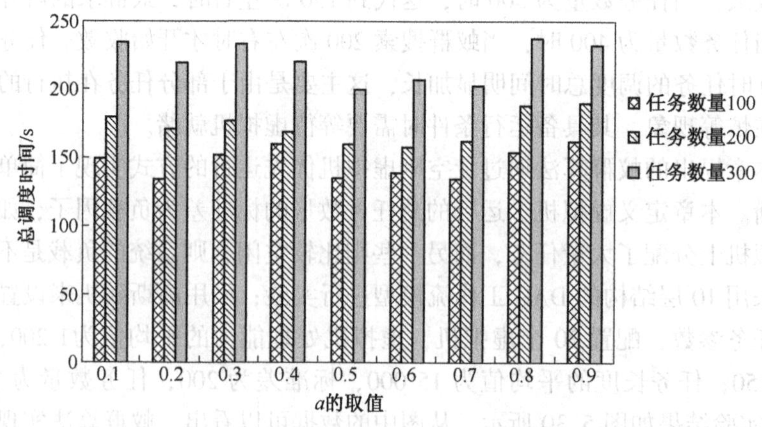

图 5.31　中弹性因子 a 对算法的影响

第 6 章 基于蚁群算法和演化博弈的资源调度

6.1 云计算资源调度研究现状

资源调度是大数据环境下批处理的核心问题之一，如何在众多物理资源、网络带宽受到限制的情况下，高效使用这些有限的资源是大数据处理系统中亟待解决的一个关键性技术难题。在现有的资源调度研究中，有许多的算法可以给大数据处理中的资源调度提供参考，但都必须结合现有的一些特征去作相应的调整与改进。资源调度需要综合考虑用户任务和资源本身的特性，然后合理有效地将资源分配给用户使用，在网格计算的时代，有大批的学者对资源调度做了大量的研究，在这些研究中，有一部分可以直接应用于大数据环境下的资源调度，比如 Max - Min[146]、Min - Min[147]、Sufferage[148]等。

资源调度在大数据环境下同时包含分布式与并行性并存的特点。在实际运用场景内，批处理中的数据资源是呈现动态变化的。目前常用的调度算法在资源调度中是基于一个整体的目标进行计算的，这些调度算法可能在特定问题中体现出极大的优势，而在实际运行时却存在问题。资源调度实际上也体现为任务调度，蚁群算法依靠自身的并行性与分布式等优点，与自身是启发式的智能算法相结合，可以运用在大数据环境下的资源调度模型中。蚂蚁被称为一种群体性的智能生物，它们可以根据周围环境的影响而动态更新自身的行为，这使 ACO 算法在调度算法中有着天生的优势。

蚁群算法[149]最初是由意大利学者 M. Dorigo 等人提出的，并探讨了模拟自然分工和合作以寻找目标的原则。蚁群算法本身具有正反馈、并行性和分布性以及强健性的优点。但在仿真实验中，国内外学者发现蚁群算法存在许多缺点。例如 Stutzle 等人[150]提出了一种 Max-Min ACO 算法，以防止早熟收敛现象的发生。Botee 等人[151]提出利用优化算法对 ACO 的相对重要程度因子的选择进行优化，并深入探究，但由于算法本身的缺陷，效果并不明显。

近年来，基于仿生学的协同进化算法的飞速发展，文献［152］中提出了目前基于进化类的优化算法吸引了很多学者的探究。蚁群算法依赖于自身的正反馈，作为一种优秀的优化算法，受到许多研究者的青睐。蚁群算法作为目前热门的主流调度算法，算法功能还正在发展的初级阶段。尽管如此，许多国内外学者已经意识到需要开发的这种优化算法具有很大的潜力，人们已经开始聚焦地研究蚁群算法。随着研究的深入，该算法的应用场景广泛地遍及各个领域。

演化博弈[153]作为博弈论的分支学科，它研究了混合策略在博弈中的纳什均衡，本章定义了 ACO 算法中各影响因子的概率分布，可以以更理想的方式选择 ACO 算法中各影响因子。使用演化博弈的方法来调优 ACO 参数的一个主要好处是，EGT 可以通过 Maynard-Smith 第二属性来确保稳定性。在 ACO 中，蚂蚁个体在面临岔路时，通常根据信息素浓度来判断如何选取下一步将要走的路线。本章基于这样的观点，在蚂蚁选择路径时，加入任务完成的时间和选择虚拟服务器的奖励系数影响的影响因子作为参考。随机选择三个加权参数的线性组合，使蚂蚁的路径选择多样化，即通过适当地选择三个加权参数，而不是在典型的区间内随机地选择它们，同时改进算法的收敛行为。

云计算资源调度问题（Resource Scheduling Problem，RSP）是指在实际服务的过程中，如何对资源进行良好而高效的调配，其本质上是 NP-hard 问题。近些年许多学者提出启发式[154]（heuristics）算法和元启发式（meta-heuristics）算法取得了良好的效果，ACO 作为元启发式算法具有良好的鲁棒性和并行性，适用于求解资源调度问题。演化博弈方法是以传统博弈的方法为基础，在博弈过程中加入复制动态的概念。本章基于演化博弈的基本概念来规范过程的限制性，并结合 ACO 作为 RSP 模型的核心算法，构建了分配模型。

云计算平台依靠独特的自身算法与技术将实际的服务通过网络提供给用户以完成用户自身的任务请求，因此资源调度问题可以概括为应用层的任务请求通过平台层的映射机制将任务分配到虚拟资源层执行的问题。基于任务请求、任务执行等多方面，抽象出云计算资源调度系统模型图，如图 6.1 所示。

在图 6.1 中，假定云计算资源调度的系统模型中存在 l 个用户、n 个分配中心、m 个执行任务的服务器，对它们分别说明如下。

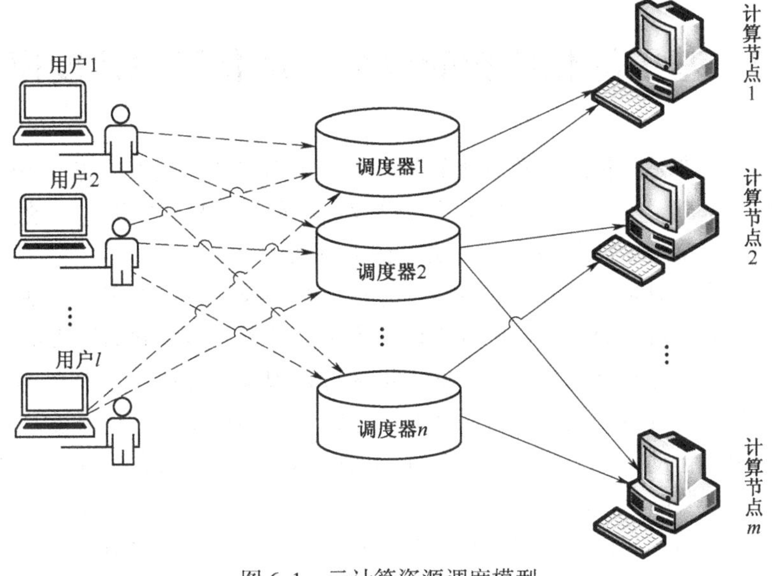

图 6.1　云计算资源调度模型

(1) 用户。用户通过网络将需求发送至云计算平台，通过资源调度中心将虚拟化的资源分配给各类用户。

(2) 调度器 (Scheduler)。云计算平台的任务分配中心也称为 Scheduler，从用户收集任务并根据特定的调度机制分配虚拟资源。

(3) 服务器。服务器也称为计算节点，用于完成资源调度中心分配的任务。

通过对云计算文献的研究与总结，将资源调度算法的优化目标归纳为以下几个方面[155]：

(1) 负载均衡 (Load Balancing)。它是指大量虚拟机资源的独立特征，容易导致计算资源的负载不平衡。在处理大数据量的任务时，容易导致整个集群资源利用率的不均衡，是一个具有高难度和挑战的问题。

(2) 最优跨度 (Optimal Makespan)。被提交的任务在系统中从等待到计算完成所花费的实际被称作任务在系统中的跨度。任务的整体完成耗时的长短可被看作检验云计算服务效率与性能的属性。

(3) 服务质量 (QoS)。评估服务功能的主体是云服务的用户。这些用户来自各行各业，有着不同的业务需求和科研需求。如此广泛的用户群体是否能满足基于自身的需求是云计算提供商长期开展业务的关键。

(4) 经济原则 (Economic Principles)。在市场经济原则的条件下，云计算的提供商不仅需要满足各类别用户的 QoS 需求，也要实现自身利益的最大化。

6.2 基于演化博弈的数据本地化资源调度模型

演化博弈是在传统博弈方法的基础上继承而来的。它以传统方法中的有限理性为基础，关联了动态的过程方法对实际情况进行分析。为政治、生物、经济、金融、IT 等各行业解决了许多现实问题。

博弈论不只是一种方法或算法，它可以被当作一种分析工具。基于博弈论方法来分析可以研究一些以数学模型为基础的参与者之间通过决策进行的博弈。动态博弈与静态博弈方法的理论区分是根据在分析过程中 Player 的决策是否与时间具有相关性。有限博弈与连续博弈的理论区分是通过 Player 决策集合中的行动数量。通过针对实际问题的不同，将分析方法分为各种不同类型。通过判断 Player 的收益函数可以将分析方法分为两种不同类型，分别是零和博弈与变和博弈，根据每个 Player 对对手知识的了解情况，可以将分析方法分为完全信息与不完全信息的分析过程[156]。

数据本地化[157]是指在包含大数据量的任务在资源调度过程中，优先分配给虚拟机存储本地数据的任务列表，从而减少在资源调度过程中，存在大数据量传输占用网络资源的情况。普通任务在进行分配资源的过程时，存在数据转移所占用的虚拟机资源的情况较少，可以忽略。但在大数据量的任务需求下，虚拟机的完成任务总时间和效率都收到数据转移因素的制约，所以在考虑大数据量任务的资源分配环境中，构建合理的模型避免大规模数据的转移尤其重要。本章正是基于此问题，构建了基于数据本地化的资源调度模型。

6.2.1 基于蚁群算法的资源调度模型

图 6.2 给出基于蚁群算法的资源调度模型。资源调度中心的任务是将用户所提交的计算任务合理地下发至各计算节点，最终使所有的任务在最短的时间内完成，同时使云计算平台的虚拟机集群资源得到最大化的利用，大幅度提高系统的吞吐率。

定义在一个资源调度模型中，系统中存在节点 $\mathrm{Vm}=\{\mathrm{Vm}_1, \mathrm{Vm}_2, \cdots, \mathrm{Vm}_n\}$ 共 n 个。待分配的任务有 n 个，表示为 $T=\{T_1, T_2, \cdots, T_n\}$。矩阵 $\boldsymbol{\Pi}$ 表示每个节点接受待分配任务时所收益的成本。Π_{ij} 表示需求 T_i 分配到每一个节点 Vm_j 的调度耗时。所以调度系统为待分配任务到一个服务器的对应关系 $M: T \rightarrow \mathrm{Vm}$，使得函数的值最小。

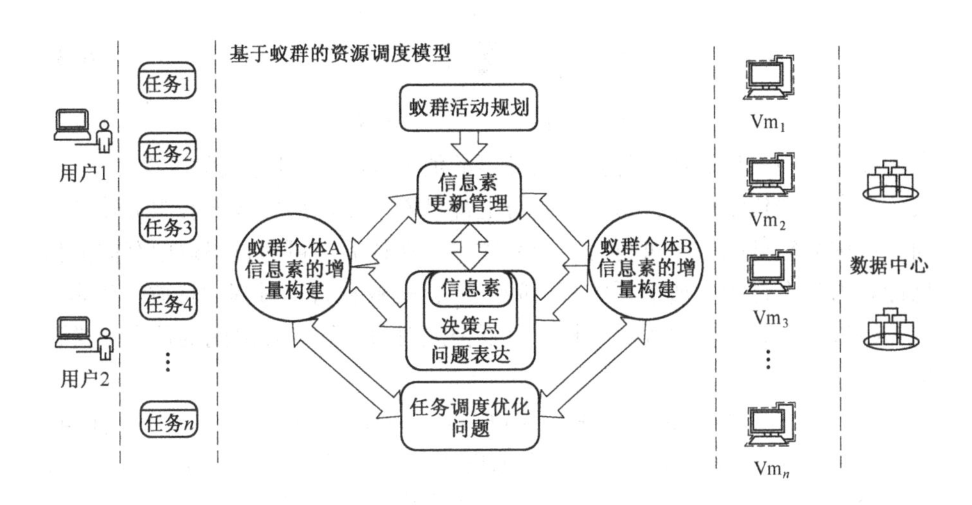

图 6.2　基于蚁群算法的资源调度模型

$$f = \sum_{i=1}^{n} \sum_{j=1}^{m} \Pi_{G(i)G(j)} \tag{6.1}$$

在式（6.1）中，$G(i)G(j)$ 表示任务 i 到服务器 j 的一个有效映射。

待分配任务寻找的最优解就是蚂蚁遍历所有节点生产节点序列的过程。蚂蚁在服务器 i 时选择另一个服务器 j 的概率表示为

$$P_{ij}^{k} = \begin{cases} \dfrac{\tau_{ij}\left[t_{ij}\right]^{\alpha}\left[\eta_{ij}\right]^{\beta}}{\sum \tau_{ij}\left[t_{ij}\right]^{\alpha}\left[\eta_{ij}\right]^{\beta}}, & j \in \text{allowed}_k \\ 0, & \text{其他} \end{cases} \tag{6.2}$$

其中，定义 $t_{ij} = \text{Tlen}_i / \text{Vm}_j$，$\text{Vm}_j$ 表示整个集群中其中一台服务器 j 的处理能力，Tlen_i 表示任务 i 的长度；η_{ij} 表示边 ij 上的信息素值；α 表示时间因子的相对重要程度；β 表示信息素的相对重要程度。allowed_k 表示蚂蚁所有可能爬行到的目标虚拟机 k 的序列，即还未行走过的服务器。

τ_{ij} 定义为虚拟机 j 接受待分配任务 i 后的奖励系数，在理想情况下，调度系统会将任务分配给具有较强计算能力的服务器。待分配任务 T_i 通过调度中心提取云系统中服务器节点的负载情况，可以获得一张关于服务器节点工作状态的链表 S，其长度表示为 m。在实际情况中，若 m 越小，则代表了服务器集群越庞大，同时待分配的任务越少。定义 τ_{ij}

$$\tau_{ij}=\begin{cases}1-\dfrac{t_{ij}}{\sum\limits_{i=1}^{m}t_{ij}}, & i\in S\\ 1, & i\notin S\end{cases} \tag{6.3}$$

在实际情况中，计算能力越强的服务器的值 t_{ij} 越小，可导致奖励系数 τ_{ij} 越大。在完成迭代结束后，每只蚂蚁身上都带着一条遍历完成所有服务器的序列，可称为模型的一个可行解。当完成一次迭代后，可通过蚂蚁中存储的信息计算出整个过程中所消耗的总时间 t_{total}，蚂蚁在行走过程中释放信息素。

经过一次完整的过程后，根据以下公式对每个服务器之间的信息素进行更新：

$$\text{pheromone}(t+1)=\text{pheromone}(t)+D/t_{total} \tag{6.4}$$

其中，pheromone(t) 为信息素浓度更新前的值；pheromone $(t+1)$ 表示路径上的信息素更新后的值；D 为激励因子，它可以通过解决各类不同问题而进行改进。

6.2.2 演化博弈策略模型

演化稳定策略(Evolutionarily Stable Strategy，ESS)[158-160]：在一个独立整体内，起初若所有的个体都选择同一个策略，那么如果出现一种策略可以在一定时间内对个体的选择造成影响，使得所有个体都选择。也就是说该策略无法被其他策略所代替，则称该策略为演化稳定策略。演化博弈是一个追求种群平衡的选择。假设有一个混合种群，其中包含了两种不同的策略：最优选择 σ 和少数个体使用选择 σ'，那么种群的策略分布为

$$(1-\varepsilon)\sigma'+\varepsilon\sigma \tag{6.5}$$

其中，$\varepsilon>0$ 是种群中 p 个参与者的最小频率。设支付函数为 π，即在混合系统中成员使用选择 q 的支付为

$$\pi(q,\ (1-\varepsilon)\sigma'+\varepsilon\sigma) \tag{6.6}$$

矩阵博弈是用符号来描述的[161]。设 e_i 是第 i 个单位行向量。$A_{ij}=\pi(e_i,\ e_j)$ 是 $m\times m$ 的支付矩阵。$\pi(s,\ q)=s\cdot Aq^{\mathrm{T}}$ 代表在种群中的某个成员使用纯策略 s 时，面对其他成员使用 q 时得到的支付。混合策略 $\sigma=(\sigma_1,\ \sigma_2,\ \cdots,\ \sigma_m)\in\Delta^{m-1}$。选择混合策略 σ 的参与者在对方选择 σ' 时选择的预期收益为

$$\sigma A\sigma'=\sum_{i=1}^{m}\sigma_i\Big[\sum_{j=1}^{m}a_{ij}\sigma'_j\Big]=\sum_{i=1}^{m}\sum_{j=1}^{m}a_{ij}\sigma_i\sigma'_j \tag{6.7}$$

定义进化稳定策略：对一个混合策略 $\sigma \in \Delta^{m-1}$，如果 $\forall \sigma' \neq \sigma$，$\exists \bar{\varepsilon} > 0$，令 $0 < \varepsilon < \bar{\varepsilon}$，若有

$$\sigma A[(1-\varepsilon)\sigma + \varepsilon\sigma'] > \sigma' A[(1-\varepsilon)\sigma + \varepsilon\sigma'] \tag{6.8}$$

即

$$\pi(\sigma, (1-\varepsilon)\sigma' + \varepsilon\sigma) > \pi(\sigma', (1-\varepsilon)\sigma' + \varepsilon\sigma) \tag{6.9}$$

则称混合策略 $\sigma \in \Delta^{m-1}$ 是进化稳定策略。对于无限稳定和稳定的系统，始终存在抵抗永久性外部入侵的最大数量（阈值）$\bar{\sigma}$。具有不同策略（$\forall \sigma \neq \sigma'$）的组无法永久转储此组 $0 < \varepsilon < \bar{\varepsilon}$，因为未达到新策略。当原始小组采用该策略 σ 时，足以使该组的预期付款大于（或至少等于）预期支付。

复制动态方程（Replicator Equation，RE）[162]是一个普通的微分方程，最初由 Taylor 和 Joncker 引入。它表达了一种策略的适应性和种群的平均健康状况之间的区别。较低收益的选择可以根据达尔文所提出的自然选择过程带来更快的增长。最初的形式如下：

$$\dot{p}_i = -p_i(e_i \cdot Ap^{\mathrm{T}} - p \cdot Ap^{\mathrm{T}}) \tag{6.10}$$

其中，$i = 1, \cdots, m$，复制动态方程描述了策略频率 p_i 的演变。此外，对于每一个初始的策略分布 $p(0) \in \delta^m$，都有一个唯一的解 $p(t) \in \delta^m$ 使得所有 $t \geqslant 0$ 都满足复制动态方程。复制动态方程更新的是整个种群中各种策略的比重，使整个种群内的策略达到稳定状态。

6.2.3　结合演化博弈的资源调度模型

演化博弈论在传统博弈方法的基础上加入了进化概念，对日常生活中的问题、行为进行的研究[163]。在大数据环境下的资源调度算法中，影响任务分配效果主要受任务完成时间、信息素浓度和选择虚拟服务器的奖励系数影响。基于 6.2.1 节给出的蚁群算法的资源调度模型，本节主要运用演化博弈的方法对蚁群算法中的 3 个参数进行优化，定义策略 1、2、3 分别为 3 个参数的重要性因子，以得出 3 个参数在调度模型中的相对影响程度，从而确定 3 个参数。

图 6.3 说明了 3 个种群的协同进化过程。图中的每个策略代表了 ACO 中的不同参数，他们通过在系统中的调控独立演变。在演化过程中，他们用自身的均值对整个系统进行反向的协同演化。ACO 中的每个参数，通过独立的计算各自采用策略的收益来反馈给系统他们的使用度。因此，由独立的策略收益可以影响到整个系统的支付。策略之间的演化过程与系统相互影响，最终使得种群的收益不断提高达到平衡。

以一只蚂蚁为例，每个蚂蚁都是参与者，有三种可行的策略（或者符

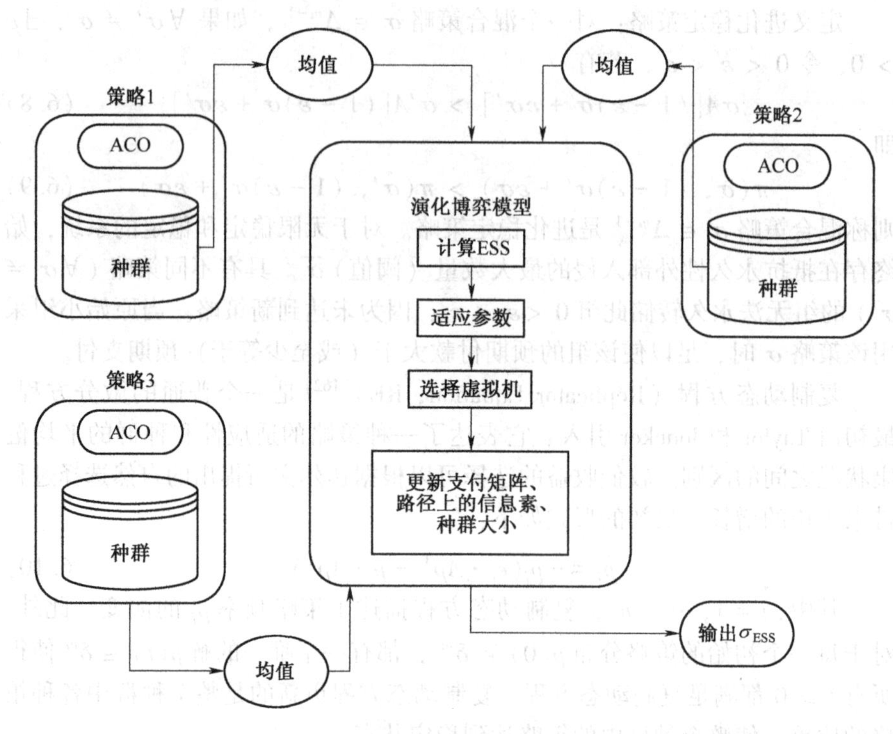

图 6.3　演化博弈与 ACO 结合的框架图

合时间因素重要性，信息素浓度重要性或分配给服务器 i ）的奖励因子。

首先定义支付矩阵为

$$A=\begin{pmatrix} \pi(s_1) & \dfrac{\pi(s_1)-\pi(s_2)}{2} & \dfrac{\pi(s_1)-\pi(s_3)}{2} \\ \dfrac{\pi(s_2)-\pi(s_1)}{2} & \pi(s_2) & \dfrac{\pi(s_2)-\pi(s_3)}{2} \\ \dfrac{\pi(s_3)-\pi(s_1)}{2} & \dfrac{\pi(s_3)-\pi(s_2)}{2} & \pi(s_3) \end{pmatrix} \tag{6.11}$$

其中，$\pi(s_i)$ ，$i\in\{1,\ 2,\ 3\}$ 表示一只蚂蚁严格遵循策略 i 得到的支付。支付矩阵 $\boldsymbol{\Pi}$ 是遵循纯策略获得的平均结果之间的差异。

每一个 $\pi(s_i)$ 的值都是从之前的蚂蚁选择路径的经验中得到的。对于下面的方程式，只需关注一次寻径中的蚂蚁。用 $S^t=(U_i^t)$，$i\in\{1,\ 2,\ 3\}$ 表示给定支付矩阵 $\boldsymbol{A}$ 的进化稳定策略。系数 U_i^t，$i\in\{1,\ 2,\ 3\}$ 表示在 t 时刻策略 i 的比重。$f(C^t)$ 表示蚂蚁在 t 时刻的适应度值。策略 i 的支付 $\pi(s_i)$ 由以下公式计算：

$$\pi(s_i) = \frac{1}{t}\sum_{k=1}^{t} U_i^k \cdot f(C^k) \tag{6.12}$$

其中，$1/t$ 表示经历了一段时间后个体的均值；$\sum_{k=1}^{t} U_i^k \cdot f(C^k)$ 是 ESS 的总和乘以蚂蚁选择节点 X 的相应成本。通过遵循策略，得到了获得收益的平均价值。由于这种策略有时是混合的，迭代次数 U_i^t 使得蚂蚁在选择节点时的每一个策略的权重中都可以参与进来。

一旦支付矩阵被填满，复制因子动力学方程就被应用到一个虚拟的种群中，以获得相关的 ESS。这个 ESS 由每个策略的 3 个比率组成。这个比重之后会用来决定 3 个系数 α 、β 和 τ 。

运用这种方法选择蚁群算法中的系数[164]，可以解决可行解空间的不均匀性，使蚂蚁在选择路径的过程中，充分考虑多种因素，不容易收到局部优化的影响。

为了提升该算法的收敛性，该算法由 3 个系数加权。这些系数是根据经验进行调整的，以提高收敛速度。从 ESS 到 3 个权重参数 α、β 和 τ 的映射由以下公式计算：

$$\left.\begin{aligned} \alpha &= (\sigma_{\max} - \sigma_{\mathrm{ESS}})U_1^t \\ \beta &= 1.5U_2^t + 1 \\ \tau &= 3U_3^t \end{aligned}\right\} \tag{6.13}$$

其中，$U_i^t(i \in \{1, 2, 3\})$ 表示获得的演化稳定策略；τ 是 ACO 中的奖励系数；$\sigma_{\max}$ 表示在 $[0, 1]$ 中有界的混合策略的标准差 σ_{ESS} 的最大值；σ_{ESS} 表示三元组（U_1^t，U_2^t，U_3^t）的标准差。标准差的计算可以使策略在混合种群中的比例保持平衡，并且在种群博弈中自动切掉适应度低的策略。

采用演化博弈方法更新的 3 个参数可以使资源分配时，做出合理的分配决策，该决策综合考虑各虚拟机的计算能力、完成时间和负载均衡等因素。极大地提高资源的分配和运行效率。该算法的主要步骤如下：

（1）信息素初始化。包括系统中的蚂蚁向量、蚂蚁数量、化学物质矩阵的初始化等。

（2）初始化每个成员，将蚂蚁置于各服务器上。在实验环境下设置包括 m 个任务、n 个服务器的成员。

（3）初始化 α、β、τ_{ij} 三个参数。初始化混合策略，包括最优策略 σ 和少数个体使用策略 σ'。初始化策略分布为 $(1-\varepsilon)\sigma' + \varepsilon\sigma'$ 。

（4）策略的支付被定义为进化稳定策略的总和乘以得到的蚂蚁选择节

点 X 的相应成本在一定时间内的平均值，计算在混合种群中个体使用策略 q 的支付 $\pi(q,\ (1-\varepsilon)\sigma'+\varepsilon\sigma')$，并填满支付矩阵 $\mathbf{A}$。

（5）当支付矩阵被填满后，复制因子动力学方程就被应用到一个虚拟的种群中，以获得相关的进化稳定策略。这个 ESS 由每个策略的 3 个比率组成，通过这个比重来决定 3 个系数 α、β、τ_{ij}。

（6）根据步骤（5）中的 3 个系数计算蚂蚁的转移概率，并修改禁忌表 tabu_k。α 代表信息素启发因子，它说明了在计算转移概率的过程中信息素对公式计算的重要程度。其中，越大的 α 会导致在计算过程中，信息素在公式中的占比越大。β 代表了期望启发因子，代表了公式中时间因素对计算转移概率的重要程度。

（7）对成员可以选择的序列 allowed_k 和禁忌表 tabu_k 进行更新。对系统中的服务器状态进行更新。若将任务 t_i 划分给服务器 v_j 进行计算，同时在 allowed_k 中剔除 t_i，并在 tabu_k 中添加 t_i。计算完成的耗时 $ev_j=ev_j+e_{ij}$。

（8）更新信息素。更新的公式如下：

$$\tau_{ij}(t+1)=(1-\rho)\tau_{ij}(t)+\Delta\tau_{ij}(t) \tag{6.14}$$

（9）循环步骤（3）~（8），直到所有的任务被分配完毕。

基于演化博弈论的蚁群算法（Evolutionary Game Theory-Ant Colony Optimization，EGT-ACO）的伪代码见表 6.1。

表 6.1　EGT-ACO 伪代码

```
算法 6.1  EGT-ACO
-----------------------------------------------------------------
输入：
/* 输入参数分别表示：待分配任务列表，虚拟机列表，迭代次数，
三种策略种群数量，策略矩阵，种群优化比例 */
CloudletList, VMlist, N, antNum [], Q, vector_s;
方法：
1. for i → 0 to N
2.    for j → 0 to Q.length
3.       for k ← 0 to antNum[j]
4.          CreatBroker (antNum (j), Q [j] [1], Q [j] [2], 1)
                                          //蚂蚁选择一种方式将任务提交
5.          GetResultList ();             //获取分配结果
6.          for l ← 0 to list.size()
7.             time ← exectime.get (l)
8.             max ← (max<time)? time: max      //找到耗时最长的节
9.             kmin ← (min>list.get (k) )? k: kmin  //找到最短的解
```

续表

算法 6.1　EGT-ACO	
10.　updatePheromones ( );	//更新信息素
11.　UpdateTaku ( );	//更新禁忌表
12.　$r \leftarrow$ UpdatePayMatrix ( );	//公式 (6.10)
13.　for $k \leftarrow 0$ *to vector_ s. lenth*	//更新种群比例
14.　　s [j] = (calMatrix (E [j], r, Q [j]) -calMatrix (Q [j], r, Q [j]));	
输出：bestResultList	//最优分配列表

6.2.4　实验结果分析

本节针对上面章节提出的算法，将通过设计实验来分析和验证提出算法的正确性。本章的实验基于 CloudSim 来模拟数据中心，对调度策略的改进进行效果验证，为了验证蚁群算法在进行资源调度的过程中蚂蚁的路径选择是由哪一种参数作为主导，设计了基于 CloudSim 平台的资源调度仿真实验。具体的实验环境如下：

(1) 操作系统：Windows 10 pro 64 位；

(2) PC 内存：16G；

(3) 处理器：Intel Core i7-7700HQ CPU@ 2.8GHz；

(4) 编程语言：Java，JDK1.8；

(5) 编辑器：Eclipse；

(6) Cloudsim 版本：CloudSim 3.5。

3 种策略参数设置为 (1, 0.5, 0.5)，(0.5, 1, 0.5)，(0.5, 0.5, 1)，每种策略的初始种群数量全部随机生成。迭代次数设置为 30 次。模拟数据中心一个，所有种群的节点设置为 20 个，任务数量为 100。具体实验参数见表 6.2。

表 6.2　实验参数设置

策略	α	β	τ	虚拟机个数	任务数量
策略 1	1	0.5	0.5	20	100
策略 2	0.5	1	0.5	20	100
策略 3	0.5	0.5	1	20	100

通过实验对比可以发现，3 个策略的初始随机种群大小分别为 30、14、26。在经历过多次迭代后，选择策略 3 的蚂蚁种群数量逐渐减少，在总体的演化中进而被淘汰。然而策略 2 的种群数量在演化博弈过程中数量逐渐增

多，策略 1 的种群在迭代演化过程中主键稳定在 25~18。种群数量进化如图 6.4 所示。

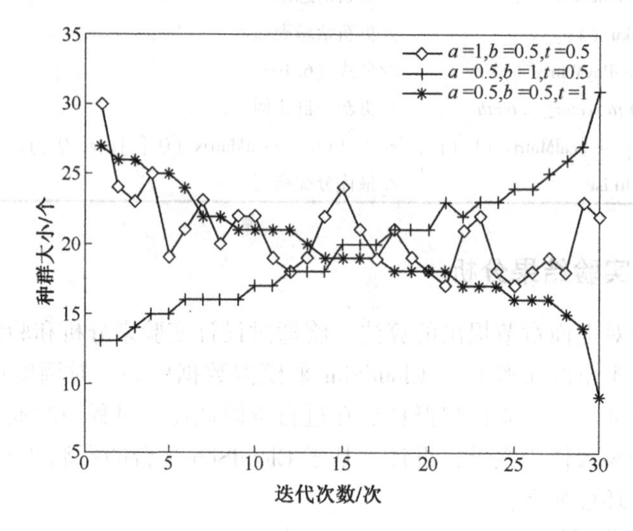

图 6.4　种群数量进化图

为了进一步验证种群数量会发生如此变化的原因，将 3 种策略的每只蚂蚁解的平均值做出了对比，发现策略 3 的种群的解均值远高于策略 1 和策略 2。这也是策略 3 在演化博弈中逐渐被淘汰的原因。每只蚂蚁的解的平均值计算公式为

$$\text{avg\_tim} = \frac{\sum_{i=1}^{N}\sum_{j=1}^{m}\text{CloudLet}_{ij}}{N} \tag{6.15}$$

其中，N 表示该策略中的蚂蚁种群的大小；m 表示任务总数量；CloudLet_{ij} 表示第 i 只蚂蚁的最优解中第 j 个任务的完成时间。

在演化博弈中每种策略中的蚂蚁平均解的时间如图 6.5 所示。从实验结果可以看出，除去策略 1 的均值远高于其余两种策略，剩下的两种策略之间的解的差距比较小。

通过上面的演化博弈仿真分析，得出在基于 ACO 的资源调度问题中，每只蚂蚁更多地会选择参数 β 即信息素浓度来对虚拟机进行选择调度作业。在种群达到 ESS 稳定之后，策略 3 的种群逐渐减少，策略 2 和策略 1 的种群数量比值接近 2∶1。通过种群之间的演化博弈，达到 ESS 后，根据式 (6.13) 计算得 3 个参数分别为 $\alpha = 0.72$、$\beta = 1.6$、$\tau = 0.03$。

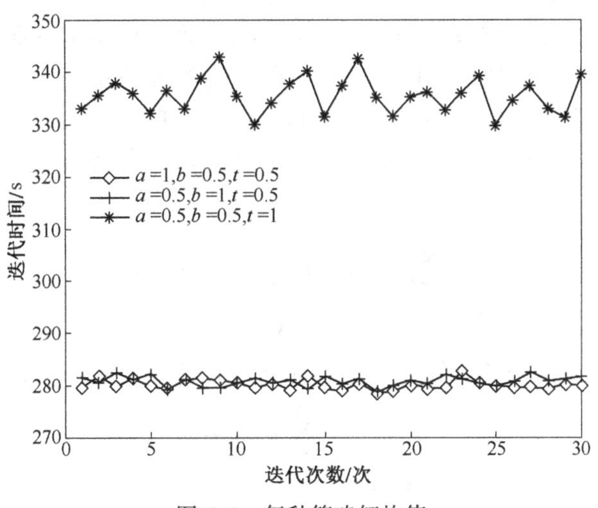

图 6.5　每种策略解均值

为了更进一步验证 EGT-ACO 在实际分配问题中的性能，从任务总时间，任务执行的最大时间差和每个任务完成时间的方差 3 个方面比较了 ACO、FIFO 和 EGT-ACO 的性能。本次实验总共设计了 10 组，每一组的任务数量从 100 到 1000 依次递增，虚拟机的数量总共为 20 台。图 6.6 可以说明 3 种算法的任务完成总时间对比。

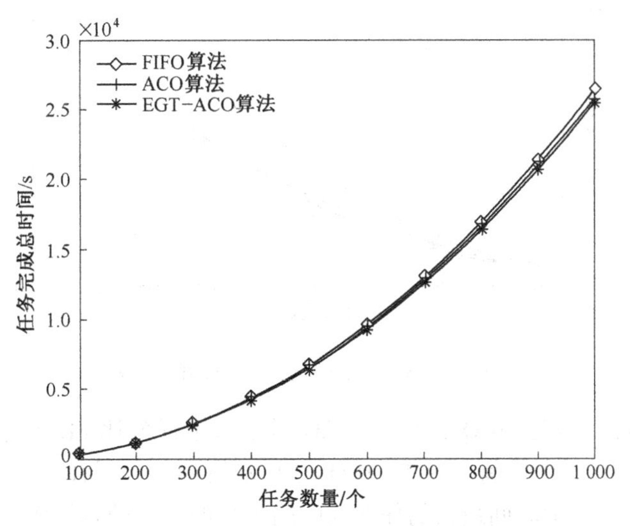

图 6.6　3 种算法的任务完成总时间对比

从图 6.6 中看出，实验设定的任务数量分为多组，ACO 和 EGT-ACO 在实际问题中所用的时间比 FIFO 的时间更短，而且随着任务数量的增多，差距越来越大。但是 ACO 却和 EGT-ACO 的总时间差距不是特别大。

由于 EGT-ACO 使蚂蚁种群达到一种更为均衡的状态，因此 EGT-ACO 虽然总任务时间与 ACO 没有提高，但是运用 EGT 算法时的每个任务计算与等待结束后的完成时间变得更为均衡。定义每个任务完成时间的方差为 v，则

$$v = \frac{\sum_{i}^{N} (\text{CloudLet}_i - \text{avgtime})^2}{N}$$

其中，N 表示任务总数；avgtime 是每个任务完成的平均时间，则

$$\text{avgtime} = \frac{\sum_{i=1}^{N} \text{CloudLet}_i}{N}$$

图 6.7 说明了 3 种算法任务完成时间的方差。

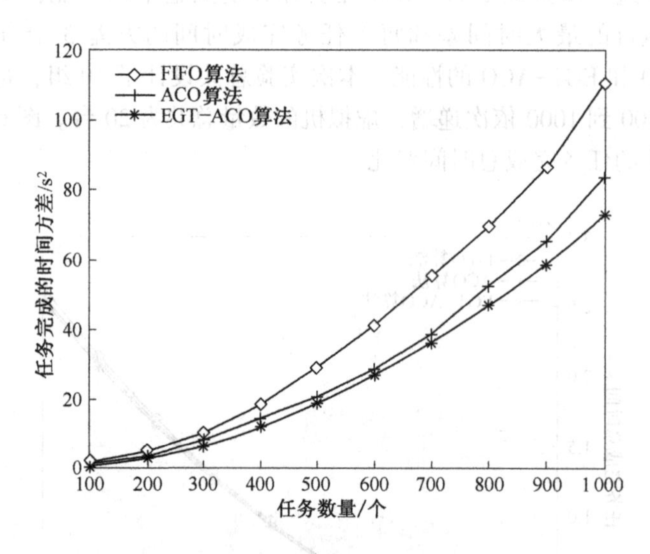

图 6.7　3 种算法任务完成时间的方差

根据方差比较，ACO 和 EGT-ACO 对于每个任务比 FIFO 更平衡。并且 EGT-ACO 比 ACO 均衡，EGT-ACO 的方差最小。为了让实验结果更为直观，将每组任务中时间最长的任务与时间最短的任务的差值作比较，结果如图 6.8 所示。根据实验结果，EGT-ACO 的最长时间和最短时间之间的差异最小。对于 ACO 和 FIFO 来说，任务数量越多，差值会越小。

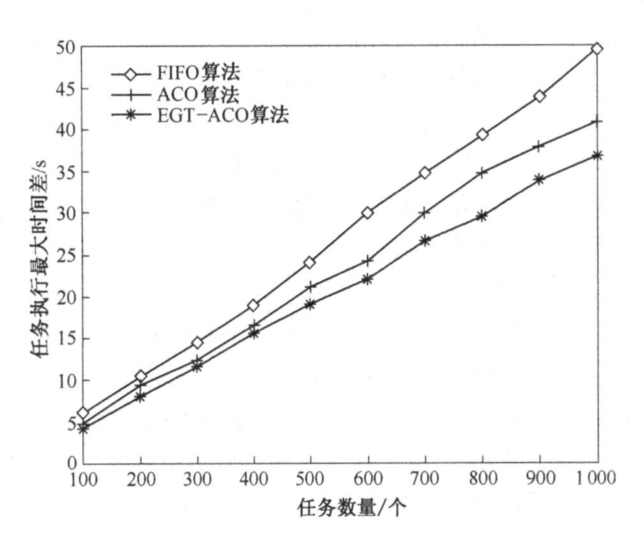

图 6.8 最长时间与最短时间差

6.3 基于演化博弈的奖励系数资源调度模型

6.2 节中采用了基于演化博弈和 ACO 的资源调度模型进行资源分配，大幅度提高了在云计算环境下实际的任务分配效率，提高了服务器的能用性。在实际的集群任务环境中，ACO 之所以可以找到最优的解决方案，一个重要的前提是在各个虚拟机节点满负荷运行且不影响各虚拟机自身的计算效率，所以蚁群算法的最优解只是理论上的最优值，但实际上却不是。因此，本节引入了奖励系数来调整因虚拟机的处理能力、带宽等性能因素影响的任务分配序列，可以提高任务与虚拟机的匹配度，解决现有调度算法的负载不均衡、数据本地性问题。本节在基于演化博弈的蚁群算法的基础上，借助 ACO 的特性，针对实际问题进行建模。

6.3.1 奖励系数概述

为了解决这个问题，有必要充分考虑可能导致任务调度算法中负载不平衡的因素，然后进行预处理和实时控制。云计算环境中动态负载均衡算法的研究主要涉及任务完成时间、资源利用率、能耗和云系统性能的提高。奖励系数[165]的引入，是为了解决在任务调度过程中，考虑各虚拟机的现实计算能力、负载情况等因素对实际任务调度网的影响而提出的。该算法应优先考虑数据的局部性，充分利用博弈论的优势，实现任务并行性与资源利用之间的平衡。使异构环境下的任务分配更加合理[166]。

因此，在6.2节基于蚁群算法的资源调度模型定义中添加了奖励系数的概念，τ_{ij} 表示将任务 i 分配给节点 j 的奖励因子。当系统中没有空闲虚拟机时，则倾向于将任务分配给处理能力强的虚拟机。当调度任务为 T_i 时，通过查询系统中虚拟机的状态，可以获得虚拟机链表 S，链表长度为 m。当系统中的节点数量较大且任务数量不多时，m 值将更小。从这个定义可以看出，处理能力越强的虚拟机使得值 t_{ij} 越小，最终使得奖励系数 τ_{ij} 越大。奖励系数的引入可以在大数据环境下充分考虑到各虚拟机节点的实际负载情况因素[167]，并引入理论计算，充分改善在任务调度时的负载均衡问题。在模型中，对添加了节点的CPU利用率 c_j、内存利用率 m_j、带宽利用率 b_j 这3个主要的影响因子进行计算。在系统中，节点的实际负载用公式表示为

$$L_{ij} = \alpha_1 c_j + \alpha_2 m_j + \alpha_3 b_j \tag{6.16}$$

其中，α_1、α_2、α_3 代表了CPU、内存和带宽利用率在计算过程中所占的权重，并满足 $\alpha_1 + \alpha_2 + \alpha_3 = 1$；$c_j$、$m_j$、$b_j$ 的值的计算方法为资源分配前后的累加。

$$\left.\begin{aligned} c_j &= c_j + \mathrm{tc}_{ij} \\ m_j &= m_j + \mathrm{tm}_{ij} \\ b_j &= b_j + \mathrm{tb}_{ij} \end{aligned}\right\} \tag{6.17}$$

其中，tc_{ij}、tm_{ij}、tb_{ij} 代表三类评价标准在节点上所占的CPU、内存与网络的百分比。接着可以根据公式计算总体集群的平均负载

$$\overline{L} = \frac{1}{n}\sum_{j=1}^{n}(\alpha_1 c_j + \alpha_2 m_j + \alpha_3 b_j) \tag{6.18}$$

节点 v_j 在完成任务 t_i 时，与系统中总体的硬件资源与带宽的平均负载由下列公式进行计算：

$$d_{ij} = |L_{ij} - \overline{L}| \tag{6.19}$$

得到的差值 d_{ij} 表示：若整个集群的各方面负载情况越均衡时，那么服务器的资源利用率会越高，与此同时，d_{ij} 也越小。

6.3.2 改进的蚁群优化算法

目前，越来越多的学者将提升ACO的计算与等待性能作为研究目标。这些改进算法也在TSP上进行了测试。它们主要在搜索控制的具体方面不

同，这更有利于在云计算环境中针对不同的调度需求对调度算法进行优化。结合演化博弈的方法，将几种不同的更新奖励系数方法作为参与者的混合策略，通过对支付矩阵的构建及ESS、纳什均衡的运算，最终得出可以针对特定问题的任务分配模型。

当一只蚂蚁访问了所有节点时，蚂蚁的旅程就是一个包含所有节点的序列，称为可行解。蚂蚁在经过的路径上释放信息素，每当蚂蚁遍历完所有节点，计算出系统完成蚂蚁构造的这个任务匹配所花费的总时间 t_{total}，就对留存在环境中的信息素进行更新。

按照不同的计算方式，τ_{ij} 和 $\Delta\tau_{ij}$ 有3种更新方法，以下将介绍几种有别于标准的改进计算系统。

1. 带精英策略的蚂蚁系统

带精英策略的蚂蚁系统（Ant System with elitist strategy，ASelite）是最早的改进蚂蚁系统。在这种系统中，为了突出在当前迭代时所得出的局部解在下一次迭代时计算使用度时的重要程度，在一次迭代完成后更新信息素时对本次的结果进行增量。这样可以控制收益较高的局部解在探索过程中保有较高的活动性。与此同时，提高ACO在寻优时的查找效率。

τ_{ij} 根据下式更新：

$$\tau_{ij}(t+1)=\rho\tau_{ij}(t)+\Delta\tau_{ij}+\tau_{ij}^{*} \tag{6.20}$$

$$\Delta\tau_{ij}=\sum_{k=1}^{m}\Delta\tau_{ij}^{k} \tag{6.21}$$

其中，

$$\Delta\tau_{ij}^{k}=\begin{cases}\dfrac{Q}{L_k}, & \text{如果蚂蚁 } k \text{ 在本次循环中经过路径}(i,\ j)\\ 0, & \text{否则}\end{cases} \tag{6.22}$$

$$\Delta\tau^{*}=\begin{cases}\sigma\cdot\dfrac{Q}{L_k}, & \text{如果边}(i,\ j)\text{ 是所找出的最优解的一部分}\\ 0, & \text{否则}\end{cases} \tag{6.23}$$

其中，$\Delta\tau_{ij}^{*}$ 代表个体在寻优过程中道路上信息素的变化量；σ 表示局部解策略的个数；L^{*} 表示目前所寻找到最佳策略的蚂蚁所经过的道路距离。在大量实验中，精英策略的使用允许调度中心找到更好的解决方案，并在计算的早期阶段找到它们，可以大幅度提高代表任务列表的蚂蚁节点在寻找虚拟机节点时的效率。

2. 基于优化排序的蚂蚁系统

遗传算法中的排序概念可以扩展到蚂蚁系统中，被叫作基于优化排序的蚂蚁系统。就在系统中的蚂蚁所爬行过的道路进行整合，得到一个关于爬行长度的排序（$L_1 \leqslant L_2 \leqslant \cdots \leqslant L_m$）。另外对个体在道路上释放的信息素浓度对个体$\mu$进行加权排名。此外，只考虑$w$只最好的蚂蚁。

τ_{ij}根据下式更新：

$$\tau_{ij}(t+1) = \rho\tau_{ij}(t) + \Delta\tau_{ij} + \Delta\tau_{ij}^* \tag{6.24}$$

其中，$\Delta\tau_{ij} = \sum_{\mu=1}^{\sigma-1} \Delta\tau_{ij}^{\mu}$代表$\sigma - 1$只个体在节点$(i, j)$之间按照序列对道路上的激素浓度进行更新。

$$\Delta\tau_{ij}^{\mu} = \begin{cases} (\sigma - \mu)\dfrac{Q}{L^{\mu}}, & \text{如果第}\mu\text{只最好的蚂蚁经过路径}(i, j) \\ 0, & \text{否则} \end{cases} \tag{6.25}$$

$$\Delta\tau^* = \begin{cases} \sigma \cdot \dfrac{Q}{L^*}, & \text{如果边}(i, j)\text{是所找出的最优解的一部分} \\ 0, & \text{否则} \end{cases} \tag{6.26}$$

其中，μ为最好蚂蚁排列的序号；$\Delta\tau_{ij}^{\mu}$代表第μ个个体在爬行的道路(i, j)上造成的激素的变化量；L_{μ}是第μ个最优蚂蚁的路径长度；$\Delta\tau_{ij}^*$代表AS造成爬行路径(i, j)上激素的变化量；σ为精英蚂蚁的数量；L^*是所找出的最优解的路径长度。

3. 蚁群系统

蚁群系统（Ant Colony System，ACS）是由Dorigo和Gambardella在1996年提出的，用于改进蚂蚁系统的功能。蚁群系统具有以下优点：

（1）状态过渡规则为更适合地使用新途径以及针对各类问题的先验知识提供了分析方法。

（2）全局更新规则仅仅在ACO的个体在寻找最佳爬行路线上。

（3）在构建针对不同实际问题的解答流程时，将局部更新规则运用在各次迭代结束后。

采用蚁群系统的方法，τ_{ij}根据下式更新：

$$\tau(r, s) \leftarrow (1-\rho) \cdot \tau(r, s) + \rho \cdot \Delta\tau(r, s) \tag{6.27}$$

其中，ρ为一个参数，$0 < \rho < 1$。

通过仿真结果可以看出，当$\tau_0 = (nL_{nn})^{-1}$时，可以得出最优的解。在公式中，n代表了节点的数量。存在一个个体从节点i到j的移动过程中，由于局部更新规则使得道路上的激素含量随着时间的推移慢慢减少。在整个系统中，运用局部更新规则能够减少个体在迭代中造成局部收敛的概率。

6.3.3 基于奖励系数的混合策略博弈模型

结合3种不用类型的激素更新方法与第3章中提到的模型，构建了基于奖励系数的策略模型对实际情况中的调度问题进行建模。这种方法不仅易于实现，且易于扩展。基于演化博弈混合更新策略的改进ACO的任务调度流程如图6.9所示。

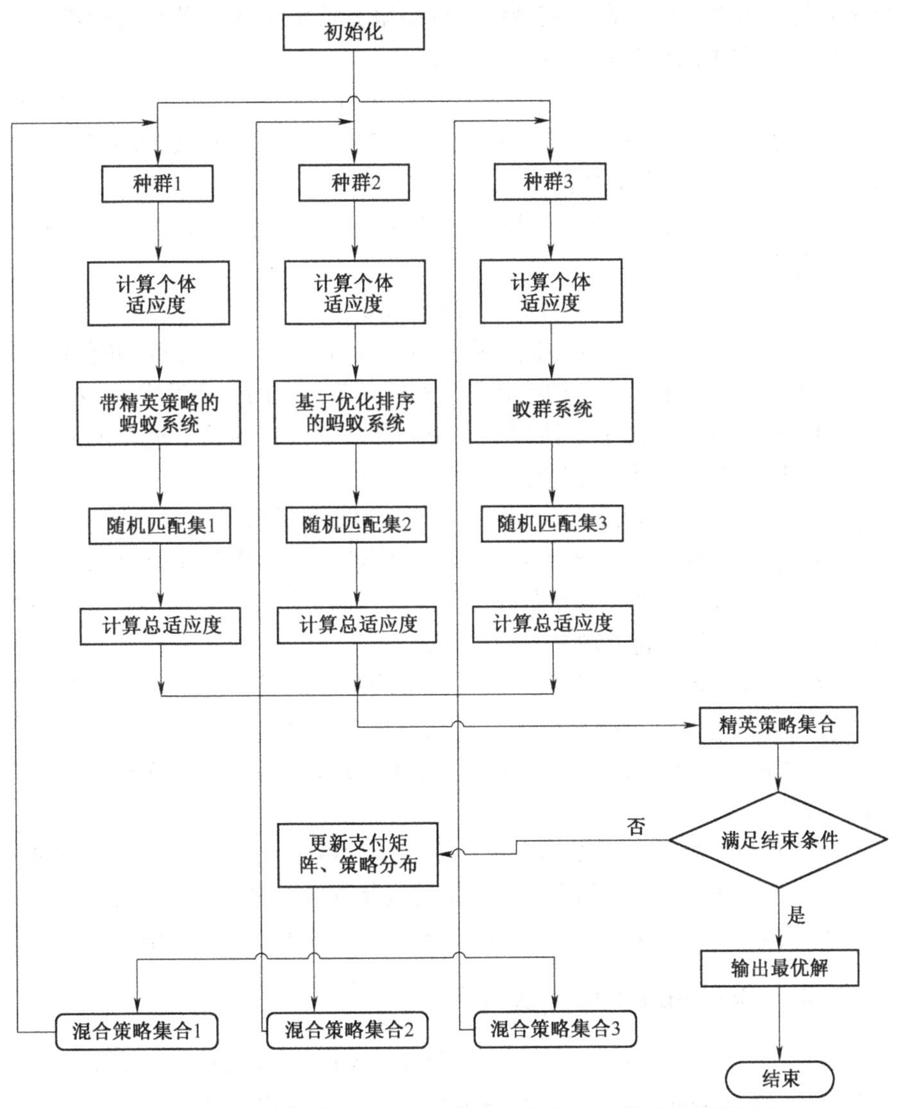

图6.9 基于演化博弈混合更新策略的改进ACO的任务调度流程

定义每个个体 i 都有一个策略集，混合更新策略由 3 种蚂蚁系统中所提到的奖励系数的更新方法来进行计算。他们所包含的更新策略集及其概率分布组成。对于本章中的混合更新策略集来说，m=1、2、3 时分别对应 6. 3. 2 小节所介绍的 3 种不同的蚂蚁系统的集合。该算法的主要步骤如下：

(1) 初始化。分别对系统中节点上的蚂蚁进行初始化，其中包含个体数量、激素矩阵等。由于在任务的调度实际情况中，集群中的服务器存在多样的资源异构性，所以在本模型中，按照服务器资源的 3 种性能标准 C_j、B_j、M_j 对道路上的信息素进行初始化设定。

$$\tau_{ij}(0) = C_j + B_j + M_j \tag{6.28}$$

(2) 初始化每个个体，并将蚂蚁置于各服务器上。在实验环境下设置包括 m 个任务、n 个服务器的成员。

(3) 初始化混合策略，包括最优策略 σ 和少数个体使用策略 σ'，初始化策略分布：

$$(1-\varepsilon)\sigma' + \varepsilon\sigma \tag{6.29}$$

公式表达了种群中按照不同概率分布的策略集合。在算法的初始阶段将概率分布初始化，根据实际情况将每只蚂蚁在节点上的概率设定为 1/3。

(4) 路径选择。每个个体按照其他同伴在所经过道路上遗留的激素及其他影响因子来计算并选择道路。

(5) 按照算法初始阶段设定的目标函数对个体的收益进行评判。

(6) 博弈策略的支付被定义为蚂蚁所携带的单个任务完成时间与总完成时间及虚拟机节点的奖励系数在一定时间内的平均值，使用混合人口中的策略 q 计算个人的支付并填写支付矩阵 $\boldsymbol{A}$ 。

(7) 更新策略及奖励系数。当支付矩阵被填满后，复制因子动力学方程就被应用到一个虚拟的种群中，以获得相关的进化稳定策略。这个 ESS 由每个策略的 3 个比率组成。通过这个比重来判断蚂蚁在下一次迭代时的道路决定方法。

(8) 释放信息素。根据博弈论，输出最优策略，选择 3 个模型中的一个来更新奖励系数，并且信息素以一定比例释放到蚂蚁爬行的道路。

(9) 循环步骤（4）到步骤（8），直到所有任务被分配完毕。

6.3.4 CloudSim 实验参数设置

由于本实验通过 CloudSim 仿真平台进行实验，CloudSim 中包含任务输入的描述。在 CloudSim 中，用户输入任务使用 CloudLet 表示。CloudLet 的输入参数描述见表 6. 3。

表 6.3　CloudLet 参数描述

参数名	含义
CloudLetID	任务 ID
CloudletLength	任务输入长度
CloudletIn_ size	任务输入文件的大小
CloudletOut_ size	任务输出文件的大小
Priority	每个任务的优先级
ActualBw	任务占用带宽数量

为了降低仿真实验的难度，本章将 CloudLet 的优先级和占用带宽数量全部设定为默认值，在多次实验中，改变的主要是任务数量、任务输入长度和文件输入与输出的大小。对于实际应用程序的运行情况，用任务长度进行表示。例如一个图形渲染软件，输入参数 10 ms 后产生效果图，而反映在仿真过程则是用户输入的任务长度为 100 万条指令的长度，放在处理能力为 10MIPS 的服务器上去计算，耗时 10 ms 处理完成。具体输入任务参数见表 6.4。

表 6.4　输入任务参数

组号	Cloudlet 数量	任务长度/万	输入文件大小/MB	输出文件大小/MB
1	100	[0，100]	[0，512]	[0，512]
2	200	[0，100]	[0，512]	[0，512]
3	300	[0，150]	[0，512]	[0，512]
4	400	[0，150]	[0，512]	[0，512]
5	500	[0，150]	[0，512]	[0，512]

CloudSim 平台中，虚拟机是十分重要的设定，它代表着数据中心的计算能力，用来模拟处理用户的输入任务。具体参数有 CPU、内存和带宽。本次仿真实验主要有 3 种虚拟机构成，总共模拟 50 个虚拟机。虚拟机参数见表 6.5。

表 6.5　虚拟机参数

虚拟机类型	CPU Core/个	内存/MB	带宽/(kb/s)	个数
VM1	1	1 024	200 000	30
VM2	2	2 048	250 000	10
VM3	4	4 096	350 000	10

6.3.5 实验结果分析

本实验对先进先出（FIFO）算法、ACO算法、基于演化博弈的蚁群优化算法（EGT-ACO）和本节提出的Mixed-ACO（混合策略博弈的ACO）在执行时间、公平性和资源利用率3个方面做了对比实验。

1. 任务完成时间比较

ACO、EGT-ACO和Mixed-ACO的参数设置见表6.6。种群大小全部确定为60，迭代结束条件全部设置为达到30次。EGT-ACO的3种博弈蚁群群体的比例均为（1：1：1），表示3种策略均匀分布。ACO的3个参数α、β和τ均选取标准ACO中的参数设定，分别设定为0.5、1.0和0.3。EGT-ACO则使用3种策略，为（0.5，1.0，0.3）3个参数的全排列。

表6.6 三种算法参数设置

算法名	种群大小	迭代次数	策略比	(α, β, τ)
ACO	60	30	—	(0.5, 1.0, 0.3)
EGT-ACO	60	30	1：1：1	—
Mixed-ACO	60	30	—	(0.5, 1.0, 0.3)

本次实验分为5组，每组的任务数量见表6.7。通过FIFO、ACO、EGT-ACO和Mixed-ACO，对不同数量的任务分配到表6.7配置的3种类型的虚拟机资源执行，并且如果节点的CPU和内存的利用率超过80%，任务计算时间延迟10%。任务完成时间见表6.7，任务完成时间比较如图6.10所示。

表6.7 任务完成时间 单位：ms

算法名	任务数量				
	100个	200个	300个	400个	500个
FIFO	3 012	4 108	5 633	8 071	12 103
ACO	2 889	3816	5 173	7 184	11 060
EGT-ACO	2 749	3 652	4 813	6 806	10 630
Mixed-ACO	2 497	3 413	4 316	6 154	9 603

通过图6.10可以看出，当虚拟机的负载过高增加任务完成时间时，

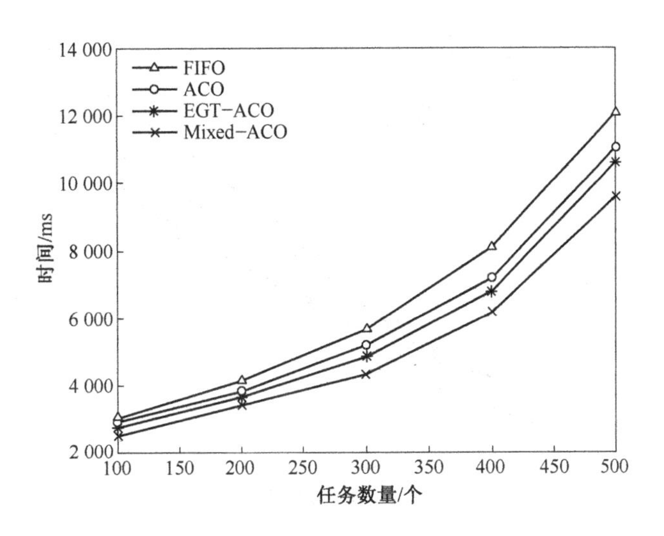

图6.10 任务完成时间比较

Mixed-ACO算法在任务完成的总耗时上比ACO和FIFO以及EGT-ACO都有明显的减少，任务量越多时减少的时间越少，与此同时达到了任务执行效率高的目的。由于Mixed-ACO在进行寻优的过程中会考虑奖励系数，即虚拟机的资源使用率，这样会减少虚拟机过载的情况下降低计算效率，不会像标准蚁群算法一样把所有任务尽量分配到CPU、内存高的虚拟机资源中，造成CPU、内存高的虚拟机资源负载过重，任务执行时间过长。所以Mixed-ACO相比于ACO和EGT-ACO，所有任务的执行耗时会有某种意义上的降低。

2. 任务完成的公平性比较

本节通过对比所有任务完成的时间的方差来评价任务调度是否公平。从6.2节仿真结果可以看出EGT-ACO在计算的理想状态下，相对于ACO和FIFO，在公平性上有明显的提升。因此，在加入了虚拟机负载过高会影响计算效率的影响因子后，比较FIFO、ACO、EGT-ACO和Mixed-ACO的公平性。任务结束的方差实验结果如图6.11所示。从图6.11中可以看出，加入了奖励系数的Mixed-ACO在任务完成的总时间比其余算法都要好的情况下，方差也比EGT-ACO有一定的提高。

3. 完成任务时资源利用率比较

为了验证Mixed-ACO在资源利用率上的提升效果，通过节点的CPU运行性能来观察结果。在CloudSim平台中经过utilizationModel接口获取节点的

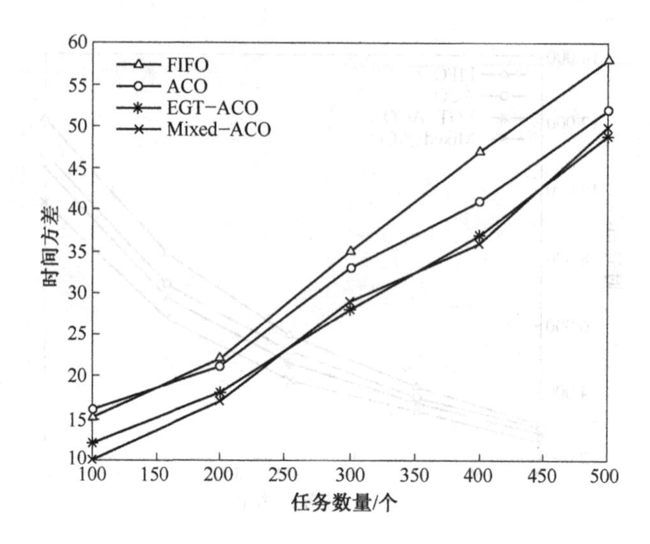

图 6.11　任务完成时间方差对比

CPU 实时利用率。因此设定任务数量为 100 条，每隔 500 ms 选取一个相同的节点采集它的 CPU 的使用率。CPU 使用率采集结果见表 6.8 和图 6.12。

表 6.8　CPU 使用率　　单位:%

算法名	时间					
	0.5s	1.0s	1.5s	2.0s	2.5s	3.0s
FIFO	32	71	65	82	81	15
ACO	51	80	82	11	90	0
EGT-ACO	66	82	90	92	41	0
Mixed-ACO	76	72	70	78	71	0

从图 6.12 中可以看出，在相同的任务下，传统的 ACO 和 FIFO 在任务执行的过程中，CPU 资源利用率跳动比较大。并且 ACO 和 EGT-ACO 会将节点的任务分配尽可能地分配满，使得 CPU 的运行性能达到极限。这在实际生活中非常有可能降低计算机的计算性能。Mixed-ACO 在加入奖励因子后，CPU 利用率显得明显更为均衡一些，而且能够使虚拟机不需要超负荷运行。在第 3s 时由于 Mixed-ACO 等算法所有的任务已经执行完成，所以 CPU 的利用率为 0。

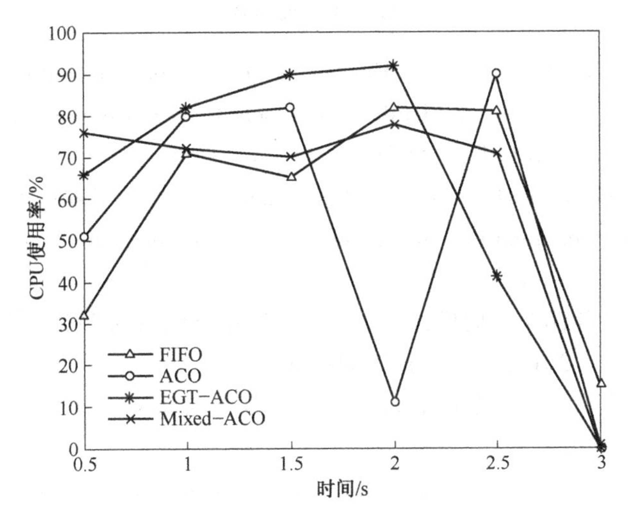

图 6.12　资源利用率比较

参考文献

[1] Sadashiv N, Kumar S M D. Cluster, grid and cloud computing: A detailed comparison [C] // 2011 6th International Conference on Computer Science & Education (ICCSE) . IEEE, 2011: 477-482.

[2] Zhang Y, Gao Q, Gao L, et al. imapreduce: A distributed computing framework for iterative computation [J]. Journal of Grid Computing, 2012, 10 (1): 47-68.

[3] 王意洁，孙伟东，周松，等. 云计算环境下的分布存储关键技术 [J]. 软件学报，2012，23 (4): 962-986.

[4] 李凯. 服务质量感知的云计算任务调度方法研究 [D]. 北京：北京工业大学，2014.

[5] S. Anithakumari, K. Chandra Sekaran. Autonomic SLA Management in Cloud Computing Services [M] //Recent Trends in Computer Networks and Distributed Systems Security. Springer Berlin Heidelberg, 2014: 151-159.

[6] Zheng X R, Martin Patrick, Brohman Kathryn, et al. Cloud service negotiation in internet of things environment: A mixed approach [J]. IEEE Trans. Industrial Informatics, 2014, 10 (2): 1506-1515.

[7] Zheng X R, Martin Patrick, Powley Wendy, et al. Applying bargaining game theory to web services negotiation [C] // 2010 IEEE International Conference on Services Computing (SCC), IEEE, 2010: 218-225.

[8] Ray, Benay Kumar, Sunirmal Khatua, and Sarbani Roy. Negotiation based service brokering using game theory [C] // 2014 Conference on Applications and Innovations in Mobile Computing (AIMoC), IEEE, 2014: 1-8.

[9] Chen Y L, Yang Y C, Lee W T. The study of using game theory for live migration prediction over cloud computing [M] //Intelligent Data analysis and its Applications, Volume II. Springer International Publishing, 2014: 417-425.

[10] R. Buyya, J. Broberg, A. M. Goscinski. CLOUD COMPUTING Principles and Paradigms [M]. Wiley Press, 2011.

[11] 刘百灵. 自动信任协商中敏感信息保护机制及提高协商效率方法研究 [D]. 武汉：华中科技大学，2010.

[12] Xiao S T, Wu G X, Sun X Y. Credential description scheme for automated

trust negotiation supporting selective attributes disclosure [J]. Computer Engineering, 2010, 9: 51.

[13] Claudio A. Ardagna, Sabrina De Capitani di Vimercati, Sara Foresti, et al. Minimising disclosure of client information in credential - based interactions [J]. International Journal of Information Privacy, Security and Integrity, 2012, 1 (2): 205-233.

[14] Federica Paci, David Bauer , Elisa Bertino , Douglas M. Blough, Anna Squicciarini. Minimal credential disclosure in trust negotiations [J]. Identity in the Information Society, 2009, 2 (3): 221-239.

[15] Yaqiong Lv, C. K. M. Lee, H. K. Chan, W. H. Ip. RFID - based colored Petri net applied for quality monitoring in manufacturing system [J]. The International Journal of Advanced Manufacturing Technology, 2012, 60 (4): 225-236.

[16] Rajkumar Buyya, Linlin Wu. Service Level Agreement (SLA) in Utility Computing Systems [J]. IGI Global, 2012.

[17] Edwin Yaqub, Ramin Yahyapour, Philipp Wieder, Kuan Lu. A protocol development framework for SLA negotiations in cloud and service computing [M]. Economics of Grids, Clouds, Systems, and Services. Springer Berlin Heidelberg, 2012: 1-15.

[18] Mohammed Alhamad, Tharam Dillon, Elizabeth Chang. A Survey on SLA and Performance Measurement in Cloud Computing [C]. Lecture Notes in Computer Science, 2011, 70 (45): 469-477.

[19] Zegordi S H. Davarzani H. Developing a supply chain disruption analysis model: Application of colored Petri-nets [J]. Expert Systems with applications, 2012, 39 (2): 2102-2111.

[20] Wu L, Garg S K, Rajkumar Buyya. SLA-based admission control for a Software-as-a-Service provider in Cloud computing environments [J]. Journal of Computer and System Sciences, 2012, 78 (5): 1280-1299.

[21] Farras O, Domingo-Ferrer J, Blanco-Justicia A. Privacy-preserving trust management mechanisms from private matching schemes [M]. Data Privacy Management and Autonomous Spontaneous Security. Springer Berlin Heidelberg, 2014: 390-398.

[22] Minyi Li, Quoc Bao Vo, Ryszard Kowalczyk, Sascha Ossowski, Gregory Kersten. Automated negotiation in open and distributed environments [J].

Expert Systems with Applications, 2013, 40 (15): 6195-6212.

[23] Dastjerdi, Amir Vahid, Rajkumar Buyya. An autonomous reliability-aware negotiation strategy for cloud computing environments [C]. ACM International Symposium on Cluster, Cloud and Grid Computing. IEEE, 2012: 284-291.

[24] Mohan Baruwal Chhetri, Quoc Bao Vo, Ryszard Kowalczyk. Policy-based automation of SLA establishment for cloud computing services [C]. ACM International Symposium on Cluster, Cloud and Grid Computing (CCGrid). IEEE, 2012: 164-171.

[25] Chadwick D W, Lievens S F, den Hartog J I, et al. My Private Cloud Overview: A Trust, Privacy and Security Infrastructure for the Cloud [J]. International Conference on Cloud Computing. IEEE, 2011: 752 - 753 .

[26] Paci Federica , David Bauer, Elisa Bertino, et al. Minimal credential disclosure in trust negotiations [J]. Identity in the Information Society, 2009, 2 (3): 221-239.

[27] Xu H, Yan B P. Skip graph-based credential chain discovery on P2P overlay network [J]. Computer Engineering, 2009, 35 (1): 23-25.

[28] Christian Stahl, Michael Westergaard, et al. Strategies for modeling complex processes using colored Petri nets [M]. Transactions on Petri Nets and Other Models of Concurrency VII. Springer Berlin Heidelberg, 2013: 6-55.

[29] Yudith Cardinale, Joyce El Haddad, Maude Manouvrier, Marta Rukoz. CPN-TWS: a coloured petri - net approach for transactional - QoS driven Web Service composition [J]. International Journal of Web and Grid Services, 2011, 7 (1): 91-115.

[30] 杨绍禹，王世卿，杜世琼．云计算环境下自动信任协商机制研究[J]. 计算机工程与设计，2012，33 (9)：3286-3290.

[31] 胡春华，陈晓红，吴敏，等．云计算中基于SLA的服务可信协商与访问控制策略 [J]. 中国科学：信息科学，2012，42：314-332.

[32] 刘春勇．云计算中 SLA 管理框架研究 [D]. 南京：南京航空航天大学，2012.

[33] 郭小清，吴介一，张飒兵．区分服务网络中基于SLA的协商机制研究 [J]. 计算机应用研究，2006 (9)：67-68.

[34] 陶杰，吴小红，顾永跟，等．I-WSLA：基于 WSLA 的云计算 IaaS 协

商协议 [J]. 计算机应用与软件, 2013, 30 (2): 82-85.

[35] 袁崇义. Petri 网应用 [M]. 北京: 科学出版社, 2013.

[36] Dolgikh A, Nykodym T, Skormin V, et al. Colored Petri nets as the enabling technology in intrusion detection systems [C]. MILITARY COMMUNICATIONS CONFERENCE, 2011 - MILCOM 2011. IEEE, 2011: 1297 - 1301.

[37] Yosra Ben Mustapha, Hervé Debar. Service Dependencies-Aware Policy Enforcement Framework Based on Hierarchical Colored Petri Net [M]. Security in Computing and Communications. Springer Berlin Heidelberg, 2013: 313-321.

[38] Jensen, Kurt, Lars Michael Kristensen, and Lisa Wells. Coloured petri nets and CPN tools for modelling and validation of concurrent systems [J]. International Journal on Software Tools for Technology Transfer, 2007, 9 (3-4): 213-254.

[39] Chhetri, Mohan Baruwal, Quoc Bao Vo, Ryszard Kowalczyk. Policy-based automation of SLA establishment for cloud computing services [C]. ACM International Symposium on Cluster, Cloud and Grid Computing (CCGrid). IEEE, 2012: 164-171.

[40] Moreno-Vozmediano R, Montero R S, Llorente I M. Key Challenges in Cloud Computing: Enabling the Future Internet of Services [J]. Internet Computing, IEEE, 2013, 17 (4): 18-25.

[41] Winsborough William H., Kent E. Seamons Vicki E. Jones. Automated trust negotiation [C]. DARPA Information Survivability Conference and Exposition. IEEE, 2010, 1: 88-102.

[42] 李建欣, 怀进鹏. CONT: 基于契约的信任协商系统 [J]. 计算机学报, 2006, 29 (8): 1290-1299.

[43] Chen Y F, Li Z W. Design of a maximally permissive liveness-enforcing supervisor with a compressed supervisory Automated trust negotiation structure for flexible manufacturing systems [J]. Automatica, 2011, 47 (5): 1028-1034.

[44] Xu T, Zeng J J, Lu Z L. Study on scheduling of main resources in airport based on CPN Tools [J]. Journal of Civil Aviation University of China, 2013, 31 (2): 36-39.

[45] Kurant Maciej, Athina Markopoulou, Patrick Thiran. Towards unbiased

BFS sampling [J]. Selected Areas in Communications, 2011, 29 (9): 1799-1809.
[46] Kurant M, Markopoulou A, Thiran P. On the bias of bfs (breadth first search) [C]. Teletraffic Congress (ITC), IEEE, 2010: 1-8.
[47] Polczynski Mark, Polczynski Michael. Using the k-Means Clustering Algorithm to Classify Features for Choropleth Maps [J]. Cartographica: The International Journal for Geographic Information and Geovisualization, 2014, 49 (1): 69-75.
[48] Peng Jiang, Mona Singh. SPICi: a fast clustering algorithm for large biological networks [J]. Bioinformatics, 2010, 26 (8): 1105-1111.
[49] Han Q Y, Lin Y Zhang R, et al. A P2P recommended trust nodes selection algorithm based on topological potential [C]. Communications and Network Security (CNS), 2013 IEEE Conference on. IEEE, 2013: 395-396.
[50] Jennifer Ortiz, Victor Teixeira de Almeida, Magdalena Balazinska. A vision for personalized service level agreements in the cloud [C]. Proceedings of the Second Workshop on Data Analytics in the Cloud, 2013: 21-25.
[51] Song J Z, Ma T J, Sun H X, et al. Modeling of augmented reality assembly system based on hierarchy colored Petri net [J]. Computer Integrated Manufacturing Systems, 2012, 18 (10): 2166-2174.
[52] 孙连侠. 基于分层着色 Petri 网的 Web 服务动态组合建模与验证[D]. 北京: 中国石油大学, 2011.
[53] Chuang P J, Ni M Y. On access control policy assignments and negotiation strategies in automated trust negotiation [J]. International Journal of Security and Networks, 2014, 9 (2): 104-113.
[54] Li Y H, Liu Y. Research on modeling of multiparty trust negotiation based on coloured petri-net in P2P network [C]. Second International Conference on Networks Security Wireless Communications and Trusted Computing (NSWCTC2010), IEEE, 2010: 437-441.
[55] Charles C. Zhang, Marianne Winslett. Distributed authorization by multiparty trust negotiation [M]. Computer Security-ESORICS 2008. Springer Berlin Heidelberg, 2008: 282-299.
[56] Javier Conejero, Blanca Caminero, Carmen Carrión, Luis Tomás. From

volunteer to trustable computing: Providing QoS-aware scheduling mechanisms for multi-grid computing environments [J]. Future Generation Computer Systems, 2014, 34 (5): 76-93.

[57] Lorenzo Blasi, Jens Jensen, Wolfgang Ziegler. Expressing Quality of Service and Protection Using Federation-Level Service Level Agreement[C]. Euro-Par2013: Parallel Processing Workshops. Springer Berlin Heidelberg, 2014: 146-156.

[58] Mohamed Aymen Chalouf, Nader Mbarek, Francine Krief. Quality of Service and security negotiation for autonomous management of Next Generation Networks [J]. Network Protocols and Algorithms, 2011, 3 (2): 54-86.

[59] Wang Fan, Xiao-fan Lai, Ning Shi. A multi-objective optimization for green supply chain network design [J]. Decision Support Systems, 2011, 51 (2): 262-269.

[60] R. Venkata Rao, Vivek Patel. Multi-objective optimization of heat exchangers using a modified teaching-learning-based optimization algorithm [J]. Applied Mathematical Modelling, 2013, 37 (3): 1147-1162.

[61] Mohsen Ostad Shabani, Ali Mazahery. Application of GA to optimize the process conditions of Al Matrix nano-composites [J]. Composites Part B: Engineering, 2013, 45 (1): 185-191.

[62] A. Serdar Tasan, Mitsuo Gen. A genetic algorithm based approach to vehicle routing problem with simultaneous pick-up and deliveries [J]. Computers & Industrial Engineering, 2012, 62 (3): 755-761.

[63] Zhao Q, Chen H. A Supplier's Optimal Pricing Strategy and Evolutionarily Stable Strategies of Retailers with Different Behavior Rules [J]. JDCTA: International Journal of Digital Content Technology and its Applications, 2012, 6 (12): 440-448.

[64] Tasan, A. Serdar, Mitsuo Gen. A genetic algorithm based approach to vehicle routing problem with simultaneous pick-up and deliveries [J]. Computers & Industrial Engineering, 2012, 62 (3): 755-761.

[65] Ren Y C, Suzuki J, Phan D H, et al An evolutionary game theoretic approach for configuring cloud-Integrated body sensor networks [C] // 2014 IEEE 13th International Symposium on Network Computing and Applications (NCA), IEEE, 2014: 277-281.

[66] Mansour K, Ryszard Kowalczyk, and Michal Wosko. Aspects of Coordinating the Bidding Strategy in Concurrent One-to-Many Negotiation [M] //Knowledge Engineering and Management. Springer Berlin Heidelberg, 2014: 103-115.

[67] Son S, Kwang Mong Sim. Adaptive and similarity-based tradeoff algorithms in a price-timeslot-QoS negotiation system to establish cloud SLAs [J]. Information Systems Frontiers, 2013: 1-25.

[68] Xu J, Jian Cao. A Broker-Based Self-organizing Mechanism for Cloud-Market [M] // Network and Parallel Computing. Springer Berlin Heidelberg, 2014: 281-293.

[69] Arshad S, Nasrollah Moghadam. A bilateral negotiation strategy for Grid scheduling [C] // 2012 Sixth International Symposium on Telecommunications (IST), IEEE, 2012: 592-597.

[70] Chao X., Zongfang Z. The Evolutionary Game Analysis of Credit Behavior of SME in Guaranteed Loans Organization [J]. Procedia Computer Science, 2013, 17: 930-938.

[71] Estalaki S M, Abed-Elmdoust A, Kerachian R. Developing environmental penalty functions for river water quality management: application of evolutionary game theory [J]. Environmental Earth Sciences, 2014: 1-13.

[72] Arshad S, Nasrollah M. A bilateral negotiation strategy for Grid scheduling [C] // 2012 Sixth International Symposium on Telecommunications (IST), IEEE, 2012: 592-597.

[73] Gomes, R L, Luiz F. Bittencourt, and Edmundo RM Madeira. A generic sla negotiation protocol for virtualized environments [C] // 2012 18th IEEE International Conference on Networks (ICON), IEEE, 2012: 7-12.

[74] Krześlak M, Świerniak A. Extended Spatial Evolutionary Games and Induced Bystander Effect [M] //Information Technologies in Biomedicine, Volume 3. Springer International Publishing, 2014: 337-348.

[75] Wu J, Zhang H, He T. Analyzing Competing Behaviors for Graduate Scholarship in China: An Evolutionary Game Theory Approach [M] //LISS 2012. Springer Berlin Heidelberg, 2013: 649-653.

[76] Farhana H Z, Patrick M. An adaptive and intelligent SLA negotiation

system for web services [J]. IEEE Transactions on Services Computing, IEEE, 2011, 4 (1): 31-43.

[77] S. Anithakumari and K. Chandra Sekaran. Autonomic SLA Management in Cloud Computing Services [M] //Recent Trends in Computer Networks and Distributed Systems Security. Springer Berlin Heidelberg, 2014: 151-159.

[78] Xu Y H Wang J L, Wu Qihui, Anpalagan Alagan, and Yao Yu-Dong. Opportunistic spectrum access in unknown dynamic environment: a game-theoretic stochastic learning solution [J]. IEEE Transactions on Wireless Communications, IEEE, 2012, 11 (4): 1380-1391.

[79] 邓维，刘方明，金海，等．云计算数据中心的新能源应用：研究现状与趋势 [J]. 计算机学报，2013，36 (3)：582-598.

[80] Badidi E. A cloud service broker for SLA-based SaaS provisioning [C] // Information Society (i-Society), 2013 International Conference on. IEEE, 2013: 61-66.

[81] Ting-Ting D, Yu-Qiang F. One-to-Many Negotiation Convening Model Based-on Similar Degree [C] //Computer Science and Information Technology, 2008. ICCSIT'08. International Conference on. IEEE, 2008: 539-543.

[82] 李北伟，董微微．基于演化博弈理论的网络信息生态链演化机理研究 [J]. 情报理论与实践，2013，36 (3)：15-19.

[83] 徐妍．基于演化博弈的证券交易者策略选择研究 [J]. 南京理工大学学报（社会科学版），2014 (6)：13-21.

[84] 王素贞，杜治娟．基于移动 Agent 的移动云计算系统构建方法 [J]. 计算机应用，2013，33 (5)：1276-1280.

[85] 陈彦霖，荆文君．基于演化博弈的企业内部沟通问题研究 [J]. 中国商贸，2014，21：20- 23.

[86] 杨健，王剑，汪海航，等．移动云计算环境中基于代理的可验证数据存储方案 [J]. 计算机应用，2013，33 (3)：743-747.

[87] Qun L, Jia Y. 基于演化博弈的社交网络模型演化研究 [J]. 物理学报，2013，62 (23)：238902-238902.

[88] 张海涛，王丹，张连峰，等．商务网络信息生态链的演化逻辑及演化模型研究 [J]. 图书情报工作，2015，59 (18)：95-101.

[89] 彭巍，郭伟，赵楠，等．基于生态位的云制造生态系统主体竞争合作

演化模型［J］. 计算机集成制造系统，2015，21（3）：840-847.
［90］宋彪，朱建明，黄启发. 基于群集动力学和演化博弈论的网络舆情疏导模型［J］. 系统工程理论实践，2014，34（11）：2984-2994.
［91］申利民，王倩，李峰. 基于博弈论的 Web 服务信任评估模型［J］. 小型微型计算机系统，2014，35（8）：1687-1692.
［92］Borodin A，Kleinberg J，Raghavan P，et al. Adversarial queuing theory［J］. JOURNAL OF THE ACM，2001，48（1）：13-38.
［93］Giambene G. Queuing Theory and Telecommunications：Networks and Applications［M］. Springer Press，2005.
［94］Vilaplana J，Solsona F，Teixidó I，et al. A queuing theory model for cloud computing［J］. The Journal of Supercomputing，2014，69（1）：492-507.
［95］Bourguiba M，Haddadou K，Korbi I E，et al. Improving Network I/O Virtualization for Cloud Computing［J］. IEEE Transactions on Parallel and Distributed Systems，2014，25（3）：673-681.
［96］Lin F，Zhou X，Huang D，et al. Service Scheduling in Cloud Computing based on Queuing Game Model［J］. KSII Transactions on Internet and Information Systems（TIIS），2014，8（5）：1554-1566.
［97］Khazaei H，Mišić J，Mišić V. B. Performance Analysis of Cloud Computing Centers Using M/G/m/m+r Queuing Systems［J］. IEEE Transactions on Parallel & Distributed Systems，2012，23（5）：936-943.
［98］Bacigalupo D. A.，Hemert J V，Chen X，et al. Managing dynamic enterprise and urgent workloads on clouds using layered queuing and historical performance models［J］. Simulation Modelling Practice and Theory，2011，19（6）：1479 - 1495.
［99］Alhamad M，Dillon T，Chang E. Conceptual SLA framework for cloud computing［C］. Proceeding of 4th IEEE International Conference on Digital Ecosystems and Technologies（DEST），2010：606-610.
［100］Macías M，Guitart J. Client classification policies for SLA negotiation and allocation in shared cloud datacenters［M］. Economics of Grids，Clouds，Systems，and Services，Springer Press，2012：90-104.
［101］Elzeki O M，Reshad M Z，Elsoud M A Improved Max-Min Algorithm in Cloud Computing［J］. International Journal of Computer Applications，2012，50（12）：22-27.

[102] Wang G, Yu H C Task Scheduling Algorithm Based on Improved Min-Min Algorithm in Cloud Computing Environment [J]. Applied Mechanics and Materials, 2013, 303: 2429-2432.

[103] Gharehchopogh F. S., Ahadi M, Maleki I, et al. Analysis of Scheduling Algorithms in Grid Computing Environment [J]. International Journal of Innovation and Applied Studies, 2013, 4 (3): 560-567.

[104] Tian W, Zhao Y, Zhong Y, et al. A dynamic and integrated load-balancing scheduling algorithm for Cloud datacenters [C] // 2011 IEEE International Conference on Cloud Computing and Intelligence Systems (CCIS). IEEE, 2011: 311-315.

[105] Jang S H, Kim T Y, Kim J K, et al. The Study of Genetic Algorithm-based Task Scheduling for Cloud Computing [J]. International Journal of Control & Automation, 2012, 5 (4): 157-162.

[106] Fard H M, Prodan R, Fahringer T. A truthful dynamic workflow scheduling mechanism for commercial multicloud environments [J]. IEEE Transactions on Parallel and Distributed Systems, 2013, 24 (6): 1203-1212.

[107] 祝家钰，肖丹，王飞．云计算下负载均衡的多维 QoS 约束任务调度机制 [J]. 计算机工程与应用，2013，49 (9): 85-89.

[108] Xu B, Zhao C, Hu E, et al. Job scheduling algorithm based on Berger model in cloud environment [J]. Advances in Engineering Software, 2011, 42 (7): 419-425.

[109] Dutta D, Joshi R C A. genetic algorithm approach to cost-based multi-QoS job scheduling in cloud computing environment [C] //Proceedings of the International Conference & Workshop on Emerging Trends in Technology. ACM, 2011: 422-427.

[110] Calheiros R N, Ranjan R, Beloglazov A, et al. CloudSim: a toolkit for modeling and simulation of cloud computing environments and evaluation of resource provisioning algorithms [J]. Software: Practice and Experience, 2011, 41 (1): 23-50.

[111] Deneubourg J L, Aron S, Goss S, et al. The self-organizing exploratory pattern of the argentine ant [J]. Journal of insect behavior, 1990, 3 (2): 159-168.

[112] Ghafurian S, Javadian N. An ant colony algorithm for solving fixed destination multi-depot multiple traveling salesmen problems [J]. Applied Soft

Computing, 2011, 11 (1): 1256-1262.

[113] Chen L, Sun H Y, Wang S. A parallel ant colony algorithm on massively parallel processors and its convergence analysis for the travelling salesman problem [J]. Information Sciences, 2012, 199: 31-42.

[114] Chen S M, Chien C Y. Parallelized genetic ant colony systems for solving the traveling salesman problem [J]. Expert Systems with Applications, 2011, 38 (4): 3873-3883.

[115] Hlaing Z C S S, Khine M A. Solving traveling salesman problem by using improved ant colony optimization algorithm [J]. International Journal of Information and Education Technology, 2011, 1 (5): 404-409.

[116] Yagmahan B, Yenisey M M. A multi - objective ant colony system algorithm for flow shop scheduling problem [J]. Expert Systems with Applications,2010, 37 (2): 1361-1368.

[117] Xing L N, Chen Y W, Wang P, et al. A knowledge-based ant colony optimization for flexible job shop scheduling problems [J]. Applied Soft Computing, 2010, 10 (3): 888-896.

[118] Li K, Xu G, Zhao G, et al. Cloud task scheduling based on load balancing ant colony optimization [C] //Chinagrid Conference (ChinaGrid), 2011 Sixth Annual. IEEE, 2011: 3-9.

[119] Pan Q K, Fatih Tasgetiren M, Suganthan P N, et al. A discrete artificial bee colony algorithm for the lot-streaming flow shop scheduling problem [J]. Information sciences, 2011, 181 (12): 2455-2468.

[120] Jingwei Z, Ting R, Husheng F, et al. Simulated annealing ant colony algorithm for QAP [C] // 2012 Eighth International Conference on Natural Computation (ICNC). IEEE, 2012: 789-793.

[121] Wong K Y, See P C. A hybrid ant colony optimization algorithm for solving facility layout problems formulated as quadratic assignment problems [J]. Engineering Computations, 2010, 27 (1): 117-128.

[122] Cheng D, Xun Y, Zhou T, et al. An energy aware ant colony algorithm for the routing of wireless sensor networks [M] //Intelligent Computing and Information Science. Springer Berlin Heidelberg, 2011: 395-401.

[123] Zhao D, Luo L, Zhang K. An improved ant colony optimization for the communication network routing problem [J]. Mathematical and Computer Modelling, 2010, 52 (11): 1976-1981.

[124] Fister Jr I, Fister I, Brest J. A hybrid artificial bee colony algorithm for graph 3-coloring [M] //Swarm and Evolutionary Computation. Springer Berlin Heidelberg, 2012: 66-74.

[125] Plumettaz M, Schindl D, Zufferey N. Ant local search and its efficient adaptation to graph colouring [J]. Journal of the Operational Research Society,2010, 61 (5): 819-826.

[126] Lintzmayer C N, Mulati M H, Silva A F. Register Allocation with Graph Coloring by Ant Colony Optimization [C] // 2011 30th International Conference of the Chilean on Computer Science Society (SCCC) . IEEE, 2011: 247-255.

[127] Ren Z, Feng Z, Zhang A. Fusing ant colony optimization with Lagrangian relaxation for the multiple-choice multidimensional knapsack problem [J]. Information Sciences, 2012, 182 (1): 15-29.

[128] Ke L, Feng Z, Ren Z, et al. An ant colony optimization approach for the multidimensional knapsack problem [J]. Journal of Heuristics, 2010, 16 (1): 65-83.

[129] Yu B, Yang Z Z. An ant colony optimization model: The period vehicle routing problem with time windows [J]. Transportation Research Part E: Logistics and Transportation Review, 2011, 47 (2): 166-181.

[130] Balseiro S R, Loiseau I, Ramonet J. An ant colony algorithm hybridized with insertion heuristics for the time dependent vehicle routing problem with time windows [J]. Computers & Operations Research, 2011, 38 (6): 954-966.

[131] Al-Oudat N, Manimaran G. Task scheduling in heterogeneous distributed systems with security and QoS requirements [J]. International Journal of Communication Networks and Distributed Systems, 2012, 9 (1): 21-36.

[132] Li W, Wu J, Zhang Q, et al. Trust-driven and QoS demand clustering analysis based cloud workflow scheduling strategies [J]. Cluster Computing, 2014: 1-18.

[133] Omara F A, Arafa M M. Genetic algorithms for task scheduling problem [J]. Journal of Parallel and Distributed Computing, 2010, 70 (1): 13-22.

[134] Sathappan O L, Chitra P, Venkatesh P, et al. Modified genetic algorithm

for multiobjective task scheduling on heterogeneous computing system [J]. International Journal of Information Technology, Communications and Convergence, 2011, 1 (2): 146-158.

[135] 李建锋，彭舰．云计算环境下基于改进遗传算法的任务调度算法 [J]. 计算机应用，2011，31 (1): 184-186.

[136] Pandey S, Wu L, Guru S M, et al. A particle swarm optimization-based heuristic for scheduling workflow applications in cloud computing environments [C] // 2010 24th IEEE International Conference on Advanced Information Networking and Applications (AINA) . IEEE, 2010: 400-407.

[137] Zhan S, Huo H. Improved PSO - based Task Scheduling Algorithm in Cloud Computing [J]. Journal of Information & Computational Science, 2012, 9 (13): 3821-3829.

[138] 刘万军，张孟华，郭文越．基于 MPSO 算法的云计算资源调度策略 [J]. 计算机工程，2011，37 (11): 43-44, 48.

[139] Liu Z, Qin T, Qu W, et al. DAG cluster scheduling algorithm for grid computing [C] // 2011 IEEE 14th International Conference on Computational Science and Engineering (CSE) . IEEE, 2011: 632-636.

[140] Barbosa J G, Moreira B. Dynamic scheduling of a batch of parallel task jobs on heterogeneous clusters [J]. Parallel Computing, 2011, 37 (8): 428-438.

[141] Bahnasawy N A, Koutb M A, Mosa M, et al. A new algorithm for static task scheduling for heterogeneous distributed computing systems [J]. African Journal of Mathematics and Computer Science Research, 2011, 4 (6): 221-234.

[142] Tang X, Li K, Liao G, et al. List scheduling with duplication for heterogeneous computing systems [J]. Journal of parallel and distributed computing, 2010, 70 (4): 323-329.

[143] Bittencourt L F, Sakellariou R, Madeira E R M. Dag scheduling using a lookahead variant of the heterogeneous earliest finish time algorithm [C]// 2010 18th Euromicro International Conference on Parallel, Distributedand Network-Based Processing (PDP). IEEE, 2010: 27-34.

[144] Choudhary M, Peddoju S K. A dynamic optimization algorithm for task scheduling in cloud environment [J]. International Journal of Engineering

Research and Applications (IJERA), 2012, 2 (3): 2564-2568.

[145] Mezmaz M, Melab N, Kessaci Y, et al. A parallel bi-objective hybrid metaheuristic forenergy-aware scheduling for cloud computing systems [J]. Journal of Parallel and Distributed Computing, 2011, 71 (11): 1497-1508.

[146] 魏秀然，王峰．一种可靠性驱动的云工作流调度遗传算法 [J]. 计算机应用研究，2018，35 (5).

[147] 侯守明，张玉珍．基于时间负载均衡蚁群算法的云任务调度优化 [J]. 测控技术，2018，37 (7): 31-35.

[148] 王浩，李飞．基于 QoS 约束的网格任务调度算法 [J]. 四川理工学院学报 (自然科学版)，2013，26 (1): 47-50.

[149] 柳长安，鄢小虎，刘春阳．基于改进蚁群算法的移动机器人动态路径规划方法 [J]. 电子学报，2011，39 (5): 1220-1224.

[150] Stiitzle T, Hoos H. The MAX-MIN ant system and local search for the traveling salesman problem [C] //Proceedings of IEEE international conference on evolutionary computation. 1997: 309-314.

[151] Botee H M, Bonabeau E. Evolving ant colony optimization [J]. Advances in complex systems, 1998, 1 (02n03): 149-159.

[152] 王国豪，李庆华，刘安丰．多目标最优化云工作流调度进化遗传算法 [J]. 计算机科学，2018，45 (5): 31-37.

[153] 张美枝．云计算环境下演化博弈模型的任务调度算法研究 [J]. 舰船科学技术，2016 (24): 103-105.

[154] 何长杰，白治江．云计算环境下基于改进蚁群算法的任务调度 [J]. 计算机技术与发展，2018 (12): 13-16.

[155] 刘美林．云计算中基于博弈论的任务调度算法研究 [D]. 北京：北京工业大学，2014.

[156] Sample C, Allen B. The limits of weak selection and large population size in evolutionary game theory [J]. Journal of mathematical biology, 2017, 75 (5): 1285-1317.

[157] 王虎，雷建军，万润泽．基于改进的粒子群优化的云计算资源调度模型 [J]. Journal of Central China Normal University, 2018, 52 (6).

[158] 黄健明，张恒巍．基于改进复制动态演化博弈模型的最优防御策略选取 [J]. 通信学报，2018，39 (1): 170-182.

[159] Kadri R L, Boctor F F. An efficient genetic algorithm to solve the resource

-constrained project scheduling problem with transfer times: The single mode case [J]. European Journal of Operational Research, 2018, 265 (2): 454-462.

[160] Vinothina V, Sridaran R. An Approach for Workflow Scheduling in Cloud Using ACO [J]. 2018.

[161] Leboucher C, Chelouah R, Siarry P, et al. A swarm intelligence method combined to evolutionary game theory applied to the resources allocation problem [J]. International Journal of Swarm Intelligence Research (IJSIR), 2012, 3 (2): 20-38.

[162] Cressman R, Tao Y. The replicator equation and other game dynamics [J]. Proceedings of the National Academy of Sciences, 2014, 111 (Supplement 3): 10810-10817.

[163] Patel G, Mehta R, Bhoi U. Enhanced load balanced min-min algorithm for static meta task scheduling in cloud computing [J]. Procedia Computer Science, 2015, 57: 545-553.

[164] Basu S, Karuppiah M, Selvakumar K, et al. An intelligent/cognitive model of task schedulingfor IoT applications in cloud computing environment [J]. Future Generation Computer Systems, 2018, 88: 254-261.

[165] 张正锋. 云计算环境下信任敏感的资源调度优化 [D]. 兰州: 西北师范大学, 2017.

[166] 陈曦, 刘三阳, 王岩. 基于改进回溯搜索优化算法的应急资源调度 [J]. 计算机应用与软件, 2015, 32 (12): 235-238.

[167] 陈斌, 甘茂林, 李娟. 一种基于负载均衡的云资源调度方法[J]. 计算机技术与发展, 2017, 27 (6): 51-55.